城市建设综合防灾丛书
丛书主编　李引擎

城市区域灾害防御理论与技术

郭小东 等　编著
张靖岩　　主审

上海科学技术出版社

图书在版编目（CIP）数据

城市区域灾害防御理论与技术 / 郭小东等编著. --
上海 : 上海科学技术出版社, 2023.11
（城市建设综合防灾丛书）
ISBN 978-7-5478-6357-2

Ⅰ. ①城… Ⅱ. ①郭… Ⅲ. ①城市－灾害防治 Ⅳ.
①X4

中国国家版本馆CIP数据核字(2023)第197877号

城市区域灾害防御理论与技术
郭小东 等　编著

上海世纪出版(集团)有限公司
上 海 科 学 技 术 出 版 社 出版、发行
(上海市闵行区号景路159弄A座9F-10F)
邮政编码 201101　　www.sstp.cn
上海颛辉印刷厂有限公司印刷
开本 787×1092　1/16　印张 15.5
字数 330千字
2023年11月第1版　2023年11月第1次印刷
ISBN 978-7-5478-6357-2/TU·340
定价：108.00元

编撰人员名单

丛书主编

李引擎

本书编撰人员

朱立新　孙　旋　李　娜　王　静
张念强　于　文　王志伟　李　磊
郭小东　王大鹏　李振平　刘朝峰
王晓奇

本书主审

张靖岩

内容提要

本书着眼于城市区域这一特定的承灾体，针对风险程度高、灾害后果严重的地震、火灾、洪灾等典型灾害，向读者介绍灾害防御相关理论、方法和技术。全书遵循评估、规划、处置的灾害应对逻辑，围绕工程防灾、规划防灾和管理防灾三个方面，首先阐述了城市区域灾害风险评估的理论与方法，并在此基础上介绍了单灾种专项防灾规划和综合防灾减灾规划的内容，最后从灾害监测预警、应急处置、信息化技术应用和韧性提升等方面提出防灾对策。本书内容基于团队多年来的研究成果，体现了城市防灾多灾种、多手段、全过程的特点，可为本行业领域和相关专业的工程技术人员、科研人员、管理人员、高校师生提供借鉴和参考。

丛书序

我国城市建设正处于规模扩大、建设提速的阶段，与此同时人口的高度集中、资源依赖的加重、城市系统的日趋庞大和复杂也带来了一系列社会问题。城市发生灾害的潜在风险日益加大，城市综合防灾能力建设面临着严峻的考验。如何加强主动防御能力，应对灾害威胁，减轻灾害影响，保障人民生命财产安全，维护城市功能的正常运行，是防灾减灾领域面临的新挑战。

中国建筑科学研究院有限公司多年来致力于地震、火灾、风灾等典型灾害的防御研究，解决建筑工程和城乡防灾中的关键技术问题；紧密围绕防灾科技发展战略需求，着力提高创新能力，增强核心竞争力，保持在全国建筑防灾减灾领域的领先地位；在国家科技支撑项目、863 项目、973 项目、国家自然科学基金项目、科研院所科技开发专项和标准规范项目、实验室建设等方面开展了一系列卓有成效的工作，成果斐然。

本丛书依托中国建筑科学研究院有限公司和合作单位的相关科研成果与推广应用经验，在持续性的科研成果积累基础上，以灾害管理和综合防灾理念为指引，对多年来的科研成果进行凝练和提升，强调新技术应用和新思路的探索。在防灾性能化设计、规划指引、决策分析、新技术应用等方面进行了深入、全面的阐述，提出了最新的灾害防御理论。许多研究成果已成功应用于我国防灾减灾建设实践，综合提升城市建设的防灾减灾能力。

本丛书将城市建设灾害防御中的技术问题进行广度和深度要求的有机结合，提出新对策，贯彻新理念，分享先进的防灾技术，可供专业技术人员参考。

本丛书分为《建筑工程灾害防御理论与技术》《城市区域灾害防御理论与技术》《城市建设灾害防御技术应用》三个分册，从不同维度阐述了工程建设和城市建设综合防灾相关研究成果和技术的应用。

《建筑工程灾害防御理论与技术》主要介绍单体建筑防灾技术，包括建筑防火、抗风、抗震和地基基础防灾等多个方面，针对不同灾害的作用特点提出不同灾种下的防灾性能设计方法，并应用数字化分析手段进行模拟、仿真和计算，提高分析精度和效率，助力防灾性能化设计目标的实现。

《城市区域灾害防御理论与技术》主要介绍区域防灾技术，从确保城市长期、可持续发展角度针对火灾、洪灾和地震灾害等，开展城市灾害风险评估，并在此基础上编制城市防灾规划；从灾害监测预警、应急处置和韧性提升等方面提出防灾对策；应用信息化技术进行系统研发，提升灾害管理的整体水平和防灾应急效率。

《城市建设灾害防御技术应用》主要介绍工程应用案例，包括单体建筑和区域防灾相关实施案例的展示。

本丛书内容覆盖了城市建设面临的典型灾害防御关键技术，以深入、全面的研究成果为支撑，全方位构建城市建设综合防灾技术体系，将为持续加强城市综合防灾、减灾、抗灾、救灾能力，提升我国城市安全发展水平提供有力支撑。

城市综合防灾的核心价值就是进行灾害的关联升级研究。关联研究就是通过寻找事物间的关联点，探索关联间的互助与抵消的规律，将互利的部分整合与提升，实现最好的社会互补与时效。

建筑记录着人类发展的历史，推动着社会走向更美好的未来。城市应在综合防灾科学的基础上，通过现代科学技术去最终实现人与自然的和谐。

李引擎

前言

城市是人类聚居的主要生活区域。随着社会经济的发展，城市迅猛扩张，人口和财富在城市的集中度越来越高，城市已经成为一个庞大、复杂、脆弱的巨大系统，面临的灾害风险也愈加严峻。提升城市应对各类自然和人为灾害、突发事故的能力，是保障城市正常发展和运维的重要举措。

城市区域的防灾主要包括两个层面：一是为应对自然灾害与人为灾害、原生灾害与次生灾害，要全面规划，制定对策；二是针对灾害发生前、发生时、发生后的各项防灾、减灾、避灾、救灾等情况，采取配套措施。城市防灾具有多灾种、多手段、全过程的特点，既要应对单一灾种的影响，也要考虑各灾种之间的关联性和相互作用，要从城市规划学科的角度统筹协调，将工程防灾、规划防灾和管理防灾三种手段综合应用，从灾前、灾中、灾后整个过程来加强管理，解决城市防灾面临的问题。

本书针对城市中风险程度高、灾害后果严重的几种典型灾害，基于多年来的研究成果，组织城市防灾领域的专家编写了《城市区域灾害防御理论与技术》一书。

本书的主要内容和编写工作安排如下：

第1章城市区域灾害风险评估，由朱立新、孙旋、李娜、王静、张念强、于文、王志伟执笔。以地震灾害、风灾、洪水灾害等典型灾害为主，针对各类灾害的作用机理和特点，基于相关研究成果和应用经验，提出城市区域各类典型灾害的风险评估方法，为确定城市防灾薄弱环节、制定有效的减灾策略提供依据。

第2章单灾种专项防灾规划，由李磊、于文、王晓奇执笔。本章主要针对火灾和地震灾害，阐述了城市消防规划和抗震防灾规划的编制要求和主要技术内容，可为城市专项防灾规划的编制和实施提供参考。

第3章城市综合防灾减灾规划，由郭小东执笔。本章对国内外城市综合防灾的发展历程进行了回顾，通过对国内外城市综合防灾案例的剖析，确定城市综合防灾的规划范畴与规划体系，提出规划理论和技术方法，并搭建综合防灾规划的基本框架，为规划的编制提供了理论依据和参考。

第4章城市综合防灾减灾对策，由郭小东、王大鹏、李振平、刘朝峰执笔。本章面向自然灾害频发、城市防灾减灾能力不足、缺乏综合防灾管理、政府对城市防灾的资金投入长期不足等现状，提出城市综合防灾减灾的基本对策和管理思路，并对现代化信息技术在应急处置、科学决策方面的应用进行了探索和应用。在灾害防御中引入韧性城市理念，结合国内外韧性城市建设实践提出城市安全韧性的提升措施，并对国内外先进的防灾减灾策略进行了总结。

本书读者对象为具有一定相关知识背景的政府防灾部门管理人员、工程建设技术人员、科研工作者和高校师生等。

本书为“城市建设灾害防御理论与技术应用丛书”之一，在编写过程中得到中国建筑科学研究院有限公司、住房和城乡建设部防灾研究中心、北京工业大学、应急管理部通信信息中心、河北工业大学等单位的大力支持，在此表示诚挚的谢意。由于编者水平有限，书中难免会有一些疏漏及不当之处，敬请广大读者提出宝贵意见。

本书编委会

2023 年 10 月

目 录

第1章　城市区域灾害风险评估

1.1　城市区域地震风险评估

地震风险评估是基于概率风险分析的方法对地震可能造成的影响进行评估的一项技术。在20世纪80年代末，中国建筑科学研究院工程抗震研究所负责完成了建设部科学技术局支持的重点科研项目——“减轻城市地震灾害对策研究”，该项目的研究内容涵盖了城市防御地震灾害的多方面内容，为城市减灾工作的开展和进一步的研究工作打下了良好的基础，相关成果至今仍应用于城市抗震防灾中。

近年来，关于城市区域地震风险评估的研究一直在持续深入，在城市地震危险性分析、各类建筑震害预测方法、城市生命线工程震害评估、灾害损失和人员伤亡预测、次生灾害防御、城市抗震防灾规划编制以及地震灾害与实施地震保险的可行性研究等方面取得了一系列成果，并在实践中加以应用。

随着城市区域地震风险评估的研究日益拓展，在进行直接震害和损失评估的基础上，逐步向灾害风险管理转化，将城市视作有机整体，从其基本构成单元(社区、居住区等)出发，注重灾害管理过程中人和社会的主观能动性的作用，以降低灾害风险为目标，研究更为全面的评估方法，从而为提升城市综合抗震防灾能力提供有效依据。

1.1.1　地震危险性分析与地震动分析

地震危险性分析考虑的是城市150～200 km范围的地震地质环境及地震对城市可能发生的影响，而地震动分析关注的是在给定的地震作用下城市本身的地质环境对地震作用的影响，两者在本质上是密切相关的。在20世纪80年代初期的研究和实践中就将两者的计算分析有机地结合为一个整体。

1.1.1.1　地震危险性分析原理

所谓地震危险性分析，就是把地震的发生以及地震对某一场地产生的影响都看作是一种随机现象，采用概率的方法来估计场地未来给定年限内遭受各种水平地震作用可能性的大小。通常用地震烈度或地震动参数来表示其估计结果，以便在工程设计中合理地考虑地震对工程结构的作用。

地震的发生在时间轴上的不平稳性和空间上的非均匀性是这一随机现象的特点。然而,在地震危险性的分析中,通常假设在一个潜在震源区内地震的出现是等概率的。地震的发生在空间分布的不均匀性只是通过潜在震源区的划分和采用不同的地震活动性参数来表示。对于地震在时间轴上的非平稳性,目前在工程上通过地震发生的速率的取值来予以考虑,广泛使用的仍然是平稳的泊松模型,该模型假定事件的出现是独立的,与过去的事件无关。本书接下来的分析中采用的模型即为泊松模型。

为了划分潜在震源区,需要对场址 100～200 km 范围内的地震地质环境及地震活动性进行评价,对本区域的主地震带的地震活动性进行统计分析,在评价的基础上划分出可能发生地震的区域,并给出相应的地震活动性参数,包括最大震级、b 值和地震年平均发生率等。

为了考虑潜在震源区各个部位可能出现的地震事件对场址的影响,需要将每个潜在震源区划分为很多子源,然后逐个子源来考虑在各个子源中可能出现的事件对场地的作用。现在考虑一个子源 i,设它与要研究场地的距离为 r,在子源 i 中出现地震震级为 m_j 的事件,在场地将引起某个大小的地震动效应 Y(如地震烈度、地面加速度或各种谱值等)。Y 值由地震烈度或地震动衰减关系求出。因为它的不确定性,所以需要用概率密度函数来描述。如果该函数已知,则可估计在子源 i 中出现地震震级为 m_j 事件时在场地出现 Y 值的地震动效应的可能性大小。这可以用 Y 值大于某个给定值 y 的条件概率 $q_{ij}(Y>y/m_j, r)$来表示,如图 1-1 所示。

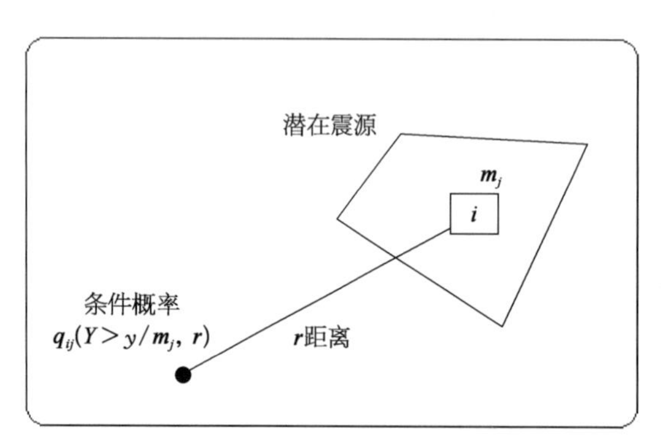

图 1-1　地震危险性分析基本原理

因为假设地震的发生服从泊松分布,所以可认为每次地震的发生是独立事件。根据二项分布定理可以得到 K 次事件至少有一次事件在场地所引起的地震动效应 Y 超过 y 值的概率为

$$1-(1-q_{ij})^k \tag{1-1}$$

如果在子源 i 中出现震级 m_j 事件的年平均次数为 V_{ij},则根据泊松分布可以得到 K 次震级 m_j 事件的概率为

$$\frac{e^{-V_{ij}}V_{ij}^k}{K!} \tag{1-2}$$

由式(1-1)和式(1-2)可以得到,子源 i 出现事件 j 使场地的地震动强度 Y 超过 y 的年概率 $P_{ij,1}$ 为

$$P_{ij,1}(Y>y/m_j, r)=\frac{\sum_{k=0}^{\infty}[1-(1-q_{ij})^k]e^{-V_{ij}}V_{ij}^k}{K!}=1-e^{-V_{ij}q_{ij}} \tag{1-3}$$

如果在子源中有 J 事件发生,但没有任何事件在场址引起的地震动强度超过 y 的年概率可以表示为

$$1-P(Y>y)_1=\prod_{i=1}^{I}\prod_{j=1}^{J}[1-P_{ij,1}(Y>y/m_j, r)]$$

则得

$$P(Y>y)_1=1-\prod_{i=1}^{I}\prod_{j=1}^{J}[1-P_{ij,1}(Y>y/m_j, r)]=1-\prod_{i=1}^{I}\prod_{j=1}^{J}[1-(1-\mathrm{e}^{-V_{ij}q_{ij}})]$$
$$=1-\prod_{i=1}^{I}\prod_{j=1}^{J}\mathrm{e}^{-V_{ij}q_{ij}}=1-\mathrm{e}^{-\sum_{i=1}^{I}\sum_{j=1}^{J}V_{ij}q_{ij}} \tag{1-4}$$

t 年的超越概率可以用下式来表示:

$$P(Y>y)_t=1-[1-P(Y>y)_1]^t \tag{1-5}$$

式(1-4)或式(1-5)就是估计一个场址的地震动危险性概率公式。显然,为了完成以上计算需要确定公式中两个变量 V_{ij} 和 q_{ij}。

如前所述,V_{ij} 是子源 i 出现 j 事件的年平均发生次数。假设在一个震源区中,地震的出现是等概率分布的。因此如果是面源,其面积为 A,子源面积为 A_i,则得

$$V_{ij}=N(m_j)A_i/A \tag{1-6}$$

式中　$N(m_j)$——该震源区一年出现震级为 m_j 事件的期望次数,可以由前面所述的震级-频度关系求得。

同样,对于线源按下式求出 V_{ij}:

$$V_{ij}=N(m_j)L_i/L \tag{1-7}$$

式中　L——线源的长度;

L_i——子源的长度;

$N(m_j)$——点源。

如果是以地震烈度估计地震的危险性,则需要地震烈度衰减规律。一般用下式来表示地震烈度 I 随震级 M 和震中距 R 的变化规律:

$$I=C_1+C_2M-C_2\ln R-C_2R+\varepsilon \tag{1-8}$$

式中,C_1、C_2、C_3 和 C_4 为回归系数。地震烈度 I 的衰减公式中的系数 ε 通常认为是平均值为零,标准差为 σ 的正态分布随机变量。显然,在给定的 ε 值范围内观测点数的多少与 ε 大小有关,是 ε 的函数,用 $N(\varepsilon)$表示。可以把不超过某个 ε_0 值范围的数据点占总数据点 N 的比例作为地震动强度不超过某个给定值的概率,即

$$P_{ij}(Y<y/m_j, r)=\frac{1}{N}\int_{-\infty}^{\varepsilon}N(\varepsilon)\mathrm{d}\varepsilon \tag{1-9}$$

因为 ε 服从正态分布,所以得

$$P_{ij}(Y < y/m_j,\ r) = \int_{-\infty}^{\varepsilon_0} \frac{1}{\sqrt{2\pi}\sigma} e^{-\varepsilon^2/2\sigma^2} d\varepsilon$$

那么对于所要求的 q_{ij} 显然是:

$$q_{ij} = 1 - P_{ij}(Y < y/m_j,\ r) = 1 - \int_{-\infty}^{\varepsilon_0} \frac{1}{\sqrt{2\pi}\sigma} e^{-\varepsilon^2/2\sigma^2} d\varepsilon \tag{1-10}$$

当然,如果变量 ε 不是正态分布,q_{ij} 的计算式就有别于式(1-8),加速度和各种谱值也是一样,为了求出 q_{ij},需要知道相应的 ε 分布。

至此,只要求出每个子源 i 和所有事件 J 的 V_{ij} 和 q_{ij} 代入式(1-4) 和式(1-5)就可求得所有潜在震源对场址引起的地震动强度 Y 超过某个给定值 y 的概率。在本系统中,为了得到基岩加速度谱,所用的衰减规律为加速度反应谱,如下式表示:

$$\log Y(M,\ R) = C_1 + C_2 M + C_3 M^2 + C_4 \log[R + R_0(M)] \tag{1-11}$$

其中,

$$R_0(M) = C_5 \exp(C_6 M) \tag{1-12}$$

式中 Y——地震动参数;

C_1、C_2、C_3、C_4、C_5、C_6——回归系数,与周期有关。

为此需要逐个周期来计算其超越概率。图 1-2 表示了三个概率水平的露头基岩加速度谱。

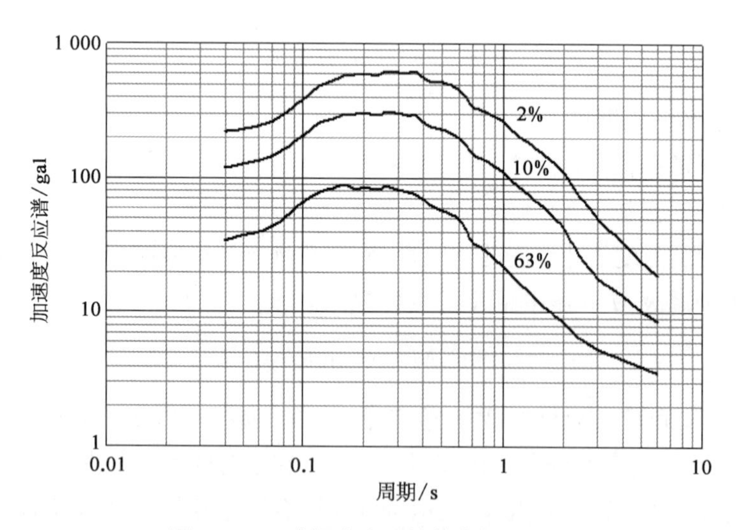

图 1-2 三个概率水平的基岩加速度谱

1.1.1.2 人工合成基岩加速度时程

强震记录表明,加速度时程无论在强度或频率域上都是非平稳的。然而,早期广泛应用的人造地震波是在白噪声的基础上人为地加上一个幅值包络线来反映幅值的非平稳性，并没有反映频率特性的非平稳性。1979年，Ohsake指出相位差谱分布的特性后，许多研究者在合成地震波中采用了非均匀分布的相位角，从而在某种程度上改进了人工合成加速度时程的方法。另外一些研究者则引入了时变功率谱的概念，以便在强度和频率域模拟加速度时程的非平稳性。Kameda运用多重滤波技术计算强震加速度时变功率谱，用于合成加速度时程，并通过土层标准贯入锤击数或传递函数来考虑场地条件对时变功率谱的影响。参考文献[3]在此基础上给出了岩石场地时变功率谱模型，此外，在拟合地震动时还考虑了断层等的影响。

通常来说，场址地震动的频谱特性可用场址加速度谱来表示，因此可以用其加速度谱来改进岩石场地的时变功率谱模型，使其适用于给定设计谱的各种场地的非平稳加速度时程的合成。

类似于平稳过程，用下式合成非平稳的加速度时程 $x(t)$：

$$x(t)=\sum_{k=1}^{m}\sqrt{4\pi G(t,\ 2\pi f_k)\Delta f}\cos(2\pi f_k t+\varphi_k) \tag{1-13}$$

式中　f_k——频率；

φ_k——相位角，在 $0\sim2\pi$ 间均匀分布；

Δf——频率增量(Hz)；

$G(t,\ 2\pi f_k)$——时变功率谱，对于给定的设计地震，它是时间和频率的函数。

Kameda对日本84个大震加速度记录，利用多重滤波技术计算功率谱，并进行统计分析得到它的表示式：

$$G_x(t,\ 2\pi f)=a_{\mathrm{m}}^2(f)\left[\frac{t-t_{\mathrm{s}}(f)}{t_{\mathrm{p}}(f)}\right]^2\exp\left\{2\left[1-\frac{t-t_{\mathrm{s}}(f)}{t_{\mathrm{p}}(f)}\right]\right\},\ t>t_{\mathrm{s}} \tag{1-14}$$

式中　$t_{\mathrm{s}}(f)$——起始时间；

$t_{\mathrm{p}}(f)$——功率谱峰值的持时；

$a_{\mathrm{m}}(f)$——功率谱峰值的方根，分别用下式表示：

$$\log a_{\mathrm{m}}(f)=B_0(f)+B_1(f)M-B_2(f)\log(R) \tag{1-15}$$

$$\log t_{\mathrm{p}}(f)=P_0(f)+P_1(f)M-P_2(f)\log(R) \tag{1-16}$$

$$t'_{\mathrm{s}}(f)=t_{\mathrm{s}}(f)-t_{\mathrm{m}}=S_0(f)+S_1(f)R \tag{1-17}$$

式中　M——震级；

R——震中距(km)；

t_{m}——在所考虑的频率范围内 t_{s} 的平均值，其他参数见参考文献[4]。

在实际工程中，经常是给定场址的设计加速度谱，并要求拟合的加速度时程谱特性与其一致。式(1-14)中的 a_{m}^2 是给定频率的时变功率谱最大值，与场地条件关系密切，其他

两个参数 t_s 和 t_p，主要决定于震级的大小和震中距离。因此，如果能够将场址设计加速度谱和幅值 a_m 间建立某种关系，那么就可对 Sugito 的岩石场地的时变功率谱模型加以改进，使其适用于合成各类场地的非平稳地震动，且在频谱特性上能近似于场地设计加速度谱。很显然，这是可能做到的。如果将给定频率的时变功率谱[式(1-14)]对时间变量 t 进行积分，则所得的平均功率谱 $G_v(2\pi f)$ 应近似等于由加速度谱求出的功率谱 $G_s(2\pi f)$，即

$$G_s(2\pi f) \approx G_v(2\pi f) \tag{1-18}$$

下面让我们先分别给出它们的表示式。对于 $G_s(2\pi f)$，通常用下式表示：

$$G_s(2\pi f) = \frac{\zeta}{\pi^2 f} S_a^2(2\pi f) \Big/ \left[-2\ln\left(-\frac{1}{2fT}\ln p\right)\right] \tag{1-19}$$

式中 S_a——加速度谱；

ζ——阻尼比；

p——反应不超过反应谱值的概率，一般可取大于或等于 0.85。

平均功率谱 $G_v(2\pi f)$，则需将式(1-14)对时间变量 t 积分，即

$$G_v(2\pi f) = \frac{1}{T(f)} \int_{t_s(f)}^{t_e(f)} a_m^2(f) \left[\frac{t - t_s(f)}{t_p(f)}\right]^2 \exp\left\{2\left[1 - \frac{t - t_s(f)}{t_p(f)}\right]\right\} dt \tag{1-20}$$

式中，$T(f) = t_e(f) - t_s(f)$ 为有效持续时间，注意它是频率的函数。令

$$z(f) = \frac{t - t_s(f)}{t_p(f)} \tag{1-21}$$

则上式积分成为

$$\begin{aligned} G_v(2\pi f) &= \frac{1}{t_e(f) - t_s(f)} \int_0^{z_e(f)} a_m^2(f) z^2(f) e^2 e^{-2z(f)} t_p(f) dz \\ &= a_m^2(f) e^2 \frac{t_p(f)}{t_e(f) - t_s(f)} \left\{-\frac{e^{-2z_e(f)}}{8}[4z_e^2(f) - 4z_e(f) + 2] + 0.25\right\} \end{aligned} \tag{1-22}$$

式中，$t_e(f)$ 和 $z_e(f)$ 按下面的方法求出。

对于给定频率，将时变功率谱值在 $t > t_s + t_p$ 域上等于 $0.1a_m^2$ 时所对应的时间定义为积分上限 t_e，则由式(1-14)可得

$$\left[\frac{t_e - t_s(f)}{t_p(f)}\right]^2 \exp\left\{2\left[1 - \frac{t_e - t_s(f)}{t_p(f)}\right]\right\} = 0.1,\ t_e > (t_s + t_p) \tag{1-23}$$

先根据震级和震中距由式(1-16)和式(1-17)求出 t_s 和 t_p，然后求式(1-23)的解 t_e，代入式(1-21)得 z_e。

将一个强震记录加速度分量，计算其加速度谱，按式(1-19)计算相应的功率谱；利用多重滤波技术计算该强震记录加速度分量各个频率的时变功率谱，然后再逐个频率求平均功率谱 $G_v(2\pi f)$。将式(1-22)代入式(1-18)得

$$a_m^2(f)=\frac{G_s(2\pi f)}{e^2\dfrac{t_p(f)}{t_e(f)-t_s(f)}\left\{-\dfrac{e^{-2z_e(f)}}{8}\left[4z_e^2(f)-4z_e(f)+2\right]+0.25\right\}} \tag{1-24}$$

至此，则得到了由式(1-13)、式(1-19)和式(1-24)构成新的时变功率谱模型。这个模型和式(1-13)一起可合成非平稳地震动。为了使拟合的加速度时程频谱特性尽量接近目标谱，还应根据加速度目标谱 S_a 和本次合成的加速度谱 S_{aj} 比值修正当前的功率谱值 G_{sj}[由式(1-19)计算得]，即

$$G_{s,\,j+1}(2\pi f)=G_{sj}(2\pi f)\frac{S_a(2\pi f)}{S_{aj}(2\pi f)} \tag{1-25}$$

将修正后的功率谱值 $G_{s,\,j+1}$ 代入式(1-24)中的 G_s，求相应的 a_m，再进行新一轮的合成地震动，重复上述步骤，直到满足一定的精度为止。具体计算步骤如下：

(1) 给定场址的设计加速度谱和设计地震(震级和震中距)。

(2) 由场址设计加速度谱按式(1-19)计算功率谱。

(3) 用式(1-16)和式(1-17)确定 t_s 和 t_p。

(4) 确定 t_e 和 z_e。

(5) 按式(1-24)求出 a_m。

(6) 将 a_m 代入式(1-14)中计算时变功率谱。

(7) 合成地震动。

(8) 用迭代的方法使合成的加速度时程的反应谱与场址设计谱之差满足一定的精度。

1.1.1.3　土层地震反应分析

场地地震动计算模型包括一维、二维和三维模型，其中一维模型用得最多。对于土层基本水平的情况，地震时地面运动主要由竖直传上来的水平剪切波引起。若认为土层基本上是水平的，可采用 Joyner 所提出的一维多质点模型来模拟每个钻孔土层剖面(图 1-3)。该模型假定场地为 n 个水平成层的均匀、各向同性的土层覆盖在均匀、各向同性的基岩半空间之上，第 i 层的厚度、质量密度和剪切刚度分别为 h_i、ρ_i 和 G_i，$i=1$,

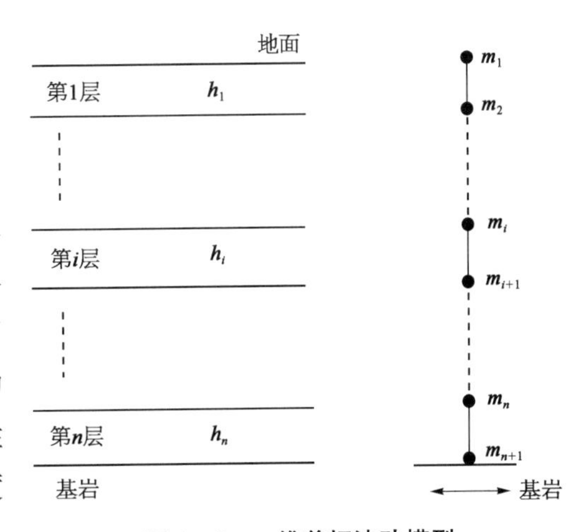

图 1-3　一维剪切波动模型

2，…，n。每层土的质量分别集中于每层土的顶部和底部，模型的基底层为弹性边界，平面剪切地震波从基岩半空间内自下而上向上覆土层垂直入射，能量可以反射到基底下面的土层。这个模型较好地反映了实际情形。

众所周知，地震荷载是一种非均匀的循环荷载，在这种荷载作用下，土的应力应变为非线性，在高烈度区则更为突出，其非线性呈现为滞回形式。为了表示这种特性，在土层地震反应分析中，除了采用线性化的方法，还有非线性的途径。前者用等效模量和等效阻尼比来表示土的力学特性，用迭代的方法来考虑等效模量和等效阻尼比随应变的变化；而后者则直接利用土的应力应变的滞回特性来实现反应计算。显然，后者较前者更为合理。为此选用并联 Iwan 模型来表示地震时土介质的非线性关系。土介质模型可视为由很多的弹塑性元件并联而成，如图 1-4 所示。每个弹塑性元件由弹簧和库仑摩阻元件串联而成。弹簧元件服从胡克定律，库仑摩阻元件在受荷时，如果荷载大于屈服值，则该元件滑动，因而该弹塑元件不能承受超过它的极限荷载。对于具有这样特性元件组成的模型，在外荷为非均匀的循环荷载作用时，其应力应变关系将呈现出具有滞回形式的非线性特性。其模型的参数将由土层波速法所得到的模量和三轴实验所得到的模量比随应变幅值变化的关系来确定。

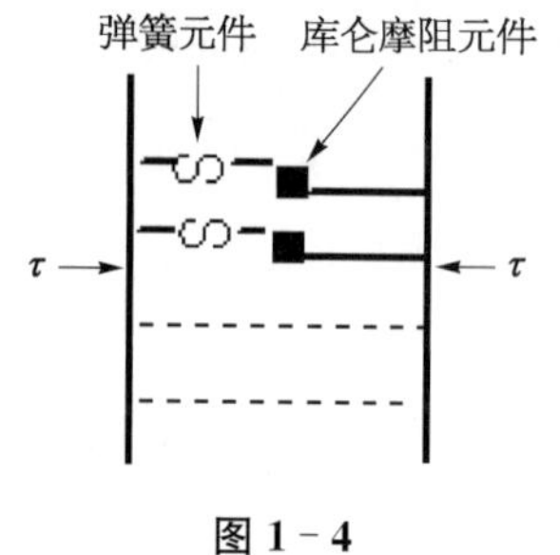

图 1-4
并联 Iwan 模型

1）应力应变关系

如果并联 Iwan 模型共有 N 个弹塑性元件，则它的应力应变关系可用下列各式来表示。

（1）初始加载情形：

$$\tau=\sum_{j=1}^{L}\gamma_j^y G_j+\gamma\sum_{j=L+1}^{N}G_j \tag{1-26}$$

（2）卸载或重新加载情形：

$$\tau=\sum_{j=1}^{L}(-\gamma_j^y G_j)+\sum_{j=L+1}^{m}(\gamma_j^y+\gamma-\gamma_c)G_j+\gamma\sum_{j=m+1}^{N}G_j \tag{1-27}$$

式中　τ、γ——剪应力和剪应变；

G_j——第 j 个弹塑元件的弹簧刚度；

γ_j^y——第 j 个库伦摩阻元件的屈服应变，对于负的初始加载或重新加载用负号；

γ_c——应力应变曲线拐弯点的应变；

L——屈服元件数的号码；

m——拐弯时已有 m 个元件屈服。

显然，在整个分析过程中不仅需要判别元件是否屈服，还要确认应力应变曲线的拐弯点。

2）任一质点的运动

如前文所述，对于土层基本水平的情况，地震时地面运动主要由竖直传上来的剪切波引起，对于这种情形，土层可用一维多质点模型表示。当地震波由下往上传播时，任一时刻 t 的运动状态可以用各个质点的振动速度和剪应力来描述。如果模型的质点编号由上到下按小到大顺序排列，则任一质点的运动按下列步骤来求：

（1）质点 i 在 $t+\Delta t/2$ 时刻的应变增量 $\Delta\gamma_i$ 用下式表示：

$$\Delta\gamma_{i,(t+\Delta t/2)} = (V_{i+1,\ t} - V_{i,\ t})\Delta t/h_i \tag{1-28}$$

式中 $V_{i,\ t}$、$V_{i+1,\ t}$——第 i 和 $i+1$ 质点在 t 时刻的振动速度；

Δt——时间步长；

h_i——第 i 层土厚度。

（2）将剪应变增量 $\Delta\gamma_{i,\ t+\Delta t/2}$ 代入 Iwan 模型所表示的应力应变关系式可求出第 i 质点在 $t+\Delta t/2$ 时刻的剪应力 $\Delta\tau_{i,\ t+\Delta t/2}$。

（3）由 i 质点及 $i-1$ 质点在 $t+\Delta t/2$ 时刻的剪应力 τ 和 i 质点在 t 时刻的振动速度 $V_{i,\ t}$ 求出质点 i 在 $t+\Delta t$ 时刻的振动速度：

$$V_{i,\ t+\Delta t} = V_{i,\ t} + [\tau_{i,\ t+\Delta t/2} - \tau_{i-1,\ t+\Delta t/2}]\Delta t/m_i \tag{1-29}$$

式中 m_i——质点 i 的质量。

此外，还应考虑边界条件，最顶层的质点振动速度为

$$V_{1,\ t+\Delta t} = V_{1,\ t} + \tau_{1,\ t+\Delta t/2}\Delta t/m_1 \tag{1-30}$$

如果土层总共有 n 层，根据假设，下卧层即 $n+1$ 层为弹性边界，地震时将有一部分能量透射到底部，则 $n+1$ 层质点在 $t+\Delta t$ 时刻的振动速度为

$$V_{n+1,\ t+\Delta t} = [1 - 1/(1+\rho V_s \Delta t)/m_{n+1}]\{2V_{\mathrm{I},\ t+\Delta t} - (\tau_{n,\ t+\Delta t/2} - V_{n+1,\ t} m_{n+1}/\Delta t)/\rho V_s\} \tag{1-31}$$

式中 ρ——$n+1$ 层质量密度；

V_s——$n+1$ 层的剪切波传播速度；

m_{n+1}——n 层单位体积质量的一半；

$V_{\mathrm{I},\ t+\Delta t}$——$t+\Delta t$ 时刻的输入振动速度，由输入运动确定。

如何决定其大小和频谱特性已在 1.1.1.2 小节讨论。当求出所有质点的振动速度后，再求下个时刻的应变增量、剪应力和振动速度，按此循环直到整个输入运动终了。

3）孔隙水压力

对于饱和砂土和饱和粉土层，由于地震时土层出现剪切应变，将可能引起超孔隙水压力，如果孔隙水压力比，即其压力与相应深度的初始有效正应力的比值等于或接近 1.0，则该土层将丧失抗剪强度，出现液化，也即地震时所观察到的喷砂冒水现象。即使孔隙水

压力比不等于1.0，由于孔压的上升，土颗粒之间的有效正应力也将减少，因而土层的刚度变小，阻尼增大，这就势必影响土层的地震反应。为此，本书提出了半波法计算孔隙水压力的产生，并考虑它对土层地震反应的影响。

土的三轴试验表明，对于给定的土样，饱和砂土的抗液化强度随振动次数而减少。如液化振动次数为 N_1，则用下面的经验关系来表示它与液化剪应力比 S（即剪应力和初始固结压力的比值）的关系：

$$N_1 = \exp(AS^{-1} + BS^{-2}) \tag{1-32}$$

式中，A、B 两个常数由实验数据统计确定。同时，由动力三轴试验还可以得到孔隙水压力比 u/σ_0 和液化振动次数比的关系：

$$\frac{u}{\sigma_0} = \frac{2}{\pi}\arcsin\left(\frac{N}{N_1}\right)^{\beta} \tag{1-33}$$

式中　N——振动次数；

β——常数，与土类和土样密度有关。

孔隙水压力大小对土刚度的影响，也可以归结为对土层最大剪切模量的影响。通常用下式来考虑孔隙水压力的产生对最大剪切模量 $G_{\max}$ 进行修正得新的模量 G：

$$G = G_{\max}\sqrt{1 - r_u} \tag{1-34}$$

式中，$r_u = u/\sigma_0$ 为孔隙水压力比。

4）土层地震反应分析的主要步骤

综上所述，土层地震反应分析的主要步骤如下：

（1）利用地震危险性分析所得到的自由基岩表面地震动相关反应谱作为目标谱，通过人工地震波获得相应的地震动加速度时程，并根据该加速度时程确定场地反应计算的基底输入地震波。

（2）建立与工程场地相对应的场地计算力学模型。

（3）根据各类土的剪切波速度、土的动应力应变关系及砂类土的液化特性确定土的本构关系。

（4）利用数值动力反应分析方法，求解在已知基底入射波情况下力学模型的反应，给出场地地表处的地震反应时程及相关的反应谱或其他有关的参量。

（5）确定多条基底输入地震波时程，计算出每一样本入射波时程对应的场地地震反应，然后对其计算结果进行综合评价，给出场地地表或任一深度处的设计地震动参数。

1.1.1.4　设计地震动参数的确定

基于大量强震观测记录的分析，我国建筑抗震设计规范规定，设计地震动用弹性加速度反应谱表示。由于对设计谱曲线的形状特征做了规定，因此对于给定场地只需两个地震动参数，即水平地震影响系数最大值和特征周期，就可决定该场地的设计谱曲线。因此，用场址动力分析方法确定设计地震动，关键就是如何根据场址动力分析结果合理地确定这两个参数的设计值。本书根据工程经验和规范有关规定，就这两个地震动参数设计值的确定提出以下两种方法：

1）第一种方法

（1）最大地震影响系数。

强震记录分析表明，动力放大系数最大值 β_{max} 一般在 2.25～3 之间，美国规范采用 $\beta_{max}=2.5$，中国规范虽未明文规定动力放大系数，但实际上隐含着 $\beta_{max}=2.25$。因此最大地震影响系数 α_{max} 可以按下式计算确定：

$$\alpha_{max}=A_{max}\beta_{max} \tag{1-35}$$

式中，A_{max} 为土层地震反应计算得到的地面加速度峰值。

（2）特征周期。

特征周期可采用我国地震动参数区划图的方法，按下式计算：

$$T'_g=2\pi V_{max}/A_{max} \tag{1-36}$$

式中，V_{max} 为最大速度幅值，图 1-5 表示了 β_{max} 和特征周期的确定方法。

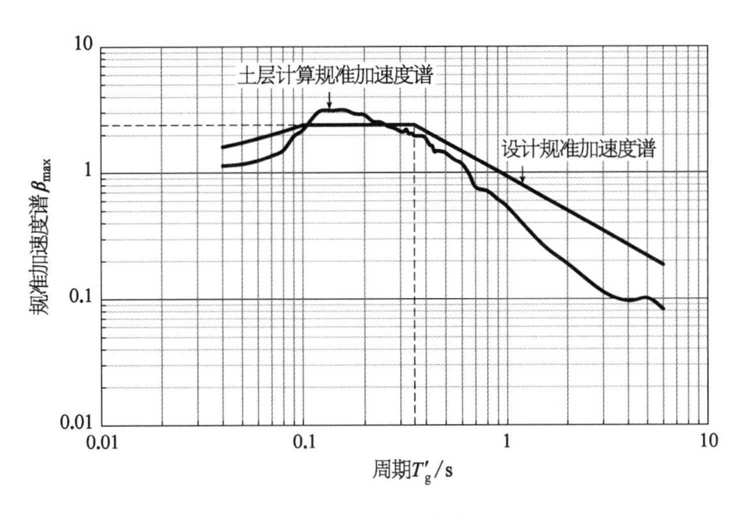

图 1-5　β_{max} 和特征周期的确定方法

2）第二种方法

按上述方法能够给出合理的设计地震动参数，但有时不能完全反映由土层地震反应计算得的地震动谱特性，而采用下面的方法更合理一些。

先由式(1-36)暂定特征周期为 T'_g，然后将 0.1 s 至 T'_g间的绝对加速度谱值进行平均，并取其平均值作为最大地震影响系数；然后对于 T'_g和 3 s 间的绝对加速度谱值进行回归分析，将其回归曲线与最大地震影响系数平均线的交点所对应的周期作为设计用的特征周期 T_g，如图 1-6 所示。

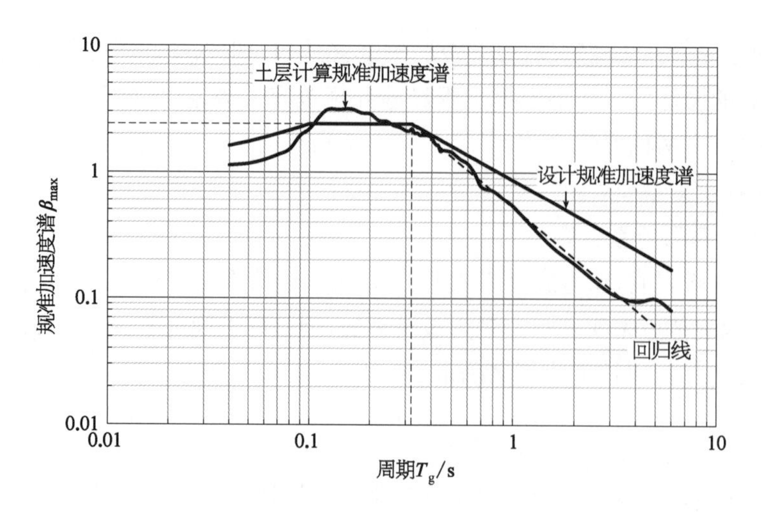

图 1-6 最大地震影响系数和特征周期的确定

场地地震动与地震地质环境和场地条件关系密切，影响地震动的因素很多，仍不能很清楚地单纯以数值解答来确定。因此，在决定一个场地，特别是重大工程场地的设计地震动，仅依赖于数值的解答是不足的，强震观测、震害记录以及工程经验和国家有关规定同样也很重要。为了尽可能合理地确定场址设计地震动参数，可多计算几个土层钻孔，并在分析结果的基础上进行综合分析评估，从中选取确定合适的设计地震动参数，尽量做到抗震安全与合理性、经济性的有机结合。

3）设计地面加速度时程

利用上面得到的最大地震影响系数 α_{max} 和特征周期 T_g'，根据前面所述的拟合人工地震波的方法，拟合得到设计地面加速度时程，可以将其作为时程分析法计算所用的人工地震波。

1.1.1.5 设计地震动的分区

在城市抗震防灾规划的编制中，需要考虑地震作用对不同地段的影响，对建设用地的适宜性做出评价，这项工作须在前文各个场址地震动分析的基础上进行。在进行地震动分区时，应以当地的地形地貌评价和工程地质分区图作为依据。将各个工程地质分区中各个场址的设计地震动参数(即场地特征周期和最大地震影响系数)进行算术平均，并取其平均值作为该区的代表值，该工程地质分区也即为一个地震动分区，如果有两个区的平均值相近或相同，则可将它们归为一个区，并重新对地震动参数计算平均值。各个区的设计地震动参数可作为一般工程抗震设计的依据，也是各类工程震害评估的基础。对于重要建筑工程，宜通过场址的地震动分析和上面所述的设计地震动参数的确定方法来决定。

1.1.2 城市建筑工程震害预测

1.1.2.1 震害预测定义及技术框图

震害预测是对一个地区或城市在遭遇到可能发生的地震破坏情况下，建筑物、工程设施的震害程度以及由此造成的经济损失和人员伤亡的预测。历次地震灾害表明，建筑物的破坏是城市地震灾害中最主要的表现形式。人员伤亡、经济损失主要是建筑破坏造成的；生命线工程的震害也在不同程度上受到建筑物破坏的影响。因此，建筑物破坏程度及其分布情况是衡量城市地震灾害规模和可能造成损失的重要指标。建筑物震害预测是城市抗震防灾基础工作的重要组成部分，也是编制城市抗震防灾规划的核心内容。其目的是分析城市建筑物在遭受不同地震烈度影响时，建筑物基于其本身的抗震能力可能产生的破坏。通过分析，正确评价城市各类建筑的抗震能力，了解城市遭遇未来地震时的灾害规模及其分布情况、薄弱环节，以及各生命线系统完成其预定功能的状况，为开展城市抗震防灾工作提供科学的依据。

建筑物的震害预测分析，是指建筑物遭受某一设防标准的地震影响时，对建筑物可能遭受的破坏情况的估计。一般而言，由于地震而使建筑物遭受灾害的程度主要与以下两个因素有关：一是建筑物所在场地的地震危险性（即致灾因子的致险程度）；二是建筑物自身的抗震性能（即承灾体的脆弱性）。因此，建筑物的震害预测应从这两个方面进行分析。实际应用中，建筑物震害预测的总框架如图1－7所示。

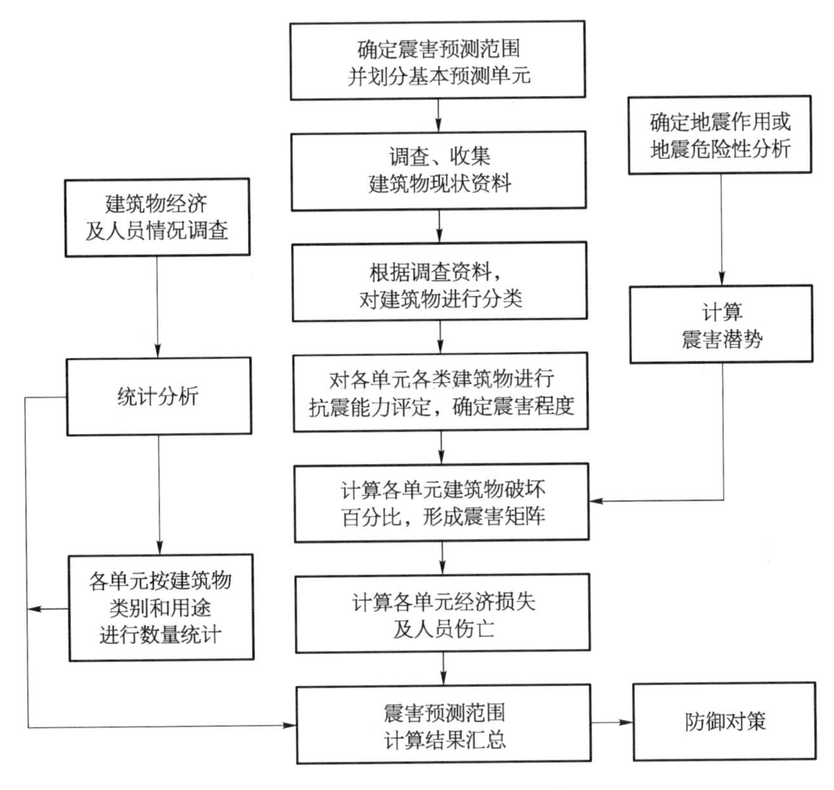

图1－7　建筑物震害预测的总框架

建筑物所在场地的地震危险性与未来可能引起震害的地震强度大小、发震机制、震源位置、场地土特征、该地区地震活动性以及历史震害资料等有关。对建筑物进行震害预测分析时，建筑物所在场地的地震危险性估计通常以中国地震动参数区划图或地震烈度区划图为依据。在获知建筑物所在场地的地面运动特征和建筑物的恢复力特性时，用时程分析或其他方法可以求出结构的内力和变形等，结合相应的破坏标准，可评价建筑物的抗震性能并预测其震害。然而，有关建筑物震害的破坏机理和地面运动特征至今还没有发展到可以准确预测的阶段，并且建筑物的抗震能力又因建筑物类型的不同而相差很大，精确地分析建筑物的抗震性能和预测建筑物的震害仍是比较困难的。

建筑物震害预测是一个模糊的、系统的、复杂的问题。目前，国内外建筑物震害预测的方法很多，归纳起来大体上可分为四类：经验方法、理论方法、半经验半理论方法和动态分析方法。

我国建筑抗震设防的目标的定位是以建筑物在地震时可允许遭到某种程度的破坏为标准，这一目标是随国民经济和技术的发展而变化的。因此，随着研究的进展，当震害预测方法的精度提高到一定程度时，可以为确定和修正建筑抗震设防标准提供依据。

截至目前，绝大多数的建筑物震害预测方法都必须选取震害样本。如何把每个城市的各类建筑情况与震害样本联系起来，采用可收集到的城市建设工程档案资料，譬如各房地产管理部门在统计产权时汇总的各类建筑面积和结构型式、人口普查得到的城市总人口数等，研究出一种统一、简便而又快速的震害预测方法，编制通用的应用程序，应用信息化的手段加以实现，并根据城市建设的情况不断补充和调整，是今后震害预测工作发展的方向。

1.1.2.2 建筑抗震能力评定

目前，国内使用的房屋建筑抗震能力评定方法有多种，大多为震害经验的总结，也有直接按抗震设计规范或鉴定标准进行抗震验算的方法。对于未设防加固的建筑和已设防加固的建筑，评定方法和指标体系是有区别的。

1）未进行抗震设防建筑的抗震能力评定

通过建筑震害现场调查发现：在同样的地震环境(场地、烈度等)下，即使是同一种结构类型的房屋，其震害程度也是不同的。通过对大量的房屋震害资料进行分析研究，归纳影响房屋震害的主要因素，对不同结构类型的房屋，选取针对性的评定指标进行评估。基于此类评定方法的指标有一个共同的要求，即房屋的现场抽样调查应具备可行性，且简单、方便、快捷。考虑到我国抗震设防推行的实际情况，这类经验性的评定方法主要针对以下四类房屋：

(1) 多层砖混房屋。

多层砖混房屋抗震能力评定主要选取如下七个指标，根据不同情况赋值。

① 屋盖形式 X_1：钢筋混凝土现浇平屋盖，$X_1=10$；预制板平屋盖，$X_1=9$；砖木屋盖，$X_1=10\times(n-1)/n$（n 为层数）。

② 房屋总高 X_2：取室外地坪到屋檐的距离，以 m 为单位。

③ 楼盖形式 X_3：现浇楼盖，$X_3=5$；预制板楼盖，$X_3=3$；木楼盖，$X_3=1$。

④ 施工质量 X_4：好，$X_4=5$；中，$X_4=3$；差，$X_4=1$。

⑤ 承重墙砂浆标号 X_5：以砌筑砂浆强度等级对应的标号取值。

⑥ 砖墙面积率 X_6：$X_6=100\times$(纵、横墙面积/建筑面积)。

⑦ 场地土类别 X_7：Ⅰ类，$X_7=12$；Ⅱ类，$X_7=10$；Ⅲ类，$X_7=7$。

进行震害程度分类的判别式为

$$r_g = C_{0g} + \sum_{i=1}^{7} C_{ig} \cdot X_{ij} \tag{1-37}$$

式中，C_{0g}、C_{ig}、…、C_{7g} 见表 1-1。

表 1-1　多层砖混房屋抗震能力评定因素取值

g	C_{0g}	C_{1g}	C_{2g}	C_{3g}	C_{4g}	C_{5g}	C_{6g}	C_{7g}
1	−90.50	4.760	−0.372	6.910	7.730	0.305	3.390	0.985
2	−81.70	3.710	0.396	6.390	8.270	0.277	3.030	1.787
3	−65.20	3.170	0.740	5.190	6.020	0.086	2.310	2.221
4	−57.40	3.120	1.251	4.640	5.230	−0.040	1.940	2.552
5	−54.00	3.490	1.652	4.800	2.810	−0.077	1.610	2.431

由式(1-37)计算，每栋房屋可获得五个 r_g 值。

取 $r_{g\max}$ 房屋归于 g 类，于是该房屋对应于第 g 类抗震能力，而 g 类对应于各地震烈度的破坏可由表 1-2 查出。

表 1-2　多层砖混房屋各地震烈度的破坏对应表

g	1	2	3	4	5
7 度	基本完好	基本完好	轻微损坏	中等破坏	严重破坏
8 度	基本完好	轻微损坏	中等破坏	严重破坏	倒　塌
9 度	轻微损坏	中等破坏	严重破坏	倒　塌	倒　塌

(2) R.C(钢筋混凝土)排架房屋。

R.C 排架房屋抗震能力评定主要选取如下九个指标：屋面重量 W(kg·f)；屋架下弦到计算断面的距离 H_c(cm)；柱断面高度 h(cm)；柱断面宽度 b(cm)；墙高 H_w(cm)；墙厚 b_w(cm)；沿墙高设置的圈梁数 S；排架柱的混凝土标号 R；屋面系统和支撑系统震害指数 D_r，按表 1-3 取值。

表 1-3 R.C 排架房屋屋面系统和支撑系统震害指数 D_r

屋面及支撑系统情况	地震烈度			
	7 度	8 度	9 度	10 度
屋面系统质量好，支撑系统完善	0.00	0.05	0.20	0.35
屋面系统质量好，支撑系统不完善	0.05	0.15	0.35	9.45
屋面系统质量差，支撑系统完善	0.10	0.20	0.40	0.55
屋面系统质量差，支撑系统不完善	0.15	0.30	0.55	0.85

不同地震烈度下厂房的震害指数 D_s 用下列各式计算：

$$\left.\begin{aligned} &7\text{ 度}：D_s = 14R^{-1} + 0.0018\lambda_1 + 0.011\lambda_2 - 0.338 + 0.25D_r \\ &8\text{ 度}：D_s = 39R^{-1} + 0.0020\lambda_1 + 0.011\lambda_2 - 0.349 + 0.25D_r \\ &9\text{ 度}：D_s = 31R^{-1} + 0.0023\lambda_1 + 0.014\lambda_2 - 0.370 + 0.25D_r \\ &10\text{ 度}：D_s = 74R^{-1} + 0.0036\lambda_1 + 0.0014\lambda_2 - 0.504 + 0.25D_r \end{aligned}\right\} \tag{1-38}$$

式中 λ_1——柱的受弯指数。

$$\lambda_1 = WH_c/b_c h^2 \tag{1-39}$$

如果一根柱有 n 个不等高屋面时，取

$$\lambda_1 = \sum_{i=1}^{n} W_i H_{ci}/b_c h^2 \tag{1-40}$$

式中 W_i——第 i 个屋面加于柱上的重量；

H_{ci}——第 i 个屋架下弦到计算断面的距离；

λ_2——墙高度指数。

$$\lambda_2 = H_w/b_w\sqrt{s+1} \tag{1-41}$$

R.C 柱厂房震害等级和震害指数的关系见表 1-4。

表 1-4 R.C 排架房屋震害等级和震害指数的关系

震害等级	宏 观 现 象	定义的震害指数 D_s	指数的上下限
基本完好	各类构件无损，或个别构件表层有可见裂缝，对承载能力和使用无明显影响	0.10	$D_s \leqslant 0.2$
轻微损坏	部分构件表层有可见裂缝，屋面系统和楼板有部分松动，个别构件裂缝明显	0.30	$0.2 < D_s \leqslant 0.4$

（续表）

震害等级	宏 观 现 象	定义的震害指数 D_s	指数的上下限
中等破坏	部分混凝土构件钢筋外露，墙体有明显裂缝，屋面板错动，支撑系统有可见变形；个别严重者外露钢筋有弯曲，墙体倾斜、屋面板松动，经修复仍可恢复原设计的功能	0.50	$0.4<D_s\leqslant 0.6$
严重破坏	大部分混凝土构件表层脱落，内层有明显裂缝，钢筋外露略有弯曲，墙体有多道明显裂缝或严重倾斜，屋面板错动，屋架倾斜，支撑系统变形明显。个别构件混凝土酥碎，钢筋严重弯曲产生了较大变位或已折断，墙体局部倒塌，部分屋面板滑动或坠落，支撑系统弯曲失稳或屋架塌落，难以修复	0.70	$0.6<D_s\leqslant 0.8$
倒　塌	大部分构件混凝土酥碎或折断，墙体倒塌或近于酥散状态，屋架坠落或严重倾斜，支撑系统弯曲失稳，完全失去了结构设计时预定的功能，无修复可能	0.90	$0.8<D_s$

（3）砖柱排架房屋。

砖柱排架房屋抗震能力评定主要选取如下四个指标：厂房高度 H（m）；排架柱断面高度 d（m）；砖柱的砖砌体强度 R（kg/cm^2）；厂房长度 L（m）。

判别式取

$$N=4\,777\times\frac{H^{1.530\,9}(L/90)^{0.534\,7}}{d^{1.282\,5}(7R)^{1.641\,2}}+10 \tag{1-42}$$

按上式求出的 N 值，适用于地震烈度 8 度Ⅱ类场地，当为其他情况时，按表 1-5 进行调整。建筑物的破坏程度，根据调整后的 N 值，按表 1-6 判定。

表 1-5　不同烈度与不同场地对震害指数的修正值

烈　度	9 度			8 度			7 度		
场地土类别	Ⅲ	Ⅱ	Ⅰ	Ⅲ	Ⅱ	Ⅰ	Ⅲ	Ⅱ	Ⅰ
砖柱厂房	+60	+40	+20	+40	0	−10	+10	−30	−40

表 1-6　建筑物震害程度与 N 值的对应关系

N	0～20	21～40	41～60	61～80	81～100
震害程度	基本完好	轻微损坏	中等破坏	严重破坏	倒　塌

(4) 老旧房屋。

老旧房屋抗震能力评定主要选取如下三个指标：房屋长度 L(m)；老旧程度 m，取 2、3、4 三个数值分别表示好、中、差；层数 n。采用模糊综合评判方法，样本房屋的上述三个指标中，每个指标(i)对应五个破坏等级(j)的关系，可以由表 1-7 查取。

表 1-7　老旧房屋震害影响参数取值

i		j				
		b_1 基本完好	b_2 轻微损坏	b_3 中等破坏	b_4 严重破坏	b_5 倒　塌
$U_1=L$	10	0.37	0.46	0.11	0.01	0.00
	30	0.21	0.41	0.27	0.04	0.01
	50	0.27	0.41	0.22	0.04	0.00
	70	0.11	0.25	0.31	0.21	0.08
	90	0.07	0.20	0.31	0.26	0.12
$U_2=m$	1	0.15	0.32	0.32	0.15	0.03
	2	0.12	0.27	0.31	0.19	0.07
	3	0.00	0.04	0.17	0.35	0.31
$U_3=n$	1	0.36	0.42	0.13	0.01	0.00
	2	0.15	0.30	0.30	0.16	0.04
	3	0.11	0.025	0.31	0.21	0.07

由表中查出的值为 r_{ij}，并按下式生成模糊综合关系矩阵 R：

$$R=\begin{bmatrix} r_{11} & r_{12} & r_{13} & r_{14} & r_{15} \\ r_{21} & r_{22} & r_{23} & r_{24} & r_{25} \\ r_{31} & r_{32} & r_{33} & r_{34} & r_{35} \end{bmatrix}$$

然后，求评判结果 B，各指标加权值 $A=(0.1,\ 0.45,\ 0.45)$。矩阵运算取普通矩阵乘法，按下式计算：

$$B=A\cdot R \tag{1-43}$$

由式(1-43)得出的 $B=(b_1,b_2,b_3,b_4,b_5)$ 中取 b_j 最大者，该房屋即归于 j 类破坏。

以上计算的结果是针对烈度为 7 度的情况。至于其他烈度，按如下原则换算：假设 b_1、b_2、b_3、b_4、b_5 对每一烈度而言均是按正态分布的。7 度情况下，可以由求出的 b_1、

b_2、b_3、b_4、b_5 算出期望值 m^7 和方差值 σ^7。其他烈度，如 8 度则有 $m^8=m^7+\Delta m^8$，$\sigma^8=\sigma^7+\Delta\sigma^8$，$\Delta m^8$ 和 $\Delta\sigma^8$ 是 7 度调整到 8 度的修正值。有了新的 m 和 σ 后，仍按正态分布反算出对应于该烈度的 b_1、b_2、b_3、b_4、b_5。

2）已进行抗震设防或加固房屋的处理方法

在群体建筑抗震能力评价中，对早期建造且未进行抗震设防与加固的多层砖房、R. C 柱排架、砖柱排架和老旧房屋四类建筑可按上述方法进行抗震能力评定。对按抗震设计规范设计建造，或按抗震鉴定及加固相关标准规范进行了鉴定加固的房屋，一般情况下默认为已设防和加固房屋满足相应的抗震设防目标。

重要建筑的单体抗震能力评估，可依据现行国家标准《建筑抗震鉴定标准》(GB 50023—2009)进行抗震鉴定。即需要进行现场调查、材料强度检测，收集竣工图和设计、施工资料，依据《建筑抗震鉴定标准》的相关要求，从结构体系、材料强度、抗震构造措施、抗震承载力等方面对建筑进行全面鉴定，然后根据鉴定结果，对建筑的抗震能力进行评估，并提出处理建议。

3）城市抗震防灾规划中建筑震害评估的调整

城市建设过程中，建筑在不断地更新、改造，这个过程中建筑市场的规范化、标准规范的执行力度、结构的选用等一般情况下均具有较明显的年代特点，为了准确客观地对城市建筑的群体抗震能力做出评价，在分别采取以上方法进行评估的同时，可根据城市建设情况和建筑概况等进行适当调整。

1.1.3　城市生命线工程地震灾害评估

1.1.3.1　城市管网系统地震灾害评估

城市地下管网是城市基础设施的重要组成部分，主要包括给水、排水、燃气、热力等系统，是城市可持续发展的基础保障。国内外多次强震震害调查表明，城市的各种管网常有不同程度的损坏，不仅给人们的生活带来不便，有时甚至会引起次生灾害。

管网的地震安全性通常需要通过对管网的连通性（可靠性）和连通功能分析来评估。无论管网的连通性或功能分析，一般都是在管线损坏状态估计的基础上进行的。

管线本身较为简单的可靠性评价方法是经验方法，主要通过震害调查得到各类管线的损坏率，并在此基础上得到两个节点间管线损坏概率，以此为基础，对震后管网的可靠性及功能进行分析。

1）管线的抗震验算

管网的地震安全性需要通过对管网的连通性（可靠性）和功能分析来评估。管网的连通性或功能分析，一般都是在管线损坏状态估计的基础上进行的。

直埋管道的抗震验算经历了方法的发展，早期是把管道看作是土体的一部分，像土体一样传播地震波，并且主要验算纵波在管道中引起的应力是否超过管材的强度。后续随着研究的深入，认为土和管道两者的刚度有差异，把管道看作是地基梁，以考虑它们之间的相互作用；同时认为，管道的自振频率很高，地震引起的惯性力可以忽略不计，地震时埋设管道的损坏主要是由于横波引起的地面位移和失稳。对于土体非失稳情况，管道的损坏主要是由于轴向的位移。

基于上述假设，《室外给排水和煤气热力工程抗震设计规范》(GB 50032—2003)规定，承插式接头的埋地圆形管道的轴向变位应满足下式要求：

$$\gamma_{EH}\Delta_{plk} \leqslant \lambda_c \sum_{i=1}^{J} [u_a]_i \tag{1-44}$$

式中 Δ_{plk}——半个视波长内管道在轴向位移量标准值；

$[u_a]_i$——i 种管道接头设计允许位移量(表1-8)，接头的极限变形和开裂抗力，见表1-9；

λ_c——半个视波长内管道接头协同工作系数，可取0.64；

J——半个视波长内管道接头总数；

γ_{EH}——水平向地震作用分项系数，取值1.3，在建立安全裕量方程时则取为1。

表1-8 管道单个接头设计允许位移量[u_a]

管道材质	接头填料	$[u_a]$/mm
铸铁管(含球墨铸铁)、P.C管	橡胶圈	10
铸铁、石棉水泥管	石棉水泥	0.2
钢筋混凝土管	水泥砂浆	0.4
P.C.CP	橡胶圈	15
P.V.C、FRP、PE管	橡胶圈	10

表1-9 管道接头界限变形和开裂抗力

管材	接头做法	R_1/mm		R_2/mm		P_k/kN	
		平均值	标准差	平均值	标准差	平均值	标准差
铸铁	石棉水泥	0.32	0.18	2.65	1.08	68.6	7.04
铸铁	应力水泥	0.58	0.11	2.88	1.19	55.3	6.40
铸铁	胶圈石棉	4.50	1.88	25.68	3.62	83.2	18.61
铸铁	胶圈应力	5.59	0.76	24.98	4.26	58.9	14.46
钢筋混凝土	水泥砂浆	0.42	0.29	3.0	1.38	—	—
预应力混凝土	橡胶圈	5.00	2.00	38.6	4.13	—	—

式中各参数计算方法如下：

(1) Δ_{plk}——根据地基梁理论，并认为剪切波的行进方向与管轴向夹角为 45°时最不利，对于这种情形，直埋管道半个视波长内管道的轴向位移标准量为

$$\Delta_{plk}=\sqrt{2}\zeta U_{0k} \tag{1-45}$$

式中　U_{0k}——管道埋深处土体最大水平位移标准值；

ζ——位移传递系数。

$$U_{0k}=\frac{K_h g T_g^2}{4\pi^2} \tag{1-46}$$

$$\zeta=\frac{1}{1+\frac{EA}{K}\left(\frac{2\pi}{L'}\right)^2} \tag{1-47}$$

式中　K_h——水平地震加速度系数；

g——重力加速度；

T_g——场地特征周期；

E——管道材质的弹性模量；

A——管道的横截面积，

K——管轴向单位长度土体的弹性抗力。

其中，

$$A=\pi(D+t)t \tag{1-48}$$

$$K=\pi(D+2t)k_1 \tag{1-49}$$

(2) J——半波长内管线的接头数目，按下式计算：

$$J=L'/(2l)=0.7\sqrt{2}V_s T_g/(2l)$$

式中　k_1——沿管道方向土体的单位面积弹性抗力，无试验资料时可取为 0.06 N/mm³；

L'——剪切波在管轴向视波长，$L'=V_s T_g/\cos\varphi$；

V_s——管道埋深处土层的剪切波速度；

φ——剪切波行进方向与管轴向的夹角，一般令 $\varphi=45°$；

l——每节管的长度。

从上面分析可以看到，管道抗震验算公式的变量可归纳为：k_h、T_g、D、$[u_a]$、V_s、E、k_1、l 和 t 等。

以上为抗震规范所规定的承插接口管道的抗震验算方法。对于整体的焊接钢管，地

震作用下的最大应变量标准值用下式计算：

$$\varepsilon_{sm,k}=\zeta U_{0k}\frac{\pi}{L} \tag{1-50}$$

钢管的允许应变量标准值为

对于拉伸，

$$[\varepsilon_{at,k}]=1.0\%$$

对于压缩，

$$[\varepsilon_{ac,k}]=0.35\frac{t}{D_1}$$

式中 t——管壁厚；

D_1——管外径。

2）管线的可靠度指数的计算方法

采用可靠度理论对地震时管线的损坏进行评估，其中包括电子表格算法和 H－L 算法。

（1）管线可靠度指数的电子表格算法。

电子表格算法使得计算各类结构系统的可靠度指数变得非常容易，不管随机变量是何种分布或是否相关，不需要用户做繁杂的数学运算，就可得到满意的结果。用 Ditlevsen 公式表示可靠度指数：

$$\beta=\min_{X\in g}\sqrt{(X-\mu)^{T}C_0^{-1}(X-\mu)} \tag{1-51}$$

式中，X 为一组服从正态分布的随机变量的矢量，如果不是正态分布可做当量正态变换；g 表示破坏面，用安全裕量方程表示；μ 为随机变量的平均值；C_0 为随机变量协方差矩阵，用下式表示：

$$C_0=\begin{bmatrix}\sigma_1^2 & \rho_{12}\sigma_1\sigma_2 & \rho_{13}\sigma_1\sigma_3 & \cdots & \rho_{1n}\sigma_1\sigma_n\\ \rho_{21}\sigma_1\sigma_2 & \sigma_2^2 & \rho_{23}\sigma_2\sigma_3 & \cdots & \rho_{2n}\sigma_2\sigma_n\\ \vdots & \vdots & \vdots & \vdots & \vdots\\ \rho_{n1}\sigma_1\sigma_n & \rho_{n2}\sigma_2\sigma_n & \rho_{n3}\sigma_3\sigma_n & \cdots & \sigma_n^2\end{bmatrix} \tag{1-52}$$

式中 σ_i——变量 x_i 的标准差；

ρ_{ij}——变量 x_i 和变量 x_j 的相关系数。

对于承插接口管道，根据规范规定的抗震验算公式，可得管道的安全裕量方程：

$$\lambda_c\sum_{i=1}^{J}[u_a]_i-\Delta_{plk}=0 \tag{1-53}$$

由前文所述可知，管道的抗震能力与诸多因素有关，在可靠性分析中将其中的变量 E、t、l 和 k_1 设为确定性变量，其他变量如 K_h、T_g、D、$[u_a]$和 V_s 等认为是随机变量，并假设服从正态分布，而且相互之间统计独立。在本书中，它们的变异系数分别取：0.2、0.1、0.05、0.1 和 0.1。如果这些随机变量依次用 x_1、x_2、x_3、x_4、x_5 来表示，则安全裕量方程也可写成下列形式的函数：

$$g(\bar{x})=0.64\left(\frac{0.7x_5x_2\sqrt{2}}{2l}+1\right)x_4-\left[1\Big/\left(1+\frac{2\pi}{0.7x_5x_2\sqrt{2}}\right)\right]^2\cdot$$
$$\frac{E\pi(x_3+t)}{\pi(x_3+2t)k_1}\cdot\frac{980\sqrt{2}x_1x_2^2}{4\pi^2} \tag{1-54}$$

实际上，这是有约束条件的最小值问题，用户采用电子表格（Excel）中的规划求解法很容易就能得到满意的结果。由正态分布函数可得管道的损坏概率：

$$P_f=f(-\beta) \tag{1-55}$$

当变量为正态分布时计算步骤如下：

① 将各变量的均值和变异系数填入表格，同时可算得各变量的标准差。

② 建立向量 $(X-\mu)$ 和它的转置向量 $(X-\mu)^T$。

③ 建立协方差矩阵 $[C_0]$，利用电子表格函数 MINVERSE 求逆矩阵 $[C_0]^{-1}$。

④ 利用电子表格乘积函数 MMULT 求乘积 $[C_0]^{-1}(X-\mu)$ 和 $(X-\mu)^T[C_0]^{-1}(X-\mu)$。

⑤ 用函数 SQRT 求：

$$\beta=\sqrt{(X-\mu)^TC_0^{-1}(X-\mu)} \tag{1-56}$$

⑥ 令各随机变量的初始值等于各变量的平均值，以安全裕量方程式(1-53)为约束条件，进行规划求解，得满足约束条件的最小值 β。

⑦ 利用函数 NORMSDIST 求失效概率 $P_f=(-\beta)$。

当变量非正态分布时，其计算步骤有所不同。在进行到第⑥步时需要在设计点做当量正态变换，求出均值和变异系数，然后再重新计算，反复迭代直至均值和变异系数满足精度要求。

(2) 计算管线可靠度指数的 H-L 算法。

H-L 算法适用于随机变量为正态分布且线性独立情形。对于变量相关非正态分布情形，需要做当量正态变换和线性变换。接下来就这两种情形分别进行讨论。

① 变量为正态线性独立时的可靠度计算。

与电子表格算法有同样的安全裕量方程，设各随机变量服从正态分布且相互独立无关。对于这种情形，根据 H-L 算法 n 维正则化空间可靠度指数和安全裕量方程可用下式表示：

$$\left.\begin{aligned}&\beta=\min\sqrt{\sum_{i=1}^{n}z_i^2}\\&g(\bar{z})=0\end{aligned}\right\} \tag{1-57}$$

式中，$\bar{z}=(z_1, z_2, \cdots, z_n)$。

$$z_i=\frac{x_i-\mu_i}{\sigma_i}$$

式中，x_i、μ_i 和 σ_i 分别为随机变量（在文中为 K_h、T_g、D、$[u_a]$ 和 V_s）及其平均值和标准差。这是一个安全裕量方程为非线性的有约束的极值问题，可采用 Lagrange 乘数法导出的公式进行迭代计算。

可把 β 函数写为

$$\beta=\sqrt{\sum_{i=1}^{n} z_i^2} \tag{1-58}$$

引入待定常数 λ 将函数 β 变成非约束函数：

$$Y=\beta+\lambda g(\bar{z}) \tag{1-59}$$

求其偏导数并令其等于 0，可得

$$\frac{\partial Y}{\partial z_i}=\frac{z_i}{\beta}+\lambda \frac{\partial g}{\partial z_i}=0$$

$$\frac{\partial Y}{\partial \lambda}=g(\bar{z})=0$$

令 $G=\left(\frac{\partial g}{\partial z_1}, \frac{\partial g}{\partial z_2}, \cdots, \frac{\partial g}{\partial z_n}\right)$ 得

$$\frac{\bar{z}^{\mathrm{T}}}{\beta}+\lambda G^{\mathrm{T}}=0$$

因为

$$\bar{z}=-\lambda\beta G$$

$$\beta=\sqrt{\bar{z}\bar{z}^{\mathrm{T}}}=\lambda\beta\sqrt{GG^{\mathrm{T}}}$$

可得

$$\lambda=1/\sqrt{GG^{\mathrm{T}}}$$

$$\bar{z}=-\frac{\beta G}{\sqrt{GG^{\mathrm{T}}}}$$

然后代入安全裕量方程得

$$g(\beta)=0$$

这是一个非线性方程，可采用割线法求解。

由上面的推导所得的方程组成关于 $\bar{z}$ 和 β 的迭代计算公式，需要求极限状态函数（安

全裕量方程)各个随机变量的偏导数。该函数各变量的偏导数难于用一般的方法给出,可借助 MATLAB 符号运算程序求出偏导数和其他相关函数,然后再进行迭代计算。

② 变量为非正态且相关时的可靠度计算。

对于随机矢量为非正态分布和相关时,需要进行当量正态变换和线性变换,然后再采用 H - L 算法进行可靠度指数计算。

所谓当量正态变换($R-F$ 变换),就是令在设计点原变量的分布函数 $F(x)$ 和概率密度函数 $f(x)$ 分别与标准正态分布函数及其密度函数相等,求出相应的正态分布的均值 μ^N 和标准差 σ^N。

$$\psi\left(\frac{x-\mu}{\sigma}\right)=F(x) \tag{1-60}$$

或写为

$$\frac{x-\mu}{\sigma}=\psi^{-1}[F(x)]$$

由此得

$$\mu^N=x-\sigma^N\psi^{-1}[F(x)] \tag{1-61}$$

求导得

$$\frac{\mathrm{d}}{\mathrm{d}x}\left[\psi\left(\frac{x-\mu}{\sigma}\right)\right]=\frac{1}{\sigma}\varphi\left(\frac{x-\mu}{\sigma}\right)=f(x) \tag{1-62}$$

代入此式得

$$\sigma^N=\frac{\varphi\{\psi^{-1}[F(x)]\}}{f(x)} \tag{1-63}$$

式中,ψ^{-1} 为标准正态分布的反函数;φ 为标准正态概率密度函数。在工程抗震计算中常常把地面加速度变量设为对数正态分布或极值 I 型分布。因此,接下来说明这两种分布的当量正态变换。

关于对数正态分布情形,先用下式求出对数的标准差和均值:

$$\left.\begin{aligned}\sigma'&=\sqrt{\ln(1+\delta^2)}\\ \mu'&=\ln\mu-0.5\sigma'^2\end{aligned}\right\} \tag{1-64}$$

然后,导得在设计点处与原对数正态分布相应的正态分布的标准差和均值:

$$\sigma^N=\frac{\varphi\{\psi^{-1}[F(x)]\}}{f(x)}=\frac{\varphi\left\{\psi^{-1}\left[\psi\left(\frac{\ln x-\mu'}{\sigma'}\right)\right]\right\}}{\varphi\left(\frac{\ln x-\mu'}{\sigma'}\right)\frac{1}{x\sigma'}}=x\sigma' \tag{1-65}$$

$$\mu^N = x - \psi^{-1}[F(x)]\sigma^N = x - \psi^{-1}\left[\psi\left(\frac{\ln x - \mu'}{\sigma'}\right)\right]\sigma^N$$
$$= x - x\sigma'\left(\frac{\ln x - \mu'}{\sigma'}\right) = x(1 - \ln x + \mu') \tag{1-66}$$

极值Ⅰ型分布函数 $F(x)$ 及概率密度函数 $f(x)$ 分别用下式表示：

$$F(x) = \exp\{-\exp[-a(x-u)]\} \tag{1-67}$$

$$f(x) = a\exp\{-a(x-u) - \exp[-a(x-u)]\} \tag{1-68}$$

式中，σ、μ 分别为变量的标准差和均值。

$$a = \frac{\pi}{\sigma\sqrt{6}}$$
$$u = \mu - \frac{0.5772}{a}$$

将其设计点的分布函数和概率密度函数代入上式可得相应的标准差和均值。

然后进行线性变换。设对 n 维随机矢量已完成了当量正态变换，其协方差矩阵用下式表示：

$$C_x = \begin{bmatrix} \sigma_{x_1}^2 & Cov(x_1, x_2) & Cov(x_1, x_3) & \cdots & Cov(x_1, x_n) \\ Cov(x_2, x_1) & \sigma_{x_2}^2 & Cov(x_2, x_3) & \cdots & Cov(x_2, x_n) \\ \vdots & \vdots & \vdots & \vdots & \vdots \\ Cov(x_n, x_1) & Cov(x_n, x_2) & Cov(x_n, x_3) & \cdots & \sigma_{x_n}^2 \end{bmatrix} \tag{1-69}$$

将其正则化，令

$$Y^* = D_x^{-1}[X - E(X)]$$
$$D_x = \text{diag}(\sigma_{x_1}, \sigma_{x_2}, \cdots, \sigma_{x_n})$$

因为是标准正态分布，所以有：

$$\mu_{Y_i^*} = E(Y_i^*) = 0$$
$$\sigma_{Y_i^*} = E(Y_i^* - \mu_{Y_i^*}) = 1$$

则得

$$C_{y^*} = \begin{bmatrix} 1 & \rho x_1, x_2 & \rho x_1, x_3 & \cdots & \rho x_1, x_n \\ \rho x_2, x_1 & 1 & \rho x_2, x_3 & \cdots & \rho x_2, x_n \\ \vdots & \vdots & \vdots & \vdots & \vdots \\ \rho x_n, x_1 & \rho x_n, x_2 & \rho x_n, x_3 & \cdots & 1 \end{bmatrix} = \rho_x \tag{1-70}$$

对 Y^* 按下式做线性变换：

$$Y = B \cdot Y^*$$

式中，B 为一个正交矩阵，它的列向量等于矩阵 ρ_x 的特征向量。对角矩阵 C_y 由下式计算：

$$C_y = B \cdot \rho_x \cdot (B)^{\mathrm{T}} = \mathrm{diag}(\sigma_{Y_1}^2,\ \sigma_{Y_2}^2,\ \cdots,\ \sigma_{Y_n}^2) \tag{1-71}$$

可得

$$E(Y) = B \cdot E(Y^*)$$

正则化得

$$Z = C_y^{-1/2} \cdot [Y - E(Y)]$$

由以上诸式可得

$$Z = [B \cdot \rho_x \cdot (B)^{\mathrm{T}}]^{-1/2} \cdot B \cdot D_x^{-1} \cdot [X - E(X)] \tag{1-72}$$

由式(1-72)可得

$$X = E(X) + D_x \cdot (B)^{\mathrm{T}} \cdot [B \cdot \rho_x \cdot (B)^{\mathrm{T}}]^{1/2} Z \tag{1-73}$$

将式(1-73)代入安全裕量方程可得

$$g(Z) = 0 \tag{1-74}$$

此时，可直接用 H-L 算法计算可靠度指数。

3) 管网的可靠度分析

当按前面的可靠度计算方法得到每条管线的损坏概率后，就可对整个管网进行可靠性分析。目前有多种方法可供应用，其中 Monte-carlo 法是一种常用的方法。这是一种模拟途径，通过随机数的产生模拟管线的损坏概率，然后与所计算的管线损坏概率相比较，并利用管网的连接矩阵建立管网的损坏矩阵，对该矩阵的连通性进行分析。经过多次这样的模拟试验，最后求出各节点间的连通频率，并近似地将它作为可靠概率。

Monte-carlo 法的计算步骤如下：

(1) 由管线可靠度分析已得到每条管线的失效概率 $P_{\mathrm{f}}(i)$。

(2) 对每条管线产生(0～1)均匀随机数 $r(i)$，并将它们与 $P_{\mathrm{f}}(i)$相比较，当 $r(i) > P_{\mathrm{f}}(i)$时，$TB(i)=1$，否则 $TB(i)=0$。

(3) 将 $TB(i)$和连接矩阵建立损坏概率矩阵 $AB(i,\ j)$。

(4) 用 Warshall 算法对矩阵 $AB(i,\ j)$求可达性矩阵 C。

(5) 当 $C_{ij}=1$ 时连通，则 $t_{ij}=t_{ij}+1$，否则不连通，$t_{ij}=t_{ij}+0$。

(6) 重复(2)～(5)步骤，直到满足要求的精度。如果模拟次数总共为 k 次，则可把各节点的连通频率近似作为连通概率 P：

$$P = t_{ij} / k \tag{1-75}$$

1.1.3.2 城市交通系统的地震灾害评估

符合现代化城市规划要求的交通系统应具有应对突发事件(如地震)的应急能力。城市的交通功能体现在将道路(含桥梁、道路设施)或航道作为载体以确保人流、物流的畅通无阻。然而,在非常时期,如地震或其他紧急事件发生时,城市的交通通行能力受到多种因素的冲击和影响,表现出很强的不确定性。因此,震前对交通系统现状进行摸底,对交通系统的抗震防灾能力、自适应能力等进行分析与预测,及时针对市区道路病害多发地段实施改造等,以提高交通系统面对突发事件时的主动控制能力,从而抑制连锁次生灾害的发生,减少交通阻塞等灾害链造成的损失。

1) 道路震害预测

道路的震害主要表现为:路基路面开裂(纵向或横向开裂)、涌起、沉陷、鼓包、塌陷,路堤边坡坍塌或开裂,路面冒砂等。震害特点是:路基路面破坏较严重的地段,大部分是修筑在软土地基上以及浅层埋藏有饱和粉、细砂层的可液化地基上的公路。根据国内外震害经验,道路路基的震害主要发生在高烈度区、地基失效(砂土液化、塌陷、河堤滑坡等)严重的地区。

(1) 震害等级的划分标准。

地震后道路交通的中止通常是由于桥梁的破坏,与桥梁震害相比,公路路基路面的破坏较轻,并且修复工作量和难度明显比桥梁小得多。在以往的震害调查中,一般是根据道路路基路面的修复难易程度将破坏状态划分为严重破坏(需要翻修)和震害较轻(只需要补修)两种情况,这两种情况也基本上可以反映出路基不良对震后交通运输的影响。考虑到道路路基路面的破坏等级水平与桥梁的破坏等级水平相匹配,将公路路基路面的破坏分为三个等级:第一等级为基本完好(含完好);第二等级为轻微损坏(只需要补修);第三等级为中等破坏(严重破坏的路基路面,需要翻修)。换言之,把公路路基路面的最高破坏等级定在中等破坏,这样与桥梁的破坏等级水平相匹配,以便于对整个道路系统进行分析。三个破坏等级的划分标准及平均震害指数见表 1-10。

表 1-10 道路路基路面破坏等级划分标准表

破坏等级	震 害 描 述	平均震害指数
基本完好	路面完好无损或出现少量裂缝,不影响交通运输	0.1
轻微破坏	路基路面出现不同程度的裂缝、涌包、沉陷、塌滑或喷砂冒水,但一般车辆仍可正常行驶,对交通的影响不大	0.3
中等破坏	路基路面出现比较严重的裂缝、涌包、沉陷、塌滑或喷砂冒水,已影响车辆的行驶速度,交通运输量明显减少,需及时抢修	0.5

（2）震害因素的选择及量化标准。

地震中路基的震害主要发生在产生喷水冒砂地区，该类地区的地基土壤主要是饱和的粉、细砂土和软弱的黏性土。由这些土壤组成的软弱地基在强烈地震作用下会发生不均匀沉陷。饱和的粉、细砂土地基在强烈地震时还会由于液化等而发生喷水冒砂现象，进一步破坏地基内部的平衡状态，从而加重地基的不均匀沉陷，造成路基不均匀沉陷，纵、横向开裂以及边坡滑塌等破坏。这是地震中路基遭到严重破坏的主要原因。此外，路肩和行车道之间由于施工和行车压实的差异，老路加宽时的新、老填土部分之间压实的差异和结合不良，在强烈地震时也会发生不均匀沉陷和纵向开裂等破坏。

在各种不同类型的路基中，以桥头路堤的破坏最为严重。除了一般的原因，还由于桥头路堤一般较高，并且伸入河滩，形成了较高较陡的临空面。特别是修建在软弱地基上的桥头路堤，由于地基的不均匀沉陷和河岸滑移，就容易使其向河心和两侧滑坡而产生破坏。采用低塑性的粉土天然桥头路堤，由于填土的强度和稳定性都很低，在强烈地震时就更容易发生严重的破坏。根据以上震害经验，取以下七个因素作为道路路基路面的震害因子：基本烈度、路基土、场地类别、地基失效程度、路基类型、路基高度、设防情况。各因子的分类情况及对应的量化值见表1-11。

表1-11　道路路基路面震害预测量化值表

因　子	量　化　值				
震害因子	1	2	3	4	5
基本烈度	六度 0.20	七度 1.00	八度 1.05	九度 1.15	十度 1.20
路基土	坚硬土 0.9	黏土 1.0	粉土、细砂土 1.1	分期施工路基 1.2	—
场地类别	Ⅰ类 0.9	Ⅱ类 1.00	Ⅲ类 1.10	Ⅳ类 1.30	—
地基失效程度	无 1.00	轻 1.05	中 1.15	重 1.40	—
路基类型	低矮路基 1.00	路堤路堑 1.10	挖填结合 1.30	沿河路基 1.35	—
路基高度	$H\leqslant 1$ 1.00	$1<H\leqslant 2$ 1.05	$2<H\leqslant 3$ 1.10	$3<H$ 1.40	—
设防情况	已设防 0.90	未设防 1.00	已有损坏 1.20	—	—

（3）公路路基路面的震害评估。

公路路基路面的震害程度用震害度（以震害指数为基础变量的模糊集）来表示，根据

震害经验并从便于进行分析计算出发，设震害度为一正态分布的曲线，即

$$u_{B_i}(ind)=\left[\mathrm{e}^{\frac{-(ind-\overline{ind}_i)^2}{2\sigma_i^2}}\right] \tag{1-76}$$

式中，$\overline{ind}_i$ 是第 i 段路的平均震害指数，可用该路基路面的各震害因子的量化值，根据下式计算：

$$\overline{ind}_i=\left[\prod_{j=1} X_{ij}\right]\times 0.2-0.1 \tag{1-77}$$

式中，如果 $\overline{ind}_i \geqslant 0.6$ 则取 $\overline{ind}_i=0.6$；X_{ij} 为第 i 路段第 j 个震害因子所对应的量化值，由表 1－11 查得；σ_i 值见表 1－12。求得了第 i 段路面某一烈度的 $\overline{ind}_i$ 和 σ_i 值后，则可由式(1－76)计算出该路段的震害度曲线 $u_{B_i}(ind)$。

表 1－12　各烈度下震害离散系数推荐值(σ)

烈　度	六　度	七　度	八　度	九　度	十　度
离散系数推荐值 σ	0.1	0.2	0.2	0.3	0.3

有了对应各地震烈度的公路路基路面的震害度，则给定地震动强度时的震害度以及各破坏等级下量化的百分比可参照公路桥梁中对应的方法进行计算。给定烈度下道路路基路面发生不同破坏可能性的近似值(B)则可参考表 1－13 中的值而确定。

表 1－13　道路路基路面破坏可能性　　单位：%

烈　度	破坏等级 B		
	基本完好	轻微破坏	中等破坏
六　度	100	0	0
七　度	95	3.5	1.5
八　度	90	7	3
九　度	84	10	6
十　度	70	18	12

建议的不同道路震害情况下的道路通行概率值见表 1－14。

表 1－14　道路通行概率与道路破坏等级

道路震害	基本完好	轻微破坏	中等破坏
通行概率	1.0	0.8	0.6

(4) 路边建(构)筑物对道路交通的影响。

城市道路两侧有各种类型和高低不同的建筑或构筑物，这些建筑在抗震能力上存在差异，地震时会有部分建筑破坏甚至倒塌，建筑垃圾散落在路边，阻碍交通。特别是在旧城区，道路狭窄、房屋老旧、抗震能力差，震后房屋倒塌、堵塞交通，从而影响避震疏散，增加抢险救灾工作的困难，这在 1976 年唐山地震后的唐山市、天津市尤为明显。

道路两侧建筑震后对道路交通的影响程度与以下因素有关：道路宽度、建筑结构类型、高度及其抗震能力和地震动强度。一般情况下，按照抗震要求设计施工的建筑，遭遇设防烈度影响时不会产生中等程度以上的破坏。结构整体性较差、设计不当或无正规设计、施工质量差的建筑和老旧危房震时可能严重破坏甚至倒塌。建筑垃圾影响的范围与建筑高度及地震影响烈度高低有关：建筑越高，地震作用越强烈，房屋破坏严重，则建筑垃圾散落越远，对道路交通影响越大。震害调查表明，在六、七度地震烈度时，建筑垃圾散落距离通常不超过建筑高度的四分之一。以 5、6 层高的建筑为例，如有宽度为 5 m 左右的人行道，则房屋的倒塌不会影响行车道的通行。如果行车道较宽，即使人行道稍窄，在紧急状态下的通行所受影响也不大。

道路的通行概率除受道路本身的破坏影响之外，还取决于沿街建筑倒塌所产生的瓦砾阻塞情况。现代城市的高层建筑一般都采用"小震不坏、大震不倒"的抗震设计准则，震后倒塌的概率很小。因此，仅考虑平房、多层砌体房屋和混凝土多层框架房屋的影响即可。

在考虑瓦砾堆积影响道路通行的概率进行估计时，一般采用下述简化方法计算：

$$P_r = 1.0 - \frac{\Omega L_c}{\Omega_c L} \tag{1-78}$$

式中　L——给定路段长度；

Ω——瓦砾阻塞量，由建筑震害预测结果计算；

Ω_c——临界瓦砾阻塞量(可取为 5 000 m^3)；

L_c——标准路长(可取为 800 m)。

当 $P_r < 0$ 时，取 $P_r = 0$。具体计算步骤如下：

① 计算道路富裕宽度 ω_R。

城市道路的宽度一般由三部分组成：建筑距道路的距离 ω_1；人行道宽度 ω_2；车行道宽度 ω_3。如倒塌建筑的瓦砾分布仅限于 $\omega_1 + \omega_2$，不妨碍车辆的行驶。考虑到震后人流的影响，可取道路富裕宽度为

$$\omega_R = \omega_1 + 0.5\omega_2 \tag{1-79}$$

② 计算倒塌建筑瓦砾分布范围。

分布范围一般不超过建筑高度的一半。考虑结构倒塌模型的近似性及其他的不确定因素，可取其建筑高度 H 的 2/3。即建筑瓦砾分布宽度为

$$\omega_{D}=\frac{2}{3}H \tag{1-80}$$

当 $\omega_{D}>\omega_{R}$ 时，按下式计算瓦砾阻塞面积：

$$\overline{A}=\frac{\omega_{D}-\omega_{R}}{\omega_{D}}A \tag{1-81}$$

式中 A——给定建筑的面积。

③ 计算瓦砾阻塞量。

震害调查表明，只有当建筑物严重破坏或全部倒塌时，才会产生阻塞瓦砾。城市震害预测可以给出单层、多层砌体房屋混凝土框架房屋的震害百分比。对于给定路段的给定类型的建筑，用下式表示瓦砾阻塞量：

$$\Omega_{i}=(P_{D}+0.5P_{S})\overline{A} \tag{1-82}$$

式中 P_{D}——给定类型建筑物震害预测倒塌百分比；

P_{S}——给定类型建筑物震害预测的严重破坏百分比；

$\overline{A}$——给定类型建筑物在给定路段的等效阻塞面积之和。

对于给定路段总的瓦砾阻塞量为

$$\Omega=\sum_{i}^{n}\Omega_{i} \tag{1-83}$$

式中 i——给定路段建筑类型数。

2）桥梁震害预测

桥梁是交通系统的重要组成部分，在交通系统防震减灾中处于核心地位。桥梁震害预测可为交通系统可靠性分析、损失评估以及桥梁加固优先级评价和地震应急决策提供必要的依据，是城市防震减灾重要的基础性工作之一 。

目前，桥梁的震害预测方法主要有六种：地震反应时程分析法、Pushover 法、规范校核法、模糊综合评估法、回归统计法和主观统计法。除此之外，还有近年来发展起来的人工神经元网络，这一方法是在现代神经学研究成果的基础上提出来的，通过对神经系统的简化、抽象和模拟，为传统专家系统遇到的一些问题提供了解决的新途径。

（1）地震反应时程分析法。

该方法在对桥梁结构建立力学模型后，不需要计算结构的固有频率和振型，而是对运动方程采用直接积分法求得桥梁的地震反应，通过桥梁的地震反应大小，以确定桥梁的震害程度。这种方法对桥梁结构考虑得比较全面，工作量虽然较大，但为解决桥梁结构安全性最有效的方法。

对于一些结构类型比较复杂、桥墩高度超过 30 m 的桥梁，在进行桥梁震害预测时，除按桥梁抗震规范进行常规的抗震验算外，还要求进行专门的“时程反应分析”。

（2）Pushover 法。

Pushover 法是对结构施加单调递增水平荷载而进行分析的一种非线性静力分析方法。该方法通常将相邻伸缩缝之间的桥梁结构当作空间独立框架考虑，上部结构通常假定为刚性。分析的初始阶段是对单独的排架墩在所考虑的方向上（顺桥向或横桥向）进行独立的倒塌分析，以期获得构件在单调递增水平荷载作用下的整个破坏过程及变形特征。之后，整个框架的分析将桥墩刚度模拟为非线性弹簧，计算出整体框架的初始刚度中心、横向刚度和转动刚度以及质心处的等效刚度。在框架质心处，通常是上部结构的质心，施加单调递增的水平力，并随着框架非线性发展的程度，不断调整各个桥墩的刚度和结构的刚度，直至结构达到最终极限状态为止。

Pushover 法建立在非线性静力分析基础上，通过结构的非线性变形能力，评价它的抗震性能。此外，可以给出结构的破损倒塌机制，从而发现结构的抗震薄弱环节。与通常的非线性动力分析相比，具有计算简单、应用比较方便等特点。在评估钢筋混凝土桥墩的延性抗震能力和伸缩缝处的可能最大地震相对位移时，常采用 Pushover 法。

（3）规范校核法。

此方法根据现行《公路桥梁抗震设计规范》中的有关规定，计算桥梁的地震作用，然后将地震作用效应进行组合，计算结构的构件应力，并与结构构件的极限承载力进行比较，从而计算出结构抗震安全系数 K。该方法的一般公式为

$$K=\frac{\gamma R_{\mathrm{d}}(R/\gamma_{\mathrm{m}})}{S_{\mathrm{d}}(G,\ E)} \tag{1-84}$$

式中，K 为结构抗震安全系数；γ 为桥梁现状折减系数，主要考虑桥梁的现状是否良好和构造措施是否完善，$\gamma=0.5\sim1.0$；R_{d} 为按极限状态法计算的结构抗力函数；R 为材料强度值；γ_{m} 为材料安全系数，$\gamma_{\mathrm{m}}=1.0\sim1.5$；$S_{\mathrm{d}}$ 为作用效应函数；G 为永久荷载；E 为结构地震作用。

式（1－84）原则上适用于良好地基或采取了较完善的抗液化措施的软弱地基上的桥梁震害预测。在液化场地而桥梁结构又未采取抗液化措施时，需要考虑液化影响，可以通过修正震害指数的经验公式对震害预测结果进行修正：

$$D_j=R_jD_j^{\mathrm{c}} \tag{1-85}$$

式中，D_j 为修正后的结构在 j 烈度下的震害指数，对应完好、轻微破坏、中等破坏、严重破坏和毁坏的均值分别为1、2、3、4、5；R_j 为震害指数修正系数，系通过对593座公路桥梁的震害统计资料分析得到，见表1－15（对于采取了不完全抗液化措施的桥梁结构，表1－15中的数值可酌减）；D_j^{c} 为 j 烈度条件下计算得到的结构震害指数，与结构抗震安全系数 K 可近似取为分段线性插值。

结构抗震安全系数 K、结构震害指数 D_j 与桥梁震害等级的对应关系见表1－16。

表 1-15　震害指数修正系数 R_j

结构形式	7 度	8 度	9 度
单　跨	1.25	1.50	2.50
多　跨	1.50	2.00	2.50

表 1-16　结构抗震安全系数 K、结构震害指数 D_j 与震害等级的关系

安全系数 K	$K \geqslant 1$	$0.8 \leqslant K < 1$	$0.55 \leqslant K < 0.8$	$0.4 \leqslant K < 0.55$	$K < 0.4$
震害指数 D_j	$D_j \leqslant 1.5$	$1.5 \leqslant D_j < 2.5$	$2.5 \leqslant D_j < 3.5$	$3.5 \leqslant D_j < 4.5$	$D_j \geqslant 4.5$
破坏等级	基本完好	轻微破坏	中等破坏	严重破坏	破坏

规范校核法计算公式与现行规范保持一致，易于被工程技术人员掌握和应用，但由于受规范认识局限性和破坏准则的限制，仅能隐含地反映钢筋混凝土结构延性抗震要求。因缺少统计数据，材料的真实强度往往以名义强度代替，从而带来误差。从总体上看，规范校核法属于半经验半分析的震害预测方法。

该方法实质上是采用构件强度和结构稳定性来判别桥梁的安全性。对于砖石砌体（砖石砌体重力式桥墩），采用规范校核法较为适宜。

(4) 模糊综合评估法。

模糊综合评估法是在回归统计法的基础上，获得模糊关系矩阵，通过模糊方程求解预测桥梁在不同地震烈度下，每一破坏状态出现的概率。

(5) 回归统计法。

回归统计法是在我国唐山、海城、通海等地震中 100 座公路桥梁震害的统计分析的基础上，建立的公路桥梁的非线性震害预测经验公式：

$$y = \omega_0 \cdot \prod_{j=1}^{N} \prod_{k=1}^{j_n} \omega_{jk}^{\delta_{jk}} \tag{1-86}$$

其中，

$$\delta_{jk} = \begin{cases} 1, & \text{当预测强烈中 } j \text{ 因素中有 } k \text{ 类别} \\ 0, & \text{当预测强烈中 } j \text{ 因素中无 } k \text{ 类别} \end{cases}$$

式中，y 为震害预测指标值；N 为预测桥梁的因素集维数，j_n 为预测桥梁与第 j 因素对应的类型集维数；ω_0、ω_{jk} 为计算系数，具体取值见表 1-17；下标 j 和 k 分别表示表 1-17 中的项目和类别。

表 1-17 桥梁震害因素及其系数

项　目	类　别	统计加权系数	采用系数值
地震烈度	7	1.00	1.00
	8	1.05	1.10
	9	1.10	1.20
场地类别	Ⅰ	—	0.80
	Ⅱ	1.00	1.00
	Ⅲ	1.78	1.80
地基失效程度	无	1.00	1.00
	轻	1.52	1.50
	重	1.82	1.80
上部结构	连续梁、刚架	1.00	1.00
	板梁、拱	1.13	1.10
	简支梁、悬臂梁	1.37	1.40
支座形式	有防落梁措施	—	0.70
	橡胶消能支座	1.00	1.00
	一般支座	1.03	1.10
墩台高度	<5 m	1.00	1.00
	5～10 m	1.02	1.10
	>10 m	1.05	1.20
墩台材料	钢筋混凝土	1.00	1.05
	砖、石	1.05	1.10
基础形式	扩大基础	1.00	1.00
	桩柱基础	1.00	1.00
	排架桩	1.20	1.20
	高桩承台	1.20	1.20

（续表）

项　　目	类　　别	统计加权系数	采用系数值
桥梁长度	跨长≤10 m	1.00	1.00
	跨长>10 m	1.20	1.20
综合权重	—	0.98	0.85

式(1-86)中选取9个与桥梁有关的影响因素：地震烈度、场地土类别、地基失效程度、上部结构型式、墩台高度、墩台类型与材料、跨长与跨度数目。根据不同桥梁的具体形式，利用上述公式即可计算出桥梁震害的预测指标值 y。利用 y 所对应的临界值可以得到桥梁震害的破坏程度，见表1-18；再根据其破坏程度，查表1-19得到桥梁的通行概率 P_b。

表1-18　震害程度的临界值

y	<1.23	1.23～2.20	2.20～3.38	3.38～4.40	>4.40
震害程度	基本完好	轻微破坏	中等破坏	严重破坏	倒　塌

表1-19　桥梁通行概率

桥梁震害	基本完好	轻微破坏	中等破坏	严重破坏	倒　塌
通行概率	1.0	0.8	0.6	0.1	0

根据上述几种桥梁破坏预测方法各自的特点及适用范围可知，对城市大面积区域的许多桥梁进行震害预测时，采用回归统计法较好，不需要对桥梁结构建立力学模型，进行复杂的计算分析，就可确定在不同地震烈度下桥梁的破坏状态，运用起来比较简便，而且计算结果较精确。

3）震后城市道路交通网络连通可靠性分析及最优路径选取

（1）道路交通网络连通矩阵。

道路交通网络的可靠度分析与管网的可靠度分析采用的是同一种方法。当按前面的可靠度计算方法得到每段道路的损坏概率后，就可对整个道路进行可靠性分析。目前有多种方法可用于可靠性分析，其中Monte-carlo法是一种常用的模拟途径方法。Monte-carlo法通过随机数的产生模拟路网的损坏概率，然后与所计算的路网损坏概率相比较，并利用路网的连接矩阵建立路网的损坏矩阵，对该矩阵的连通性进行分析。经过多次模拟试验，最后求出各节点间的连通频率，并近似地将它作为可靠概率。

在对道路进行连通性分析时，实际上就是求解通行性矩阵或可达性矩阵。可达性矩阵的元素取值不是 0 就是 1,属于布尔矩阵,可采用矩阵的布尔运算求出。1962 年,Warshall 提出一个更有效的计算方法,本书在路网的可靠性分析中采用了此方法。

Monte-carlo 法的计算步骤如下:

① 由道路可靠度分析已得到每条管线的失效概率 $P_{\mathrm{f}}(i)$。

② 对每条路段产生(0～1)均匀随机数 $r(i)$,并将它们与 $P_{\mathrm{f}}(i)$ 相比较,当 $r(i)>P_{\mathrm{f}}(i)$ 时,$TB(i)=1$,否则 $TB(i)=0$。

③ 将 $TB(i)$ 和连接矩阵建立损坏概率矩阵 $AB(i, j)$。

④ 用 Warshall 算法对矩阵 $AB(i, j)$ 求可达性矩阵 C。

⑤ 当 $C_{ij}=1$ 时连通,则 $t_{ij}=t_{ij}+1$,否则不连通,$t_{ij}=t_{ij}+1$。

⑥ 重复②～⑤步骤,直到满足要求的精度。如果模拟次数总共为 k 次,则可把各节点的连通频率近似作为连通概率 P。

⑦ $P=t_{ij}/k$。

(2) 最优路径的选取。

在求算最佳路径时,使用 Dijkstra 算法,Dijkstra 算法的输入包含了一个有权重的有向图 G,以及 G 中的一个来源顶点 S,如图 1－8 所示。

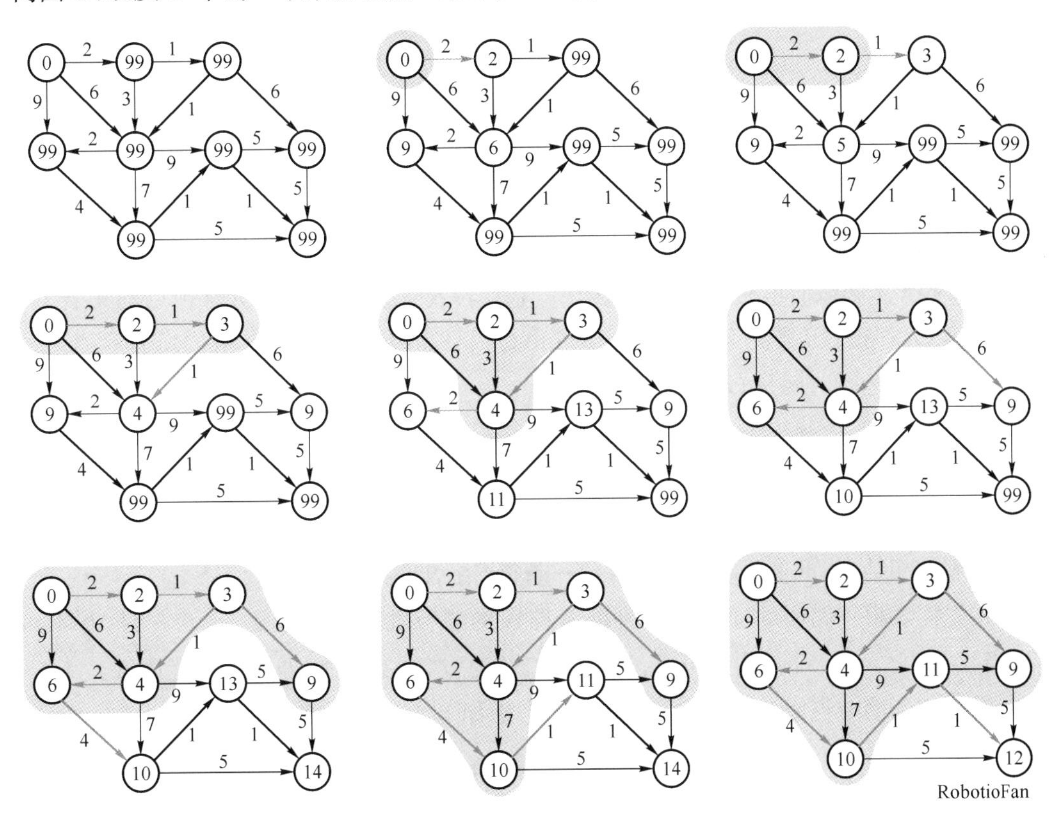

图 1－8　Dijkstra 算法示意

以 V 表示 G 中所有顶点的集合。每一个图中的边，都是两个顶点所形成的有序元素对。(u, v) 表示从顶点 u 到 v 有路径相连。以 E 为所有边的集合，而边的权重则由权重函数 $w: E \rightarrow [0, \infty]$ 定义。因此，$w(u, v)$ 就是从顶点 u 到顶点 v 的非负花费值。边的花费可以想象成两个顶点之间的距离。任意两点间路径的花费值，就是该路径上所有边的花费值总和。已知 V 中有顶点 s 及 t，Dijkstra 算法可以找到 s 到 t 的最低花费路径(即最短路径)。这个算法也可以在一个图中，找到从一个顶点 s 到任何其他顶点的最短路径。

Dijkstra 算法是通过为每个顶点 v 保留目前为止所找到的从 s 到 v 的最短路径来工作的。初始时，源点 s 的路径长度值被赋为 0($\mathrm{d}[s]=0$)，同时把所有其他顶点的路径长度设为无穷大，即表示任何通向这些顶点的路径是未知的(对于 V 中所有顶点 v 除 s 外 $\mathrm{d}[v]=\infty$)。当算法结束时，$\mathrm{d}[v]$ 中储存的便是从 s 到 v 的最短路径，或者如果路径不存在的话是无穷大。Dijstra 算法的基础操作是边的拓展：如果存在一条从 u 到 v 的边，那么从 s 到 u 的最短路径可以通过将边 (u, v) 添加到尾部来拓展一条从 s 到 v 的路径。这条路径的长度是 $\mathrm{d}[u]+w(u, v)$。如果这个值比目前已知的 $\mathrm{d}[v]$ 的值要小，可以用新值来替代当前 $\mathrm{d}[v]$ 中的值。拓展边的操作一直执行到所有的 $\mathrm{d}[v]$ 都代表从 s 到 v 最短路径的花费。这个算法经过组织因而当 $\mathrm{d}[u]$ 达到它最终的值的时候每条边 (u, v) 都只被拓展一次。

算法维护两个顶点集 S 和 Q。集合 S 保留了已知的所有 $\mathrm{d}[v]$ 的值已经是最短路径的值顶点，而集合 Q 则保留其他所有顶点。集合 S 初始状态为空，而后每一步都有一个顶点从 Q 移动到 S。这个被选择的顶点是 Q 中拥有最小的 $\mathrm{d}[u]$ 值的顶点。当一个顶点 u 从 Q 中转移到了 S 中，算法对每条外接边 (u, v) 进行拓展。从而实现每一个点只搜索一次，从而大大地节约了搜索时间。

Dijkstra 算法最简单的实现方法是用一个链表或者数组来存储所有顶点的集合 Q，所以搜索 Q 中最小元素的运算[Extract-Min(Q)]只需要线性搜索 Q 中的所有元素。这样的话算法的运行时间是 $O(n^2)$。

对边数少于 n^2 稀疏图来说，可以用邻接表来更有效地实现 Dijkstra 算法。同时，需要将斐波纳契堆作为优先队列来寻找最小的顶点(Extract-Min)。最终来获得两点间的有效路径集合 M，还必须要求所找的路径中的所有路段都是可靠的。将有效路径集合 M 和路段可靠性相结合，可采用以下步骤得到一条符合要求的最优路径。

首先需要根据路段的通行概率判断各路段的通行性。通常当 $P_{\mathrm{tr}} \geqslant 0.8$ 时，基本可靠；当 $0.4 \leqslant P_{\mathrm{tr}} < 0.8$ 时，中等可靠；当 $P_{\mathrm{tr}} < 0.4$ 时，严重不可靠，即认为不能通行。

对于相邻两节点间的路段(长度为 L_i)，考虑如下的计算长度：

$$L_{\mathrm{cal}} = L_i + (1 - P_{\mathrm{tr}}) L_i$$

任意两点间累计路段计算长度最小者即为这两点间的最优路径。利用此方法计算的最优路径既考虑了单个路段的通行概率，又考虑了路段长度对通行时间的影响，实现了技术难点的创新。

1.1.3.3　城市电力系统的地震灾害评估

目前，电力系统抗震性能领域的研究在有关电气设备单体的抗震分析理论及工程经验方面比较成熟，但针对变电站系统和整体网络系统的抗震可靠性研究仍处于初步阶段，仅对供电系统的抗震可靠性做了粗略的定量描述，还没有考虑其抗震功能状态的定量描述，在失效状态的经济损失预测方法方面还仅是开始。

电力系统的震害预测应考虑如下几个特点：

① 电力系统由发、送、变、配、用五个环节组成，电力产品不能储存，产、供、销、用同时完成，随发随用，突然停电不仅给用户造成巨大损失，而且会给城市供水、供热、通信、医疗、化工等其他生命线工程造成次生灾害。因此，保证电网稳定，震时能继续供电或短期内恢复供电是城市抗震防灾的关键问题。

② 电力工业是装置性产业，设备投资高，主设备一旦遭受破坏，不仅经济损失大，而且短时期内难以恢复，特别是大机组的破坏会危及电网的安全。因此，对主设备、主厂房、主控制楼、调度楼及枢纽变电站等要害部位进行震害预测是供电系统震害预测的主要内容。

③ 电厂工艺复杂，煤、汽、水、油等大小管道纵横交叉，设备笨重且多为高位布置，加上在以往设计中往往是土建服从工艺，致使厂房的建筑体型多变、结构类型复杂、质量刚度分布不均匀。大空间、大跨度建筑及各类特种结构较多。再者，因为建筑物建设年代不同，其建筑标准和结构选型有较大差别，所以抗震不利因素较多，结构抗震分析比较复杂。因此，发电厂、变电站等建(构)筑物的震害预测是供电系统震害预测的主要环节。

1）电力系统震害预测的一般方法

电力系统是一个复杂的网络系统，一般而言，对一个城市或一个地区的电力系统进行震害预测时，应将系统中所有在地震中可能对其可靠性产生影响的因素都考虑进去。电力系统具有多环节、多因素、跨区域的特点，与单体建筑物地震分析有较大的区别。建筑物的尺度一般远小于地震波长，在地理位置上可以看作一个点结构，同一地震对建筑所覆盖的面积上可认为有相同的地震动强度，因此独立建筑物的地震响应与地面运动有着一一对应的单值关系。然而，电力系统工程沿着地表是以线状或网状分布在较广的区域上，就其整体而言，与周围的环境(如地质条件、地面运动强度等)有着密切的联系。同一地震对全系统中不同部分的作用通常也是变化的，这就增加了电力系统震害预测的难度，目前还未有关于电力系统震害预测的完整方法。

综上所述，若把一个城市的供电系统作为一个网络系统整体进行地震危险性分析，进而得出震害预测结果，就需要解决如下几个主要问题：一是系统附近地震地质环境条件描述；二是系统的单个部件在地震荷载下失效模型建立及部件的可靠性计算；三是系统的网络模拟及可靠性评定方法。这些问题的解决，其难度和工作量是相当大的。

接下来简述电力系统各组成部分的震害预测方法。

(1) 建(构)筑物部分。

电力系统的建筑物包括发电站主厂房、附属厂房以及变电站和调度室等房屋建筑。构筑物包括烟囱、冷却塔、水塔、变电构架等。由于电力系统的多数重要发、配电设备布置在房屋建筑中,因此,建筑物的抗震性能对整个系统的地震可靠性评价及震害预测结果起举足轻重的作用。

电力系统建筑物按结构类型可分为单层厂房、多层钢筋混凝土房屋、多层砖混房屋和空旷房屋等。这些类型房屋震害预测的主要方法有:用于单层厂房震害预测的逐步回归法和经验判别法;用于多层砖房的逐步判别法、当量统计法;用于空旷房屋的强度与构造综合评定法;用于钢筋混凝土内框架的经验公式预测法;用于钢筋混凝土框架的理论计算法以及用于砖烟囱的模糊综合评判法等。

对于冷却塔、变电构架等高耸构筑物的震害预测,由于震害资料少,还没有针对性的预测方法,可采用理论计算法计算结构的失效概率,判断其震害程度。

(2) 电力生产设备部分。

电力设备分为室内和室外两部分。室内部分的震害程度与建筑物的震害程度有直接的关系。置于楼盖上的设备可作为结构的一部分,与结构振动一起分析,或以楼盖的地震反应作为设备的输入进行分析,置于室内地面的则可作为一般地面独立设备进行抗震分析。室外部分(以下称电气设备)主要指变压器、断路器、互感器等高压电瓷设备。

① 电气设备的力学性能。

这类设备(除变压器本体外)的特点是材质属脆性,体形高、柔,且电压越高,长细比越大,抗弯剪性能差。大量实体振动实验表明,这类设备阻尼比小,一般在5%以下,自振频率低,第一振型频率一般在1~5 Hz范围内。因此,地震时动力反应大且易与地震波产生共振,震害实例表明这类设备的震害较严重。

② 电气设备的工况。

电气设备的工况特点是非独立性,各设备间用一定规格的导线串联成一串,这里称之为电气设备串。一条回路有三相,每一相有一个设备串,一般由变压器、断路器、互感器、隔离开关、避雷器及引线等组成。由于各设备的动力特性不同,连接导线的垂度不同,因此在地震时,各设备不仅按各自的频率振动,而且相互牵扯,这就给电气设备的震害预测带来很大困难。

③ 电气设备的震害因素。

在震害预测过程中,首先应找出设备震害的影响因素。将一个设备串看作一个抗力结构,该设备串的整体失效概率可认为代表一条回路的失效概率。一个设备串的震害影响因素有多个,且每个因素对震害的影响程度也不同,这主要表现在震害发生后的经济损失和为恢复供电进行修复所花的时间。根据震害经验,所取的震害因素如下所述。

a. 变压器的放置方式:带滚轮浮放在钢轨上;无滚轮浮放在基础上;是否有螺栓、电焊或拉线等与基础锚固措施。

b. 瓷质构件的机械强度。

c. 瓷质构件的长细比。

d. 设备之间连线的垂度。

e. 设备引下线的长度。

f. 设备的安装高度：低式、半高式、高式。

g. 场地土类别。

④ 电气设备的震害分类。

电气设备的震害分类可根据震害经济损失和恢复供电所需的修复时间来划分，如下所述。

a. 基本完好：构件无破坏或个别开关发生跳闸；

b. 轻微破坏：各支柱设备(如隔离开关等)中个别支柱有裂缝，但设备整体不倒塌，不需要或短时(2 h 内)稍加修理(换件)即可投入运行。

c. 中等破坏：设备串中有 20%～40%的设备断裂、倒塌，修复时间不超过 12 h。

d. 严重破坏：设备串中有 40%～80%的设备断裂、倒塌，修复时间不超过 24 h。

e. 瘫痪：变压器倾倒、烧毁或因位移使其附属设备严重损坏，设备断裂超过 80%。

有了震害影响因素和震害分类，接下来就是建立这两者之间的关系。

这里值得一提的是用数理统计方法来预测震害，需要有足够数量和质量的统计样本，这是因为方法的建立主要根据对震害的规律性认识，而方法的可靠性取决于足够数量针对性强的设备震害资料。

此外，还可以用结构反应分析法(理论法)来进行电气设备的震害预测。例如，采用设备失效概率的预测方法。该方法考虑了设备在不同强度地震作用下的地震效应与其能够承受最大荷载时抗力的概率分布。设备的地震效应与地震强度、场地土类别及设备的质量等因素有关；设备的抗力与材料的力学性能、几何尺寸等因素有关。

假设在地震作用下有几个相互独立的随机变量 $X_i(i=1, 2, \cdots, n)$ 影响设备的可靠度，其状态函数为

$$Y=g(X_1, X_2, \cdots, X_n)$$

若将 Y 表达为设备地震效应 m_S 和抗力 m_R 的函数，则有

$$Y=g(m_R, m_S)=m_R-m_S$$

那么，当 $Y=g(m_R, m_S)=m_R-m_S=0$ 时，称之为极限状态方程。

显然，当 $Y>0$，表示设备可靠；当 $Y<0$，表示失效；当 $Y=0$，表示设备的抗力达到极限状态。

假定 m_S 和 m_R 的概率密度函数曲线符合正态分布，则某一设备的可靠概率可写为

$$P_i = P(Y > 0) = P[(m_R, m_S) > 0] \quad (i = 1, 2, \cdots, n)$$

设备串的失效概率为

$$P_f = 1 - P_1 P_2 \cdots P_n$$

2）变电站系统抗震可靠性分析

变电站内部系统是一个小系统，该系统的抗震可靠性取决于两个方面：一方面是变电站的建(构)筑物设施，另一方面是变电站的电气系统，原则上变电站的失效概率应为建(构)筑物设施与设备的联合失效概率。二者各自的抗震可靠性可以进行研究和计算，但求解各子单元(建构物设施与各设备)的联合失效概率是较为困难的，在这种情况下，基于最弱单元假设，即系统失效是由于系统中可靠度最小的单元失效，或系统失效时，系统内可靠度较小的单元首先失效。当烈度较低时，设备失效主要是由其自身的失效概率确定；当烈度较高时，设备的失效主要由主控室的失效概率确定。

建筑物的抗震破坏等级分为：基本完好、轻微破坏、中等破坏、严重破坏、倒塌。当变电站的主要建筑设施的破坏状态为基本完好、轻微破坏和中等破坏时，则认为主要建筑设施可继续使用或可修复后继续使用，变电站的馈线的抗震可靠概率和失效概率由主接线系统的可靠概率决定；当变电站的主要建筑设施的破坏的状态为严重破坏和倒塌时，则认为主要建筑设施不可以继续使用，变电站的馈线系统的抗震可靠概率和失效概率由主接线系统的可靠概率和主要建筑设施抗震可靠性共同决定，即

$$P_f(\text{变电站}) = P_r(\text{建设设施}) \cup P_r(\text{电气设备})$$

3）供电系统网络抗震可靠性分析

供电系统包括发电系统、变电系统和输送分配三大子系统，是由各个电厂、变电站和输电线路组成的大型网络系统。网络按电压等级分为多层次，我国的供电系统主要有500 kV、220 kV、110 kV、35 kV 等不同等级的网络，高电压等级的网络不与低电压等级的网络交叉，供电网络具有多节点多联系的特点。因此，对于供电系统的抗震可靠度分析，不仅要对高压电气设施、变电站电气主接线系统、变电站系统进行抗震可靠性分析计算，而且需要对供电网络系统的抗震可靠性进行分析计算。

对供电系统的抗震可靠性分析，可以将供电系统看作相互联系的网络系统，在平面上将其中各个高压变电站简化为节点，将输电线路简化为弧，这样网络图是将供电系统按照其实际问题的逻辑关系抽象出来的逻辑关系图，而不是现实具体的地理位置图。那么，整个网络系统连通性的可靠概率即为该系统的可靠度。

(1) 分析方法假定。

为了便于进行供电网络系统的抗震可靠性分析，根据以上现有抗震能力评价方法，提出了一个简化且实用的城市供电系统抗震可靠性分析模型，做如下假定：

① 只考虑单元具有“可靠”和“失效”两种状态。

② 各单元的失效是相互独立的，即不考虑某一单元的失效会造成其他单元的失效。

③ 只考虑一次地震作用时的结果。

④ 所有变电站均为降压变电站，这样所考虑的网络系统是部分有向系统。

供电网络系统是具有多输入多输出的系统，如果同时考虑所有的变电站均有输出并没有很大的实际意义。因此，在实际分析中，对于整个网络系统仅考虑多输入单输出，即相当于在一定地震作用时，多个电厂多个上一级高压变电站对网络系统中某一变电站进行供电，当考虑其抗震可靠性问题时则必须考虑整个输电系统的可靠度。

（2）分析方法计算步骤。

① 供电网络图等效处理。

将供电系统中的高压变电站当作网络图中的节点，输电线路当作弧，这样就形成了具有方向的有向网络图。按照经典网络理论方法，对有赋权节点的处理方法是将其等效化为弧权。如有赋权节点 i，将其分裂为 i 和 i' 点，原来射入 i 点的弧仍为射入 i 点，原来从 i 点射出的弧由 i' 点射出，原节点 i 的权加到 i 至 i' 点的虚拟弧上（如图1-9所示由有权节点变成虚拟弧的情况，其中 a、b、c、d、e、f 为节点的可靠度）。

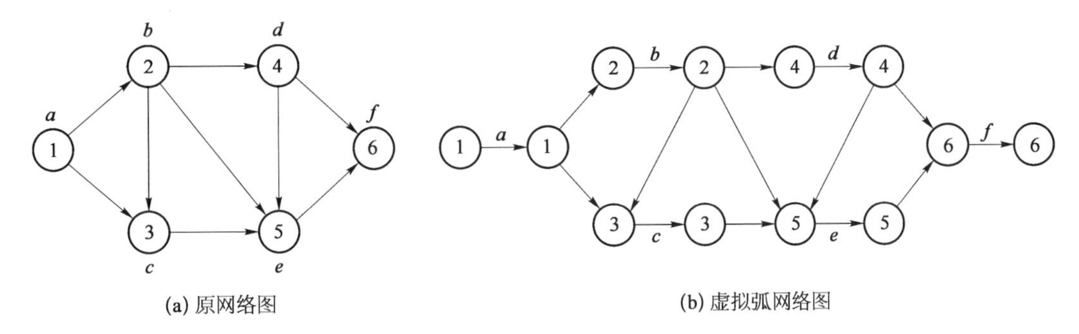

图1-9　有权节点等效为虚拟弧

系统的可靠度就是整个网络系统的连通性的可靠率。其基本网络由并联和串联系统两个基本网络组成。假设其本网络的可靠度概率为 R_S、第 i 号线路的可靠度概率为 P_l。

当并联时，

$$R_S = 1 - \prod_{l=1}^{N}(1 - P_l)$$

当串联时，

$$R_S = \prod_{l=1}^{N} P_l$$

② 建立系统节点邻接矩阵。

为了计算系统各个节点的逻辑关系，需要建立系统的邻接矩阵，也就是所有源点到汇点的逻辑关系。假设系统网络（有向、无向或混合）为 $G(V, E)$，则系统 G 的结构形式可由其邻接矩阵唯一确定。

$$A=[a_{ij}]$$

其中，

$$a_{ij}=\begin{cases}1, & 若\langle i, j\rangle \in E(即 i 与 j 相连,且 i 至 j) \\ 0, & 若\langle i, j\rangle \notin E(即 i 与 j 不相连,或 i 不能至 j),\end{cases} \quad i, j \in V$$

③ 求解所有源点到汇点的最小路集$\{L_{\mathrm{i}}\}_{\mathrm{m}}$。

最常用求最小路集的方法有邻接矩阵法等，但对于大型网络系统（即网络的节点数 n 很大时），邻接矩阵往往是稀疏的，这样采用邻接矩阵方法计算需要大量的存储单元和占用较多的机时，因此采用邻接矩阵方法就不合理，有时是较难以实现的。大规模网络的系统最小路集比较有效的求解法一般为搜索法，建立系统从所有源点 $S_i(i=1, 2, \cdots, k)$到汇点 t 的最小路集。网络最小路集搜索法的计算方法如下：

设供电网络系统 $G(V, E)$是具有 n 个节点的有向网络，这里可以考虑边单元，也可以不考虑，且不考虑所有节点之间的并联弧，则有：

a. 任选一源点开始作为输入节点。

b. 由始节点出发，依次选下一步可以到达的节点 i。

c. 判断该节点 i 是否已经走过，若已经走过则退回始节点，转向步骤 b。

d. 判断是否已经到达输出节点 t，若没有到达，则以 i 作为起始节点，转向步骤 b。

e. 判断是否已经到了所有最小路，若否，则回退一步，把上节点作为起始点，再转向步骤 b。

f. 若一个源点为输入点的所有最小路均已经搜索完，则选取第二个节点再进行搜索，转向步骤 b，直到所有源点均搜索完毕。

g. 结束。

按照上述方法的计算过程，由输入供电网络系统中的各个单元间的关系，可以计算出所有源点到汇点最小路的路集$\{L_i\}_{\mathrm{m}}$。

④ 求解网络的可靠度。

$$R_{\mathrm{st}}=\sum_{i=1}^{n} P(L_i)$$

式中　$P(L_i)$——第 i 条不交最小路的可靠度；

N——不交最小路的数目。

(3) 最关键节点的识别。

在地震到来之前，最好能估计出整个电网系统中哪个变电站是最关键的节点，即确定哪个节点对整个电网的连通影响最大，这样就能为震前加固及防灾规划提供理论依据。具体分析步骤如下：

① 假定网络系统中某个节点 i 的可靠度为 1，其他单元 j 的可靠度不变，求出系统可靠度 $R_{\mathrm{st},i}$，根据公式 $R_i = R_{\mathrm{st},i} - R_{\mathrm{st}}$，计算该节点变化引起的系统可靠度的增量。

② 根据网络系统中的实际情况，如变电站的输电量、供电级别等，给各节点分派重要性指数 B_i。根据公式 $C_i = R_i - B_i$，可得到该节点的关键性指标 C_i。

③ 依次假设系统中各节点的可靠度为 1，根据以上步骤得出不同的 C 值，其中 C 值最大的节点即系统中的最关键节点。

根据上述提出的分析步骤，可以把城市供电系统构建为一个网络模型，为了评价其抗震可靠性，先把变电站系统抽象为一个子网络，通过生产房屋和电气设施的抗震分析，计算得到变电站的可靠性。然后，根据城市供电系统的网络模型计算分析得到整体系统的抗震可靠度，并可以识别关键的变电站节点。

1.2 城市区域火灾风险评估

1.2.1 评估目的

区域火灾风险评估是分析区域消防安全状况、查找当前消防工作薄弱环节的有效手段。评估工作的主要目的是使公众和消防员的生命、财产的预期风险水平与消防安全设施以及火灾和其他应急救援力量的种类和部署达到最佳平衡，并根据不同的火灾风险级别，部署相应的消防救援力量，建设城市消防基础设施，为今后一段时期内政府部门明确消防工作发展方向、指导消防事业发展规划提供参考依据。主要包括以下几个方面：

(1) 通过现场消防安全检查采集基础数据，摸清区域火灾风险的底数，研判火灾风险水平，挖掘火灾防范工作、公共消防基础设施建设、城市灭火救援能力等方面存在的个性症结和共性问题。

(2) 建立区域火灾风险评价指标体系与风险评估模型，开展定性、定量的分析与评估工作。

(3) 针对区域火灾风险特点，提出科学合理的对策、建议，以供消防管理部门分析、研判消防安全形势，最终形成制度化建议。

1.2.2 评估原则

1) 系统性原则

评估指标应构成一个完整的体系，即全面地反映所需要评价对象的各个方面。为此应按照安全系统原理来建立指标体系，该指标体系由几个子系统构成，且呈一定的层次结构，每个子系统又可以单独作为一个有机的整体。城市消防安全风险评估指标体系应力求系统化、理论化、科学化，它所包含的内容应是广泛的，涉及影响城市火灾的各个因素，既包括内部因素，又包括外部因素，还包括管理因素。

2）实用性原则

开展城市消防安全风险评估指标体系的研究，是为了更好地用于指导防火实践，是为实践需求服务的。因此，它既是一个理论问题，又必须时刻把握其实用性。

3）可操作性原则

构建城市消防安全风险评估指标体系要有科学的依据和方法，要充分收集资料，并运用科学的研究手段。评估指标体系应具有明确的层次结构，每一个子指标体系应相对独立，建立评估指标体系时须注重风险分级的明确性，以便于操作。

1.2.3 评估内容

区域火灾风险评估工作坚持政府主导，由市消防安全风险评估工作领导小组具体负责，按照划定范围、组织调研、数据采集、情况汇总、定性定量分析、综合评价、形成书面报告的程序，采取政府购买服务模式委托有资质的消防技术服务机构实施，各地、各部门协同配合。

评估工作采用调研访谈、数据分析、隐患排查、调查问卷相结合的方式，探索并建立科学、合理和适用的评估指标体系；通过剖析全市消防安全工作，掌握全市存在的火灾风险，找准火灾防范工作、公共消防基础设施建设、灭火救援能力等方面存在的问题，进而对区域消防安全状况、城市火灾水平、灭火救援能力、社会保障能力和总体消防安全状况进行客观评价。

1.2.4 评估范围

评估城市消防安全风险，需要综合考虑火灾危险性、火灾发生概率、火灾扑救难易程度、存在的火灾隐患情况等因素，从火灾危险性、发生火灾事故的处置救援难度、火灾可能导致的社会和经济损失三个环节系统考虑。

通过对城市总体消防安全形势的分析，确定区域高风险场所为以下10类：

① 中心城区；

② 易燃易爆危险品场所；

③ 人员密集场所；

④ 高层建筑及大型城市商业综合体；

⑤ 地下空间；

⑥ 老城城区和城中村；

⑦ 大型商场和大型批发市场；

⑧ 大跨度仓储物流建筑；

⑨ 轨道交通场站；

⑩ 文物古建。

1.2.5　评估抽样

1.2.5.1　目标总体

目标总体是指拥有研究人员所要寻找的信息的个体或物体的集合。目标总体必须被精确地定义,不精确的定义将会导致研究无效,甚至误解;目标总体应根据个体、抽样单位、范围和时间来定义。

个体是这样一个物体,关于它的信息或者来自它的信息是人们想要的;抽样单位是指在抽样过程中的某一阶段可供选择的个体,或包括该个体的单位;范围指的是地理边界;时间因素指的是调研的时间周期。样本统计取样示意如图 1－10 所示。

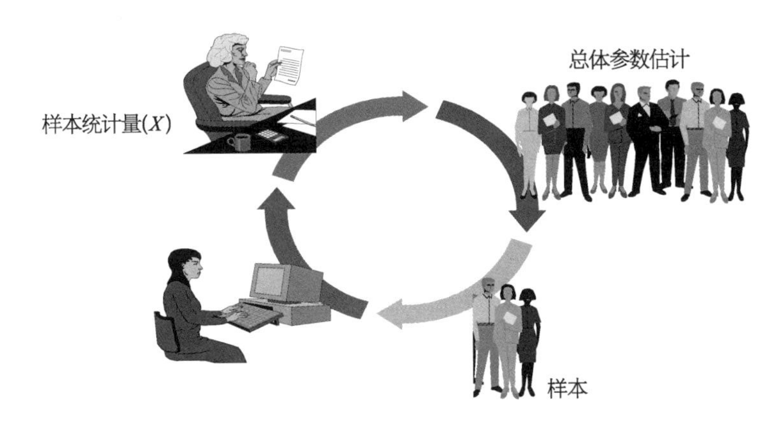

图 1－10　样本统计取样示意

1.2.5.2　抽样分类及对比

1）抽样分类

抽样技术可以被宽泛地分为非概率抽样和概率抽样,如图 1－11 所示。

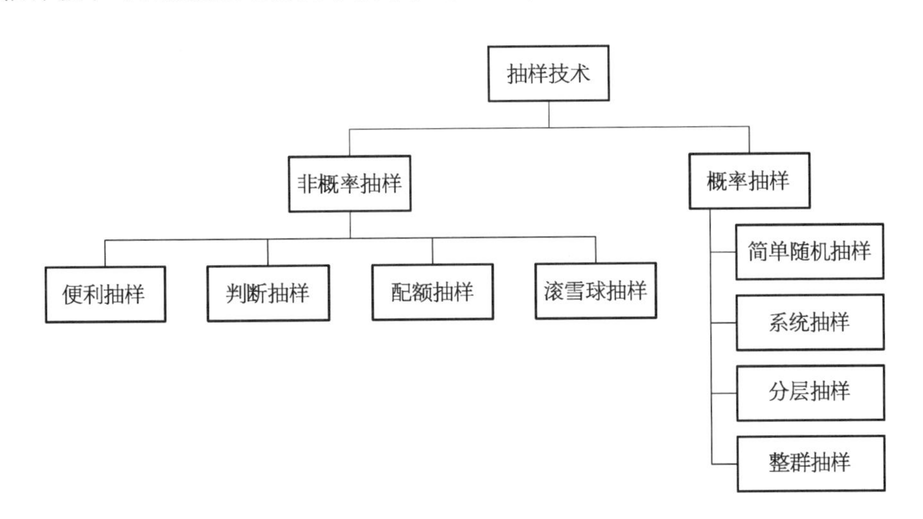

图 1－11　抽样技术分类

非概率抽样依赖于研究人员的个人判断而非随机选择样本个体，可以对总体的特征进行很好的估计，但无法对样本结果的精确度做出客观的评价。

概率抽样随机选择样本个体，选择每个样本的概率相等。每个样本不一定有相同的选择概率，但可以指定选择任一给定大小的特定样本的概率；可以确定样本估计值的精确度；可以根据个体抽样对整群抽样、相等单位概率对不等概率、非分层抽样对分层抽样、随机选择对系统选择、单阶段技术对多阶段技术，这 5 个方面所有可能的组合共分成 32 种不同的抽样技术。

（1）便利抽样，便于研究者或访问者方便选择被访者，通常被访者由于碰巧在恰当的时间处在恰当的地点而被选中，便利抽样在所有抽样技术中成本最低、耗时最少，抽样单位易于接近，但不能代表总体。

（2）判断抽样是便利抽样的一种形式，根据研究人员的判断选出总体中的个体，进行判断的研究人员或专家选出要被包括进样本的个体，这是主观的判断，其价值完全取决于研究人员的判断、专业知识以及创造力。其缺点是不支持特定总体的直接推断；优点是成本低、便利且快速。

（3）配额抽样可以看成两阶段有约束的判断抽样。第一阶段，由确定总体中的个体的控制类别或者配额组成，配额确保了样本的组成与总体的组成在特定特征方面相同；第二阶段，样本个体在便利或者判断的基础上被选择出来。其缺点是缺乏对总体的代表性，无法计算抽样误差；优点是成本低，且对访谈人员而言为每个配额选择个体较为容易。

（4）滚雪球抽样通常是先选出一组最初的调查对象，通常是随机选出的，在访谈之后，要求这些被访者推荐一些属于目标总体的其他人，根据这些推选出后面的被访者。与随机的方式相比，被推举的人将具备与推荐人更为翔实的人口及心理特征，主要目的是估计总体中非常稀少的某些特征，这种方式的缺点是非常耗时。

（5）简单随机抽样是指一批产品共有 N 件，如其中任意 n 件产品都有同样的可能性被抽到，如抽奖时摇奖的方法就是一种简单的随机抽样。简单随机抽样时必须注意不能有意识抽好的或差的，也不能为了方便只抽表面摆放的或容易抽到的。

（6）系统抽样是指每隔一定时间或一定编号进行，而每一次又是从一定时间间隔内生产出的产品或一段编号产品中任意抽取一个或几个样本的方法。这种方法主要用于无法知道总体确切数量的场合，如每个班的确切产量，多见于流水生产线的产品抽样。

（7）分层抽样是指针对不同类产品有不同的加工设备、不同的操作者、不同的操作方法时，对其质量进行评估时的一种抽样方法。在质量管理过程中，逐批验收抽样检验方案是最常见的抽样方案。无论是在企业内或企业外，供求双方在进行交易时，对交付的产品验收时，多数情况下全数检验是不现实或没有必要的，往往是要进行抽样检验，以保证和确认产品的质量。

（8）整体抽样首先是将目标总体分为相互排斥且没有遗漏的子总体，或称群，然后根据一种概率抽样技术，选出各群的一个随机样本，可分为单阶段整群抽样与两阶段整群抽样。与分层抽样的关键差别在于，在整群抽样中，只有一个子总体的样本被选出，而在分层抽样中，为了进一步抽样，所有的子总体都被选出来；整群抽样的目的是通过降低成本来增加抽样效率，分层抽样的目的是增加精确度。在每个群的中的个体，应尽可能地具有异质性，但各群本身应尽可能同质。

2）抽样对比

概率抽样与非概率抽样对比见表1-20。

表1-20　概率抽样与非概率抽样对比

抉择考虑方面	有利于使用的条件	
	非概率抽样	概　率　抽　样
研究的性质	探索性	描述性
抽样误差与非抽样误差的相对大小	非抽样误差较大	抽样误差较大
总体的变异程度	同质(低)	异质(高)
统计上的考虑	不利	有利

1.2.5.3　样本量计算

1）研究概述

美国从1790年开始就每十年普查一次，但科技日新月异，全国性普查很有可能找到替代品。丹麦没有普查，法国也准备取消普查。早在20世纪20年代，美国贝尔实验室的道奇(H. F. Dodge)博士和罗来格(H. G. Romig)博士就开始了相关的研究工作，提出了统计抽样检验理论。1944年，世界上公布了第一个《抽样检查表》，相继许多国家都开展了抽样检查的研究和应用工作，并取得了良好的效果。

1936年，罗斯福和兰登竞选美国总统，《文学文摘》发出调查选票1 000万张，回收237万多张，预言兰登将当选。当时主持美国民意测验所、从事民意调查不久的乔治・盖洛普博士，根据美国人口的年龄、性别、职业、宗教信仰和经济收入的构成状况，采取“典型抽样法”，仅选取约50 000人进行民意测验，就预言罗斯福将获得胜利。大选结果使得盖洛普的《超级民意测验》声名大噪，《文学文摘》杂志却被迫关门。可见，样本量并非“多多益善”。

美国社区调查已经开始，而且繁式调查问卷在2000年之后就已经逐渐取消了。从时间和金钱角度来考虑，抽样调查更快捷和节约。然而，抽样调查的一个关键问题就是样本量的科学确定，即多大的样本量才能更好地估计总体信息。

20世纪70年代以来，随着全面质量管理工作的推广，中国在统计抽样的研究和应用方面也取得了一定的进展，1981年发布的我国抽样检查标准：《逐批检查计数抽样程序及抽样表》(GB 2828—81)、《周期检查计数抽样程序及抽样表》(GB 2829—81)。概率抽样方法是建立在概率论和数理统计原理的基础上，因此它具有科学性、代表性、实用性，经济性、灵活性和公正性。

此外，样本量越大，所需要的调查资源则越多，管理的工作量也越大。即使在概率抽样中，也并非样本量“多多益善”。因此，要科学地确定样本量。接下来的介绍将主要针对概率抽样。

2）样本量的重要性

样本量就是样本中所包含抽样的单位个数，即抽样单位数。样本量直接影响抽样误差、调查的费用、调查所需的时间、调查访员的数量以及其他一些重要的现场操作的限制条件。样本量过大，会造成人力、物力和财力的浪费，难以体现抽样调查的优越性；样本量过小，会造成抽样误差增大，影响抽样推断的可靠程度。因此，解决抽样设计中的样本量问题至关重要。

3）影响样本量的因素

影响样本量的因素之一是估计值要求达到的精度，估计量的抽样误差越小，则估计值越精确。因此，随着抽样方差的不断减小，估计值的精度就会逐渐提高，所需的样本量相应也就越大。总体指标的变异程度、总体大小、样本设计和所使用的估计量、回答率都会影响精度，从而影响样本量。在计算样本量的公式中，具体涉及如下几个因素：

（1）抽样推断的可靠程度。要求推断的可靠程度越高，概率度的数值越大，抽样单位数也就要求多些；反之，则可少抽一些。

（2）总体标志变异程度。方差大，需要多抽一些；方差小，可少抽一些。

（3）极限误差的大小。极限误差大可以少抽些，极限误差小则应多抽些。

（4）抽样方法与组织方式。在相同条件下，重复抽样需要多抽一些，不重复抽样可少抽一些。

（5）实际调查运作的限制（人力、物力和财力的可能条件）。客户提供的经费能支持多大的样本？调查持续的时间有多长？需要多少访员？在确定调查最终所需的样本量时，还必须考虑样本量计算公式没有涉及的这些限制。

4）估计值的精度及影响因素

调查估计值的精度与样本量是紧密相关的。随着样本量的增加，调查估计值的精度也会不断提高，换言之，对应估计量的抽样方差就会不断减少。因此，样本量取决于调查估计值所要求的精度，而精度又受以下因素影响。

（1）总体的变异程度。在调查总体中，所研究的变量或指标随着调研对象的不同而不同。虽然不能控制这种变异性，但它的大小却影响给定精度水平下对研究指标估计所必需的样本量。若总体指标变异性很大，或具有所研究特征的单元数量很少，要求精确估计是很困难的，需要较大的样本量。因此，为确定调查所需的样本量，需要得到目标总体的研究指标变异程度的估计值。因为通常情况下变异的真值是未知的，所以需要从过去相关主题的调查或从试调查中得到它的估计。

一旦实施调查，统计调查单位就会认识到，如果所研究指标的实际变异程度大于确定样本量时估计的变异程度，那么调查估计值的实际精度就会低于期望的精度。相反，如果所研究指标的实际变异程度比所估计的变异程度小，那么调查所得到的估计值会比预计的更精确。

为了确保达到调查要求的精度，在计算样本量时，一般对某一指标的总体变异程度采用较为保守的估计。即在实际中如果事先不知道调查中要测量指标变异程度的数据，那么就假定研究指标具有最大的变异程度。例如，对于二元变量（如成数估计），一般假定总体中该变量的变异程度为最大，即假定 $P=0.5$。

抽样调查时，调查指标通常不止一个，指标的变异程度一般不相同。对某一指标来说足够大的样本，对变异程度更大的另一个指标来说可能就偏小。因此，为确保样本量对所有的研究指标都足够大，应根据最大变异程度或被认为最重要的指标来确定样本量。

（2）总体大小。在样本量确定过程中，总体所起的作用因它的大小而有所差异。对于小规模总体，它起着重要作用，而大规模总体对样本量影响的作用很小。

表1-21是要求在置信度为95%下，误差限为0.05，用简单随机抽样估计 P，对应总体大小所需的样本量（取 $P=0.5$ 计算）。由表1-21可知，为达到要求的精度水平，随着总体大小的增加，样本量增加的比率逐渐减小到零。对于单位数为50的调查总体，需要44个有效单位的样本，而对两倍于此的调查总体，并不需要将样本量翻倍，即88个有效单位的样本。对于 $N=5\,000$ 或更多的调查总体，所需的样本量快速地逼近 $n=400$。因此，对于简单随机抽样，在真实总体比例是 $P=0.5$ 的情况下，400份有效问卷对于大于5 000的总体，已足以满足给定的精度要求。

表1-21　总体大小与所需样本量（$P=0.5$）

总　体　规　模	所需的样本量/个
50	44
100	80
500	222
1 000	286
5 000	370
10 000	385
100 000	398
1 000 000	400
10 000 000	400

对于很小规模的总体，通常必须调查较大比例的样本，以取得所期望的精度。因此在实际操作中，对小规模总体经常采用普查而不是抽样调查。

(3) 样本设计和估计量。计算样本量时，通常假定采用的抽样为简单随机抽样。因此，如果样本容量计算公式假定为简单随机抽样，对于同样大小的样本及同一估计量：当使用复杂的样本设计时，估计量可能比简单随机抽样精确，也可能没有简单随机抽样精确；当估计值更精确时，认为所采用的样本设计更为有效。如果在确定样本量时是按简单随机抽样公式计算的，那么应考虑实际使用抽样设计的效率，需要对其进行调整。

在分层抽样中，一方面，当分层的变量与调查指标相关时，所得的估计通常比相同样本量的简单随机抽样更精确，或者至少一样精确。另一方面，因为群内相邻单元通常比较相似，所以整群抽样估计的精度通常低于使用同一估计量进行估计时简单随机抽样的估计值的精度。

一般来说，当样本量采用简单随机抽样的计算公式，而实际使用的是更复杂的抽样方式时，为达到给定精度所需的样本量，应该在此基础上乘以一个设计效应因子。设计效应是对于相等的样本量，给定样本设计估计量的抽样方差与简单随机抽样估计量的抽样方差的比率。对于简单随机抽样设计，设计效应等于 1；对于分层抽样设计，设计效应一般小于 1；对于整群抽样设计，设计效应一般大于 1。

若过去相同或相似主题的调查所用的抽样设计与我们计划实施的抽样设计相同或相似，就能得到当前调查主要变量设计效应的估计值，也可以从试调查中得到设计效应的估计值。

(4) 调查的回答率。调查回答率是用回收的有效问卷数与计划样本量的比率来表示的。产生无效调查问卷的原因主要有：样本单元超出调查范围；在住户调查中，住宅是可居住的却无人居住(是空的)；样本单元没有回答。

为了达到估计要求的精度，调查机构需要根据预计的回答率调整样本量的大小，根据预计的回答率确定一个较大的样本才可能达到精度要求。预计的回答率是依据对同一总体的小范围的试点调查或过去类似的调查得到的。例如，如果根据计算，初始样本量是400，预计回答率为 75%，那么样本量就应该定为

$$n=\frac{400}{0.75}=533$$

调查机构一旦与客户确定了某一回答率，就必须尽最大努力保证达到这个回答率。如果不能达到所预期的回答率，就会影响调查结果的精度。实际回答率偏低会导致有效样本单位数小于精度所需要的样本单位数。

为了妥善处理无回答，并不能只简单地增加样本量。因为在调查中，如果拒绝回答者与回答者在所研究指标上存在显著的差异，就会产生估计的偏误。1936 年，美国杂志《文学文摘》在进行关于美国总统选举的调查时，就出现了这方面的问题。

5）样本量的计算方法

假设回答率是 100%，在简单随机抽样下，通常使用误差限和估计量的标准差来确定所需的样本量。例如，在调查中常用的不放回简单随机抽样情况下，总体均值估计量的标准差（即抽样平均误差）的表达式为

$$\sigma_{\bar{y}} = \sqrt{\left(1 - \frac{n}{N}\right)} \frac{S}{\sqrt{n}} \tag{1-87}$$

式中，S 为总体的标准差的估计值。

如果误差界限设为 e，那么

$$e = z\sqrt{\left(1 - \frac{n}{N}\right)} \frac{S}{\sqrt{n}} \tag{1-88}$$

式中，z 为对应于某一置信水平的标准正态分布的分位点值。

可解得 n：

$$n = \frac{z^2 S^2}{e^2 + \dfrac{z^2 S^2}{N}} \tag{1-89}$$

因此，为确定 n，需要知道允许的误差界限 e，与给定置信水平相对应的标准正态分布的分位点值 z，总体规模 N 和总体方差 S^2。其中，总体方差 S^2 是最不容易得到的，通常需要根据过去对类似总体所做的研究确定一个近似值或用样本指标替代。

对于具有正态分布的估计量，95%的置信区间意味着在同样的条件下，反复抽样 100 次所得的 100 个样本中，有 95 个样本的估计值所确定的区间包含总体真值，这个区间以样本的估计值为中心，半径为 1.96 倍的标准误差。常用的 z 值包括：对于 90%的置信度，对应的 z 值为 1.65；对于 95%的置信度，对应的 z 值为 1.96；对于 99%的置信度，对应的 z 值为 2.56。

对于简单随机抽样，给定成数估计 P 的精度，将方差 $P(1-P)$ 代入公式即可。若在以往调查中可得总体成数的一个较好估计 P，那么直接将它代入公式就可以得到所需的样本量；否则可以用 $P=0.5$，因为这时总体的方差最大。

如果抽样不是简单随机的，那么在计算样本量时，还需要对抽样设计的设计效应的估计值，若回答率小于 100%，还需要一个回答率的估计值 r。

6）计算样本量的详细步骤

下面通过示例来介绍对成数估计计算样本量的详细步骤。即先计算初始样本量，然后根据总体的大小、设计效应和回答率分别对它进行调整，最后计算求得最终的样本量。

（1）计算初始样本量。

式(1-87)、式(1-88)使用了有限总体校正因子 n/N，对总体规模进行校正。先忽略

这个因子，则初始样本量 n_1 应按下列公式计算：

$$n_1 = \frac{z^2 P(1-P)}{e^2} \tag{1-90}$$

如果 e 和 P 都不用比例表示，而用百分数表示，n_1 的计算公式同样成立。

(2) 对总体大小进行调整。

$$n_2 = n_1 \frac{N}{N + n_1} \tag{1-91}$$

如果 n/N 可以忽略不计，则不需要此步骤，或者说 $n_2 \approx n_1$。这一步骤只适于小规模总体以及中等规模的总体。

(3) 设计效果调整样本量。

如果抽样设计不是采用简单随机抽样，那么可使用下列公式，即用抽样设计效果对样本量进行调整：

$$n_3 = Bn_2 \tag{1-92}$$

式中，B 为设计效应，通常有：对简单随机抽样，$B=1$；对分层抽样设计下，$B \leqslant 1$；对整群抽样设计下，$B \geqslant 1$。

(4) 无回答调整样本量。

根据无回答再次进行调整，以确定最终的样本容量 n：

$$n = \frac{n_3}{r} \tag{1-93}$$

式中，r 为预计的回答率。

1.2.6 评估方法

1.2.6.1 安全检查表法-消防设施配备评价

安全检查表法，是系统安全工程的一种最基础、最简便、广泛应用系统危险性评价的方法。使用安全检查表法查找工程或系统中各种设备设施、物料、工件、操作、管理和组织措施中的危险、有害因素时，事先需要对检查对象加以分解，将大系统分割成若干小的子系统，依据有关法规、标准、规程、规范的有关规定，逐一检查评价安全设施的设置和安全管理措施等是否符合有关规定，并将检查项目列表逐项检查。安全检查表由以下四个方面组成。

(1) 检查项目：根据国家法律法规、技术标准的相关要求，列出需要检查的项目或内容。

(2) 检查依据：主要为国家各项法律法规、国家标准、行业标准。

(3) 检查情况：对实际情况加以说明。

(4) 检查结果：确认检查项目是否符合要求。

安全检查表格式见表 1－22。

表 1-22　安全检查表样表

序号	检 查 项 目	检查依据	实际情况	检查结果
1				
2				
3				
⋮				
n				

1.2.6.2　火灾爆炸指数法-危险货物作业危险性评价

道氏火灾爆炸指数法(以下简称道氏法)第七版的内容概括起来说就是：针对各工艺单元，综合考虑其加工或储运物质自身的危险性、生产工艺的危险性以及安全补偿措施等多方面因素的影响，计算出火灾爆炸指数、事故影响范围等，并以此来判别各工艺单元火灾爆炸危险性的大小。

道氏法评价程序如图 1-12 所示，对应说明如下所述。

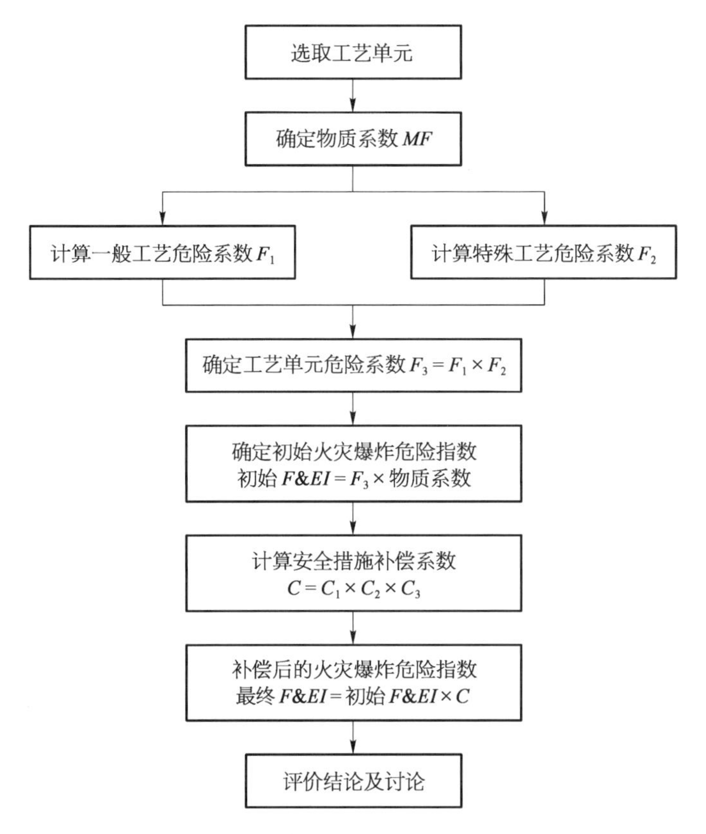

图 1-12　火灾爆炸指数法评价程序框图

1）工艺单元

为了计算火灾爆炸指数，首先要确定系统中需要研究的工艺单元，这些单元应在工艺上起关键作用，并可能对潜在的火灾爆炸危险有重大影响。

2）物质系数（MF）

物质系数是进行火灾爆炸危险指数计算和其他危险性评价时的一个重要的基础数据。它所表达的是物质在燃烧或其他化学反应引起的火灾爆炸事故中所释放的能量大小的内在特性。

物质系数可由物质的可燃性 N_f 和化学活泼性 N_r 求得。在道氏法使用指南的附录A中，可查到大量化学物质的物质系数。

3）一般工艺危险系数（F_1）

一般工艺危险是确定事故损害大小的主要因素。它是指单元内基本类型工艺及操作的危险性。

4）特殊工艺危险系数（F_2）

特殊工艺危险是影响事故发生概率的主要因素，特定的工艺条件是导致火灾爆炸事故的主要原因。

特殊工艺危险系数（F_2）是表示单元内特殊工艺过程的危险性。

5）工艺单元危险系数（F_3）

工艺单元危险系数（F_3）是一般工艺危险系数（F_1）和特殊工艺危险系数（F_2）的乘积，即 $F_3 = F_1 \times F_2$。

针对各单元工艺危险准确地确定危险系数后，F_3 的值一般不超过8.0，如果 F_3 的值大于8.0，也按最大值8.0计。

6）初始火灾爆炸危险指数（初始 $F\&EI$）

初始火灾爆炸危险指数（初始 $F\&EI$）是工艺单元危险系数（F_3）和物质系数（MF）的乘积，即 $F\&EI = F_3 \times MF$。它通过各种危险因素如反应类型、操作温度、压力和可燃物的数量等表征事故发生概率、可燃物的潜能以及由工艺控制故障、设备故障、振动或应力疲劳等导致的潜能释放的大小，从而估计生产过程中的事故可能造成的破坏程度。

7）安全措施补偿系数（C）

在工程设计中，根据国内外有关标准和规范采取一系列安全预防措施，不仅能有效预防严重事故的发生，也能降低事故的发生概率和危害程度。安全措施包含工艺控制（C_1）、物质隔离（C_2）和防火设施（C_3）三大类，安全措施补偿系数为三项的乘积，即

$$C = C_1 \times C_2 \times C_3$$

8）补偿后的火灾爆炸危险指数（最终 $F\&EI$）

补偿后的火灾爆炸危险指数（最终 $F\&EI$）是在采取适当的（但不完全理想）防护措施后火灾爆炸危险指数，为初始火灾爆炸危险指数与安全措施补偿系数的乘积，即

$$最终 F\&EI = 初始 F\&EI \times C$$

F&EI 与危险程度之间的关系见表 1-23。

表 1-23　*F&EI* 与危险等级对应表

F&EI	危 险 等 级
1～60	最轻
61～96	较轻
97～127	中等
128～158	很大
＞158	非常大

1.2.6.3　蒸气云爆炸事故模拟评价法-爆炸范围及危害分析

蒸气云爆炸的发生需要具备一定的条件，例如可燃气体泄漏与周围空气混合并达到爆炸极限范围，存在点火源以及一定的空间限制条件等。具体来说，燃气储罐在遭受机械碰撞或者在热响应条件下罐体被破坏，造成大量燃气泄漏，与周围空气形成大范围的预混气体，并在一定的空间内积聚，遇到点火源后发生燃烧。在火焰传播过程中，由于空间的限制，加剧了流动与传热条件，使火焰传播速度不断提高，最终可达到 1 000 m/s 以上。进而发生爆炸反应，形成具有强大压力的火球，火球在空气中形成超压冲击波，并伴随着高温燃烧和强烈的热辐射作用当前，对蒸气云爆炸事故的风险分析方法主要有 TNT 当量模型。

TNT 当量模型就是把预混气体的破坏作用转化为当量 TNT 爆炸等效破坏作用，从而把燃气转化为 TNT 进行分析。通过 TNT 爆炸的实验数据可以得到 1 kg 的 TNT 爆炸后产生的破坏作用见表 1-24。

表 1-24　1 kg TNT 爆炸冲击波超压（ΔP）与目标位置及爆炸中心距离 R_s 的关系

R_s/m	5	6	7	8	9	10	12
ΔP/MPa	2.95	2.06	1.67	1.27	0.95	0.76	0.5
R_s/m	14	16	18	20	25	30	35
ΔP/MPa	0.33	0.23	0.17	0.126	0.079	0.058	0.044
R_s/m	40	45	50	60	70	80	90
ΔP/MPa	0.035	0.027	0.024	0.018	0.014 3	0.010 5	0.008 32

(1) 燃气发生蒸气云爆炸时,TNT 当量的计算为

$$W_{TNT}=\frac{\alpha \cdot W \cdot Q}{Q_{TNT}} \tag{1-94}$$

式中 W_{TNT}——TNT 当量(kg);

α——云爆炸当量系数,根据 UKHSH-0986 的推荐,取 0.03;

W——燃气质量(kg);

Q——燃烧热(J/kg);

Q_{TNT}——TNT 的爆炸热(J/kg)。

(2) 可燃气体的爆炸总能量可以用式(1-95)计算:

$$E=k\times W\times Q \tag{1-95}$$

式中 E——可燃气爆炸总能量(J);

k——地面系数,取 1.8。

(3) 蒸气云爆炸造成的伤害半径(R)可用式(1-96)估算:

$$R=C\times(N\times E)^{1/3} \tag{1-96}$$

式中 R——伤害半径(m);

C——爆炸试验常数,取 0.012~0.4,详见表 1-25;

N——有限空间内爆炸发生的系数,取 10%。

表 1-25 蒸汽云爆炸破坏等级

破坏等级	试验常数(C)	设 备 损 坏	人 员 伤 亡
1	0.012	建筑物和设备受到完全损坏	>50%的人员死亡
2	0.03	建筑物和设备受到严重损坏	1%的人员死亡 >50%的人员受伤
3	0.06	建筑物和设备受到轻度损坏	1%的人员受伤
4	0.15	玻璃震碎	被震碎的玻璃划伤
5	0.4	小部分玻璃震碎	—

1.2.6.4 事故树分析法-输送管线事故分析

事故树分析(fault tree analysis,缩写 FTA)又称故障树分析,是一种演绎的系统安全分析方法。它是从要分析的特定事故或故障开始,层层分析其发生原因,一直分析到不能分解为止;将特定的事故和各层原因(危险因素)之间用逻辑门符号连接起来,得到形象、简洁地表达其逻辑关系(因果关系)的逻辑树图形,即故障树。通过对故障树简化、计算,

达到分析、评价的目的。

1）故障树分析的基本步骤

（1）确定分析对象系统和要分析的各对象事件(顶上事件)。

（2）调查原因事件：调查与事故有关的所有直接原因和各种因素(设备故障、人员失误和环境不良因素)。

（3）编制事故树：从顶上事件起，一级一级往下找出所有原因事件直到最基本的原因事件为止，按其逻辑关系画出事故树。

（4）定性分析：按事故树结构进行简化，求出最小割集和最小径集，确定各基本事件的结构重要度。

（5）结论：当事故发生概率超过预定目标值时，从最小割集着手研究降低事故发生概率的所有可能方案，利用最小径集找出消除事故的最佳方案；通过重要度(重要度系数)分析确定采取对策措施的重点和先后顺序；最终得出分析、评价的结论。

2）事故树定性分析

定性分析包括求最小割集、最小径集和基本事件结构重要度分析。

（1）最小割集。

① 割集与最小割集。在事故树中凡能导致顶上事件发生的基本事件的集合称作割集；割集中全部基本事件均发生时，则顶上事件一定发生。最小割集是能导致顶上事件发生的最低限度的基本事件的集合；最小割集中任一基本事件不发生，顶上事件就不会发生。

② 最小割集的求法，对于已经化简的事故树，可将事故树结构函数式展开，所得各项即为各最小割集；对于尚未化简的事故树，结构函数式展开后的各项，尚需要用布尔代数运算法则(如吸收率、德·摩根律等)进行处理，方可得到最小割集。

（2）最小径集。

① 最小径集。在事故树中凡是不能导致顶上事件发生的最低限度的基本事件的集合，称作最小径集。在最小径集中，去掉任何一个基本事件，便不能保证一定不发生事故。因此最小径集表达了系统的安全性。

② 最小径集的求法。将事故树转化为对偶的成功树，求成功树的最小割集即事故树的最小径集。

（3）结构重要度。

结构重要度分析是分析基本事件对顶上事件的影响程度，为改进系统安全性提供信息的重要手段。

故障树中各基本事件对顶上事件影响程度不同。从故障树结构上分析，各基本事件的重要度(不考虑各基本事件的发生概率)或假定各基本事件发生概率相等，分析各基本事件的发生对顶上事件发生的影响程度，叫结构重要度。

判断结构重要度有以下几个原则：

① 一阶(单事件)最小割集中的基本事件结构重要度大于所有高阶最小割集中基本事件的结构重要系数。

② 仅在同一最小割集中出现的所有基本事件,结构重要系数相等(在其他割集中不再出现)。

③ 几个最小割集均不含共同元素,则低阶最小割集中基本事件重要系数大于高阶割集中基本事件重要系数。阶数相同,重要系数也相同。

④ 比较两基本事件,若与之相关的割集阶数相同,则两事件结构重要系数大小由它们出现的次数决定,出现次数大的系数大。

⑤ 相比较的两事件仅出现在基本事件个数不等的若干最小割集中。若它们重复在各最小割集中的出现次数相等,则在少事件最小割集中出现的基本事件结构重要系数大。在少事件割集中,出现次数少,多事件割集中,出现次数多,以及它的复杂情况,可以用公式近似判断式:

$$I(i) = \sum K_i (1/2)^{n-1},\ X \in K \tag{1-97}$$

式中 $I(i)$——基本 X_1 的重要系数近似判断值;

K_i——包含 X_i 的(所有)割集;

n——基本事件 X_1 所在割集中基本事件个数。

在用割集判断基本事件结构重要系数时,必须按上述原则进行,先判断近似式是迫不得已而为之,不能直接用它。

1.2.7 评估示例

1.2.7.1 概述

某液化气有限公司码头作业货种为液化石油气,码头等级为一级河港码头。火灾危险性为甲类。该项目在建设完工后取得相应的建筑工程消防验收意见书。

1.2.7.2 消防设施配备评价

1) 基本配备情况

该项目码头消防冷却水系统管网连接库区内消防管网,与库区合用消防系统,在码头工作平台设有 2 条管道,分别为冷却水管和水幕喷淋用水管,水管沿引桥接入。码头区域设置有固定式手动消防水炮,工作平台布置消火栓箱以及移动式灭火设施等。

库区北侧设有一座消防泵房,安装 3 台消防水泵,消防泵采用柴油机作为动力。水源取自洪奇沥水道,泵房旁设消防水池,容积为 600 m^3。码头设置有消防补水泵控制室,补水泵用电采用市政电网交流电源。

码头后方设有一应急抢险室,内部存放有干粉灭火器、移动式消防水炮、消防战斗服等应急抢险设备,抢险室及码头上配备的干粉灭火器的干粉储量超过 500 kg。

参照《装卸油品码头防火设计规范》(JTJ 237—99),该码头配备的消防设施符合一级码头(液化石油气)的消防要求。

2) 安全检查表法评价

主要根据《装卸油品码头防火设计规范》、《石油化工企业设计防火规范》(GB 50160—2008)等规范的有关规定,列安全检查表对该项目消防设备设施进行安全检查,结果见表1-26。

表1-26　消防设备设施安全检查表

序号	检查内容	检查依据	检查记录	检查结果
一、消防给水系统				
1	液化气码头应设置固定式冷却水系统	《液化气码头安全技术要求》(JT 416—2000)5.1.1	码头采用固定式水冷却以及移动式干粉灭火方式	符合
2	油品码头消防给水的水源可由天然水源、给水管网或消防水池供给	《装卸油品码头防火设计规范》6.2.1	消防给水的水源后方消防供水管网	符合
3	水幕的用水量宜为1.0~2.0 L/s·m;水幕的工作时间应为1 h	《装卸油品码头防火设计规范》6.2.10	水幕的用水量和工作时间满足要求	符合
4	液化气码头应在被保护的消防设备和消防设备操作人员前设置水幕系统	《液化气码头安全技术要求》5.1.3	设置有水幕系统	符合
5	水幕喷头的安装不得影响船舶的系统作业	《液化气码头安全技术要求》5.1.3.5	不影响船舶系统作业	符合
6	引桥或引堤上的消防供水管上应设消火栓或管牙接口,并在消火栓处配备消防水枪和水带,其间距不宜超过60 m	《装卸油品码头防火设计规范》6.2.13 《液化气码头安全技术要求》(JT 416—2000)5.1.4	该项目码头引桥长33 m,码头作业平台和后方库区的消防水管均设有消火栓接口,并配备相应器材。可以满足要求	符合
7	码头消防供水管上宜设置国际通岸法兰,在必要时向油船消防总管供水	《装卸油品码头防火设计规范》6.2.14 《液化气码头安全技术要求》5.1.6	设置有国际通岸法兰	符合
8	消防泵应在接到报警后2 min内投入运行	《装卸油品码头防火设计规范》6.5.7.1	消防泵满足要求	符合
9	水幕的设置范围应为装卸设备的两端各延伸5 m	《装卸油品码头防火设计规范》6.2.9	水幕设计符合满足要求	符合

（续表）

序号	检查内容	检查依据	检查记录	检查结果
二、干粉灭火器				
1	液化石油气码头，宜设置干粉灭火装置，干粉储备量不得少于500 kg。通行消防车的液化石油气码头，宜采用干粉消防车	《装卸油品码头防火设计规范》6.4.2	液化气码头配备的干粉灭火器干粉储量超过500 kg	符合
2	码头装卸区域内宜设干粉或泡沫灭火器，码头的中央控制室、装载臂控制室、消防控制室和变电所等宜设置二氧化碳等气体灭火器	《装卸油品码头防火设计规范》6.6.1	码头装卸区内按要求配备了灭火器	符合
3	码头装卸区域内设置的灭火器规格，宜选用： 干粉：手提式 8 kg；推车式 35 kg 泡沫：手提式 9 L；推车式 65 L 二氧化碳：手提式 3 kg	《装卸油品码头防火设计规范》6.6.2	灭火器规格选用满足要求，具体见《装卸油品码头防火设计规范》6.6.2	符合
4	装卸甲、乙类油品的码头，手提式干粉灭火器最大保护距离不应超过 9 m	《装卸油品码头防火设计规范》6.6.3(1)	手提干粉灭火器保护距离小于 9 m	符合
5	每一个配置点的灭火器数量不应少于 2 具	《装卸油品码头防火设计规范》6.6.3(2)	灭火器数量配置不少于2 具配置点	符合
6	在甲、乙类油装载或接口 15 m范围内宜增设手推式干粉灭火器	《装卸油品码头防火设计规范》6.6.3(3)	装卸作业口配有两辆35 kg 推车式干粉灭火器	符合
三、专用消防设施				
1	应按国家有关规定配置足量的灭火器，并定期组织检验、维修，确保消防设施和器材完好、有效	《中华人民共和国消防法》第十四条	灭火器材每月定期巡检	部分消防设施不能正常运行
2	选用的消防设备应操作灵活、可靠、坚固耐用；在海港和河口港码头上的设备，应抗盐雾腐蚀	《装卸油品码头防火设计规范》6.5.1	设备选择满足要求	部分防爆场所内设备防爆设施不符合要求
四、应急疏散及应急照明				
1	保障疏散通道、安全出口畅通，设置符合国家规定的消防安全疏散标志	《中华人民共和国消防法》第十四条	疏散通道畅通，有安全疏散标志	符合

（续表）

序号	检查内容	检查依据	检查记录	检查结果
四、应急疏散及应急照明				
2	具有火灾爆炸、毒尘危害和人身危害的作业区以及企业的供配电站、供水泵房、消防站、气防站、救护站、电话站等公用设施，应设计事故状态时能延续工作的事故照明	《化工企业安全卫生设计规定》（HG 20571—1995）4.5.3	库区消防泵房、配电站设置有事故照明	符合
五、消防控制				
1	根据消防设备布置形式和性能，其控制方式可选用集中控制或就地手动控制	《装卸油品码头防火设计规范》7.2.1	码头水炮采用就地手动控制方式	符合
六、消防组织及安全管理				
1	是否建立义务消防队，并进行培训和定期演练	《中华人民共和国消防法》第三章第三十九条	建立了义务消防队并定期培训和演练	基本符合，未建立健全微型消防站相关管理制度
2	外援消防力量情况		外部消防力量依托南沙区消防队、万顷沙镇消防队，在接到报警后，十分钟内均可提供支援	符合
3	制定消防安全制度、消防安全操作规程	《中华人民共和国消防法》第二章第十六条	有消防安全制度和操作规程	符合
4	按照国家有关规定配置消防设施和器材、设置消防安全标志，并定期组织检验、维修，确保消防设施和器材完好、有效		按要求配置消防器材，并定期检查、维修	符合
5	任何单位、个人不得损坏、挪用或者擅自拆除、停用消防设施、器材，不得埋压、圈占、遮挡消火栓或者占用防火间距，不得占用、堵塞、封闭疏散通道、安全出口、消防车通道。人员密集场所的门窗不得设置影响逃生和灭火救援的障碍物	《中华人民共和国消防法》第二章第二十八条	满足法规要求	符合

3）评价小结

通过安全检查表检查和现场检查以及查阅相关文件，根据2016年安全评估报告结论，该码头和库区的消防系统经过相关单位消防验收，验收合格后投入使用。该项目设置了固定式消防冷却水系统和消防设备设施，但存在个别消防设施不能正常运行，防爆场所内设备防爆设施不符合要求、未建立健全微型消防站相关管理制度等问题。建议该项目所属公司及时按要求进行整改。

1.2.7.3 危险货物作业危险性评价

该项目码头装卸的液化石油气散发的蒸汽与空气形成爆炸性混合物，且爆炸下限较低，因此发生爆炸的危险性较大。在液体化学品装卸作业过程中，燃烧和爆炸经常同时出现，互相转化。为此，采用道氏火灾爆炸指数法进行定量分析评价，为企业提供安全参考依据，并做出相应的安全防护措施。具体分析如下：

1）评价单元的选取及单元中重要物质

根据码头的平面布置及装卸工艺，结合公司装卸货种情况，选取 2 000 DWT 液化石油气船装卸作业作为评价的代表性工艺单元，评价货种为液化石油气。在评价工艺单元的危险性时，通常从不利的情况出发，因此假定船舶处于满载状态。

2）确定物质系数 MF

液化石油气的物质系数为 21。

3）确定一般工艺危险系数 F_1

一般工艺危险系数 F_1 共考虑 6 项内容，与本评价有关的内容如下：

（1）基本系数：为给定值，等于 1.00。

（2）物料处理与输送：系数范围为 0.25～1.05。

该项内容用于评价危险物质在装卸、输送、贮存时的潜在火灾爆炸危险性。该项用于评价危险物质在装卸、输送、贮存时的潜在火灾、爆炸危险性。“道氏法使用指南”（以下简称“指南”）中规定：所有一类易燃的物料在连接或未连接的管线上装卸时的危险系数为 0.5。

（3）单位或室内结构：“指南”中规定：在封闭区域内在闪点以上处理易燃液体，系数取 0.45。

（4）排放和泄漏：码头作业平台为一可排放泄漏液的平坦地，一旦失火可引起火灾，所以危险系数为 0.5。

一般工艺危险系数 F_1 为基本系数与各项所选取系数之和，各单元 F_1 值列于表 1-27。

4）确定特殊工艺危险系数 F_2

特殊工艺危险系数 F_2 共考虑 12 项内容，与本评价有关的内容有 8 项：

（1）基本系数：为给定值 1.00。

（2）毒性物质：毒性物质的危险系数为 $0.2N_H$，液化气的 N_H 值为 1，故对应的该项系数为 0.2。

（3）燃烧范围或附近的操作：“指南”中规定，只有当仪表或装置失灵时，工艺设备才处于爆炸极限范围内或其附近，系数为0.3。该项目正常生产过程中基本无泄漏，只有在发生故障时，才可能出现泄漏事故，因此系数取0.3。

(4) 压力：操作压力高于大气压时，由于高压可能会引起高速率的泄漏，因此要采用危险系数。液化石油气卸船作业的操作压力基本与大气压力相等，所以系数取0.16。

(5) 可燃和不稳定物质数量：本工程属于工艺过程中的液体，其危险系数根据工艺单元内的物料总热量求得。液化石油气本项系数取1.7。

(6) 腐蚀：系数范围为0.10～0.75。

该项目已经考虑了管道的防腐问题，但腐蚀所引起的事故仍然有可能发生，因此系数选取为0.10。

(7) 泄漏——连接头与填料：系数范围为0.10～1.50。

垫片、接头或轴的密封处及填料处、波纹管装置可能成为易燃、可燃物质的泄漏源，当它们承受温度、压力周期性变化时，泄漏更易发生。"指南"中规定："泵、压缩机和法兰连接产生正常的一般泄漏时，系数为0.3。"

(8) 转动设备：当单元内有大量的运转设备时，会带来危险，统计资料表明，超过一定规格的泵和压缩机很可能引起事故。对照"指南"，系数取0.5。

特殊工艺危险系数 F_2 为基本系数与各项系数之和，评价单元的 F_2 值列于表1-27。

5) 计算单元的工艺危险系数 F_3 和火灾爆炸指数 $F\&EI$

单元工艺危险系数 F_3 是一般工艺危险系数 F_1 和特殊工艺危险系数 F_2 的乘积，即 $F_3=F_1\times F_2$，F_3 的计算值超过8，则取值为8。评价单元的 F_3 值列于表1-27。

$F\&EI$ 是用来估计工艺单元潜在的火灾爆炸危险性大小的，$F\&EI=F_3\times MF$，计算结果见表1-27。

表1-27　单元危险系数取值汇总

评价单元		2 000 DWT 液化石油气船
单元内重要物质		液化石油气
物质系数		21
F_1	基本系数(1.00)	1.0
	A 放热反应(0.30～1.25)	—
	B 吸热反应(0.20～0.40)	—
	C 物料处理与输送(0.25～1.05)	0.5
	D 封闭式结构(0.3～0.90)	0.45

（续表）

评 价 单 元		2 000 DWT 液化石油气船
F_1	E 通道(0.20～0.35)	—
	F 排放与泄漏(0.25～0.50)	0.5
	一般工艺危险系数 F_1	2.45
F_2	基本系数 (1.00)	1.0
	A 毒性物质(0.20～0.80)	0.2
	B 负压(<500 mmHg)(0.50)	—
	C 燃烧范围附近操作(0.3～0.8)	0.3
	D 粉尘爆炸(0.25～2.00)	—
	E 压力	0.16
	F 低温(0.20～0.30)	—
	G 可燃和不稳定物质数量系数	1.7
	H 腐蚀(0.10～0.75)	0.1
	I 接头或填料泄(0.10～1.50)	0.3
	J 使用明火	—
	K 热油交换系统(0.15～1.15)	—
	L 转动设备(0.50)	0.5
	特殊工艺危险系数 F_2	4.26
F_3		8
F&EI		128
危险等级		很大

6）确定安全措施补偿系数

(1) 安全措施补偿系数按下列程序进行计算并汇总：

① 参照“指南”，直接将合适的系数填入该安全措施项的右边。

② 有采取的安全措施，系数默认为 1。

③ 一类安全措施的补偿系数是该类别中所有选取系数的乘积。

④ 安全措施补偿系数 C 为 C_1、C_2、C_3 的乘积。

(2) 安全措施补偿系数的取值和计算说明如下：

① 工艺控制补偿系数 C_1。

工艺控制包括9项内容，与该项目评价单元相关的有6项。

a. 应急电源。该项目设有备用电源且能自动启动，根据道氏火灾爆炸危险指数评价使用指南，系数取0.98。

b. 冷却。工作平台采用固定式水冷却系统，根据指南选取系数为0.97。

c. 紧急停车装置。"指南"中规定："情况出现异常时能够紧急停车并转到备用系统，补偿系数为0.98"。该项目码头设置有自动控制系统和紧急切断阀，故系数取0.98。

d. 计算机控制。"指南"中规定："具有失效保护功能的计算机直接控制工艺操作时，系数为0.97"。本工程设置管道输送控制系统，故本项系数取0.97。

e. 操作指南或操作规程。正确的操作指南，完整的操作规程是保证正常作业的重要因素，结合公司各操作规程的完善程度，系数取0.94。

f. 活性化学物质检查。针对危险物质的化学特性，制定一系列检查、监督制度，是一项重要的安全措施。本工程设置有便携式可燃气体浓度探测器以探测气体泄漏情况，系数取0.98。

g. 其他工艺过程危险分析。"指南"中规定，定期或在必要时开展危险分析，可按规定选取相应的补偿系数，如开展检查表评估或对工艺、物质等变更进行审查管理，可取0.98。结合本工程的实际情况，本项系数取0.98。根据上述取值结果，$C_1=0.98\times0.97\times0.98\times0.97\times0.94\times0.98\times0.98=0.82$。

② 物质隔离补偿系数 C_2。

物质隔离包括4项，与本评价单元相关的有2项：

a. 远距离控制阀。如果单元备有远距离切断阀以便在紧急情况下迅速地将主要输送管线隔离时，系数为0.98，引桥根部设紧急切断阀。

b. 连锁装置。该码头采用一套监控管理系统对危险物质的装卸进行监控，监控电脑对整个码头进行监控，并执行连锁控制和保护，系数取为0.98。

③ 防火措施补偿系数 C_3。

防火措施有8项，与本评价单元有关的有8项。

a. 泄漏检测装置。该码头设置有便携式可燃气体报警装置，系数选取0.98。

b. 钢质结构。管道等为钢质结构，系数选取0.98。

c. 消防水供应。根据工程消防水压设计，系数取0.94。

d. 特殊装置。本工程设有干粉消防系统，可防止火灾扩大，系数取0.91。

e. 喷洒系统。本工程装有喷洒水系统，系数取0.95。

f. 水幕。本工程码头装卸平台前沿设置有水幕保护装置，取系数0.98。

g. 手提式灭火器/水枪。本工程在码头作业平台设置消防炮，码头及引桥均设置消火栓，对照“指南”，本项系数取 0.93。

h. 电缆保护。电缆采用穿钢管敷设，系数取 0.98。

该单元的安全措施补偿系数取值和计算结果列入表 1-28。

表 1-28 安全措施补偿系数

评价单元		2 000 DWT 液化石油气船
工艺控制	A. 应急电源(0.98)	0.98
	B. 冷却装置(0.97～0.99)	0.97
	C. 抑爆装置(0.84～0.98)	—
	D. 紧急切断装置(0.96～0.99)	0.98
	E. 计算机控制(0.93～0.99)	0.97
	F. 惰性气体保护(0.94～0.96)	—
	G. 操作指南/规程(0.91～0.99)	0.94
	H. 化学活性物质检查(0.91～0.98)	0.98
	I. 其他工艺危险分析(0.91～0.98)	0.98
	C_1(A～I 系数之积)	0.82
物质隔离	A. 远距离控制切断阀(0.96～0.98)	0.98
	B. 备用泄料装置(0.96～0.98)	—
	C. 排放系统(0.91～0.97)	—
	D. 连锁装置(0.98)	0.98
	C_2(A～D 系数之积)	0.96
防火措施	A. 泄漏检测装置(0.94～0.98)	0.98
	B. 钢质结构(0.95～0.98)	0.98
	C. 消防供水系统(0.94～0.97)	0.97
	D. 特殊灭火系统(0.91)	0.91
	E. 喷洒水系统(0.94～0.97)	0.95
	F. 水幕(0.97～0.98)	0.98
	H. 手提灭火器/水枪(0.93～0.98)	0.93

（续表）

评价单元		2 000 DWT 液化石油气船
防火措施	I. 电缆防护(0.94～0.98)	0.98
	C_3(A～J 系数之积)	0.72
$C=C_1\times C_2\times C_3$		0.566

7）计算最终火灾爆炸危险指数(最终 *F&EI*)

该项目评价单元的火灾爆炸指数 *F&EI*、潜在火灾爆炸危险等级、安全补偿系数 *C*、补偿后火灾爆炸危险指数 *F&EI′* 以及实际火灾爆炸危险等级的结果汇总见表 1-29。

表 1-29　火灾爆炸危险等级汇总

评价单元	2 000 DWT 液化石油气船
火灾爆炸指数 *F&EI*	128
潜在火灾爆炸危险等级	很大
安全措施补偿系数	0.566
补偿后危险指数 *F&EI′*	72.4
实际火灾爆炸危险等级	较轻

8）火灾、爆炸危险指数法分析评价小结

从表 1-29 中可以看出，在暂不考虑安全措施的前提下，单从危险物质的特性和码头装卸作业工艺所具有的危险特性来看，卸船作业潜在的火灾爆炸危险性等级处于“很大”程度；当码头有效采取了各项安全措施后，卸船作业火灾爆炸危险性等级处于“较轻”程度，火灾爆炸危险性得以显著降低。

1.2.7.4　爆炸范围及危害分析

2 000 t 级 LPG 泊位蒸气云爆炸事故模拟计算如下：

1）计算过程

（1）液化石油气船上单罐容积假定为 1 000 m^3，假设 1 000 m^3 LPG 全部泄漏且蒸发为气体，燃气发生蒸气云爆炸时，TNT 当量的计算如下：

$$W_{TNT}=\frac{\alpha\cdot W\cdot Q}{Q_{TNT}}=\frac{0.03\times545\times1\,000\times45\,615}{45\,200\,000}=1\,650(kg)$$

(2) 可燃气体的爆炸总能量为

$$E = k \times W \times Q = 1.8 \times 545 \times 1\,000 \times 45\,615 = 4.475 \times 10^{10}\,(\mathrm{J})$$

(3) 蒸气云爆炸造成的伤害半径(R)可用式(1-98)估算：

$$R = C \times (N \times E)^{1/3} \tag{1-98}$$

式中 R——伤害半径(m)；

C——爆炸试验常数，取0.012～0.4，详见表1-30；

N——有限空间内爆炸发生的系数，取10%。

表1-30 蒸气云爆炸破坏等级

破坏等级	爆炸试验常数 C	设备损坏	人员伤亡
1	0.012	建筑物和设备受到完全损坏	>50%的人员死亡
2	0.03	建筑物和设备受到严重损坏	1%的人员死亡 >50%的人员受伤
3	0.06	建筑物和设备受到轻度损坏	1%的人员受伤

根据蒸气云爆炸事故模拟计算公式，蒸气云爆炸对人体的伤害半径见表1-31，其示意如图1-13所示。

表1-31 蒸气云爆炸对人体的伤害半径 单位：m

事故地点	轻伤距离	重伤距离	死亡距离
码 头	98.87	49.44	19.77

2) 评价结果分析

(1) 该项目一旦发生蒸气云爆炸事故，其危害将是非常严重的，主要表现在：

① 蒸气云所包围区域(即爆源)，如LPG码头区内的建筑物、设备设施及暴露人员以及后方液化石油气罐区将直接被毁或死亡，甚至引发次生事故，并可能波及邻近的油品公司及石油化工公司。

② 从表1-31来看，爆源周围的暴露人员在爆炸波的作用下，将遭受不同程度的伤害。当发生蒸气云爆炸时，距爆源中心98.87 m、49.44 m、19.77 m内的暴露人员，将分别遭受轻度伤害、严重伤害及出现死亡。

③ 蒸气云爆炸时产生的金属或砖石碎片，也会给周围人员及设备带来危害。

④ 输送管线是码头和货船、罐区之间进行物料装卸输送的命脉，该项目使用的管线长，是致使事故易发的因素。为找出事故可能发生的原因，应采取有力的应对措施，下面以压力

图 1－13　蒸气云爆炸伤害半径示意

管道爆炸为顶上事件,对其原因以事故树分析法进行进一步分析。事故树如图 1－14 所示。

(2) 最小割集的计算。通过计算,该事故树有 13 个基本事件,可以得出 15 个最小割集:

$$K_1 = \{X_1, X_{13}\}$$
$$K_2 = \{X_2, X_{13}\}$$
$$K_3 = \{X_3, X_{13}\}$$
$$K_4 = \{X_4, X_{13}\}$$
$$K_5 = \{X_5, X_{13}\}$$
$$K_6 = \{X_6, X_8, X_{13}\}$$
$$K_7 = \{X_9, X_6, X_{13}\}$$
$$K_8 = \{X_{10}, X_6, X_{13}\}$$
$$K_9 = \{X_{11}, X_6, X_{13}\}$$
$$K_{10} = \{X_{12}, X_6, X_{13}\}$$
$$K_{11} = \{X_8, X_7, X_{13}\}$$
$$K_{12} = \{X_9, X_7, X_{13}\}$$
$$K_{13} = \{X_{10}, X_7, X_{13}\}$$
$$K_{14} = \{X_{11}, X_7, X_{13}\}$$
$$K_{15} = \{X_{12}, X_7, X_{13}\}$$

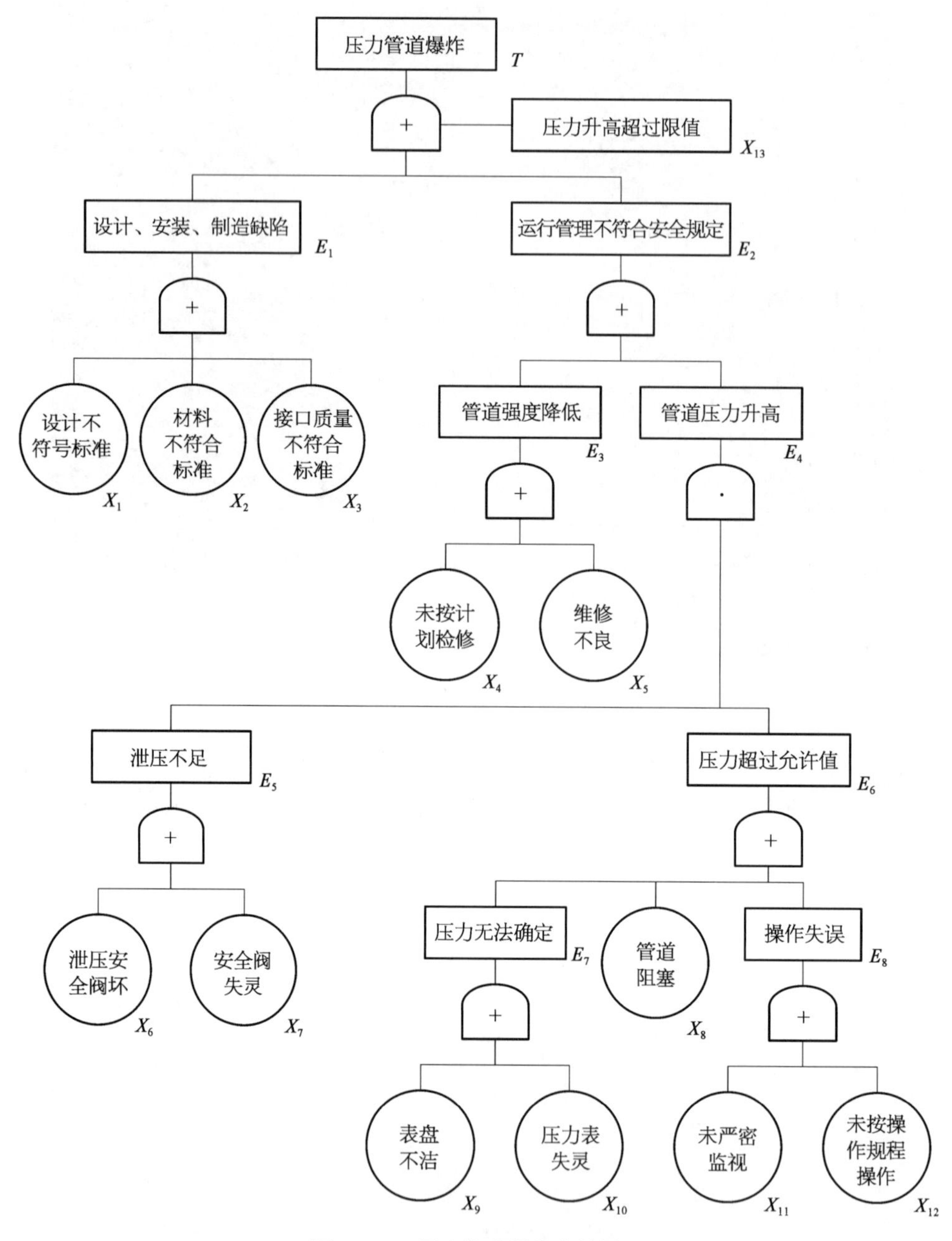

图 1-14　压力管道爆炸事故树图

（3）结构重要度分析。根据最小割集的计算，运用结构重要度近似分析的方法，得出基本事件的结构重要度顺序：

$$I_{\varphi}(13) > I_{\varphi}(6) = I_{\varphi}(7) > I_{\varphi}(1) = I_{\varphi}(2) = I_{\varphi}(3) = I_{\varphi}(4) =$$
$$I_{\varphi}(5) > I_{\varphi}(8) = I_{\varphi}(9) = I_{\varphi}(10) = I_{\varphi}(11) = I_{\varphi}(12)$$

根据以上分析可以看出，在管道压力爆炸事故中，最重要的危险因素是压力升高超过限值(X_{13}),以下依次为安全装置失效(X_6, X_7)、设计、材质、接口等不符合标准要求(X_1, X_2, X_3)、未按计划检修或检修不良(X_4, X_5)、管路阻塞、表盘不清、压力表失灵、操作失误(X_8, X_9, X_{10}, X_{11}, X_{12})等。

因此,在预防压力管道爆炸事故的措施中,应严密监视压力和安全装置的状态,同时定期对仪表设备和压力管网进行校验和检查维护。

1.2.7.5 结论及建议

通过上述方法对易燃易爆场所的消防安全风险进行评估分析可知,为了降低液化气码头等易燃易爆场所火灾事故风险,应采取如下措施:

(1) 加大检查和巡查力度,制定有针对性的安全检查表,并按表进行逐项检查,发现存在的问题并及时整改到位,同时在检查过程中不断完善安全检查表,使之更趋合理、全面和有效。

(2) 完善配套消防设施和安全设施建设,针对不同工艺和不同爆炸危险物质,采取更加可靠的技术措施,同时完善和改进与之配套的消防安全设施,达到降低火灾危险性指数,提高易燃易爆场所安全性能的目标。

(3) 采取蒸气云爆炸事故模拟评价法等科学方法,对每个易燃易爆企业的爆炸危害范围进行计算和评估,从而合理确定易燃易爆企业的安全防火间距,采取有效措施规避重大以上安全事故的发生。

(4) 针对易燃易爆场所消防安全方面存在的多发易发事件和可能导致严重后果的事件,采取事故树分析办法找出潜在的所有危险因素并对其进行排序,按照发生概率大小采取必要的防范措施,进而从根本上杜绝事故的发生。

1.3 城市区域洪水灾害评估

1.3.1 国内外研究现状

近年来,中国城市洪涝灾害日益突显,损失日趋增长,在一定程度上影响了社会经济的稳定与发展。据统计,2008 年以来,中国每年洪涝成灾的县级以上城市都在 100 座以上,2010—2017 年全国县级以上受淹城市每年分别为 269、136、169、234、125、168、192、104 座,其中大多为暴雨内涝造成。住房和城乡建设部对国内 351 座城市专项调研显示,2008—2010 年有 62%的城市发生过不同程度的内涝;最大积水深度超过 50 cm 的城市占 74.6%,其中内涝灾害超过 3 次的城市有 137 座,有 57 座城市的最大积水时间超过 12 h。2010 年以来,城市暴雨内涝更是愈演愈烈,尤以北京“2012 年 7·21”暴雨为甚,因灾死亡人数超过 80 人,经济损失高达 162.15 亿元。从发生频次与覆盖范围来看,洪涝灾害在一些城市已经从小概率事件演变为常态化现象,成为干扰城市正常运行、威胁城市公共安全的重大问题。

洪涝模拟分析技术是城市应对洪涝灾害的有效非工程措施之一。目前国内外在城市洪涝模拟方面一般采用的方法可分为三类：

1）水文学模型

水文学中的确定性模型可以分为系统理论模型、概念性模型和物理机理模型。系统理论模型只关注模型的输入和输出，是概化的、经验型的；概念性模型一般将水循环的各成分如降雨、蒸散发、入渗等按照降雨-径流的形成过程纳入模型中，从而使模型具有概念上的某种物理意义，模型的参数也有一定的物理意义，但很难直接计算，一般需要通过优化确定；物理机理模型具有与现实世界相似的逻辑结构，如基于圣维南方程组的流域径流模型和基于紊流和扩散理论的蒸散发模型等，模型的参数具有物理意义。

根据对空间离散程度或分辨率的大小，可以将水文模型分为集中式、半分布式和分布式三种。其中，分布式水文模型把流域划分为很多小单元，在考虑水流在每个单元纵向运动的同时，还考虑各个单元之间的水量交换，可以更精细地描述水文循环过程。水文模型的模拟结果主要为流域出口断面的水位、流量过程，在洪水预报中发挥着不可替代的作用，但它无法反映区域内各处水力要素值的差异和变化，如淹没水深、流速、淹没历时等。

2）水力学模型方法

水力学模型方法分为一维和二维。一维水力学模型主要用于模拟河道中的水流运动；二维水力学模型可以充分考虑地形和建筑物的分布特点，较好地模拟洪水在二维空间内的物理运动过程，并可详细提供洪水演进过程中各水力要素值的变化情况。国外目前已有许多成熟的水力学模型软件，如丹麦水力学研究所开发的 MIKE 系列软件、荷兰代尔夫特水力学研究所开发的 SOBEK、Delft 等系列软件、英国的 Wallingford Floodworks、美国的 HEC 系列软件和澳大利亚的 Tuflow 软件。国外软件普遍具有求解严谨、模型精细、对数据要求高、计算时间长、界面友好等特点。日本从 20 世纪 60 年代中期起，开发了城市水灾害的系统分析模型，近年来在城市排水系统和地下空间进水模拟方面开展了许多数值模拟和实验研究。国内也有不少学者开发过类似的模型，例如，周孝德等建立了二维洪水演进的隐式差分模型，并在模型中考虑了泥沙运动及动态边界条件的影响，还保留了对流项；王志力等以 Roe 类型的近似 Riemann 解计算界面的通量、MUSCL 重构和两步 Runge-Kutta 法建立了非结构化网格的二维数值模型；张新华等建立的任意多边形网格 2D FVM 模型在时间和空间均具有二阶精度。中国水利水电科学研究院目前拥有自主知识产权的洪涝灾害仿真模型是经过多年的研究和实践形成的比较成熟的模型，该模型是刘树坤等人从 20 世纪 80 年代中期开始发展起来的，最初主要应用于小清河、蒙洼、北金堤、东平湖等蓄滞洪区和辽河干流、北江、黄河等大范围的洪水决堤泛滥模拟，其后运用到沈阳、广州、深圳、海口等城市的洪涝模拟，并针对城市特点做了改进。1994 年以来，引入无结构不规则网格方法对模型进行了新的改进，逐步应用于广州、沈阳、哈尔滨、天津、北京、上海、佛山、青岛、济南等城市。模型能够综合考虑城市化过程中流域地形地貌变化及各种防洪排涝工程措施的影响，对江河泛滥、高潮位与暴雨内涝等不同类型的洪水及其组合在城市区域的生成、发展和演变过程进行模拟。模型基于二维非恒定流水动力学方程，根据地形、地物特点，采用不规则网格技术，利用差分的方法进行数值计算，求出洪水在各运动时刻的流速、流向和水深。对于城区内的小河道、排水管网及其他影响内涝积水的工程设施，采用分类的方法对方程采取不同的简化格式。此外，对区域内的堤防、公路、涵闸、铁路等，在模型中作为特殊通道，考虑其对水流的影响作用。该模型目前已形成了较为成熟的软件产品。

3）利用地理信息系统(geographic information system，GIS)的数字地形技术

该方法利用GIS的数字地形技术分析洪水的扩散范围、流动路径，从而确定积水区域。例如，向素玉等根据数学形态学及测地圆概念，研究设计了洪水扩散范围的"膨胀"模拟算法和淹没范围搜索算法，并将模型应用于城市的洪水淹没分析。杨弋等基于水流路径算法，并与水文学方法结合建立了城市暴雨积水模型。刘仁义等以数字高程模型DEM为基础，将淹没分为有源淹没和无源淹没，采用种子蔓延算法进行淹没分析计算。这类方法以水体由高向低运动的原理作为计算的基本依据，所提供计算结果仅能反映洪水运动的最后状态，不能详细描述洪水的运动过程。

近年来，随着社会公众和防洪决策部门对洪涝风险预测预报要求的提高，已逐渐由传统的基于产汇流理论的经验型公式、机理型水力学洪水模拟模型演进到综合借助当今新技术的预测预报方法，包括实时监测感知、地理信息技术[GIS、遥感(remote sensing，RS)、全球定位系统(global positioning system，GPS)，3S技术]、机器学习、大数据分析、信息管理等。然而，基于水文-水力学基本原理构建的考虑降雨产流、地面汇流、地下排水、内河洪水演进、外江(河)洪水顶托影响和各种工况等全过程同步模拟的洪涝仿真模型已逐渐成为洪涝动态模拟和风险预测预报的核心和关键技术之一。本书采用的是由中国水利水电科学研究院自主研发的城市洪涝动态模拟分析技术，其模型结构和技术方法如下所述。

1.3.2　模型总体结构

模型由数据前处理、主体计算模块和数据后处理三部分组成，它们之间的逻辑结构如图1-15所示。

1）数据前处理

数据前处理是指按标准化的格式生成模型运行所需的输入文件，包括基础数据获取(包含网格剖分、拓扑关系建立，网格、河道断面、道路属性提取等)、属性编辑、内部边界条件设置和外部边界条件输入等模块。

2）主体计算模块

模型的主体计算模块是由5个不同的子模块组成的，包括读入数据文件、初始化、核心计算模块、运行过程监控展示和计算结果输出。图1-16为5个子模块的功能及逻辑结构。

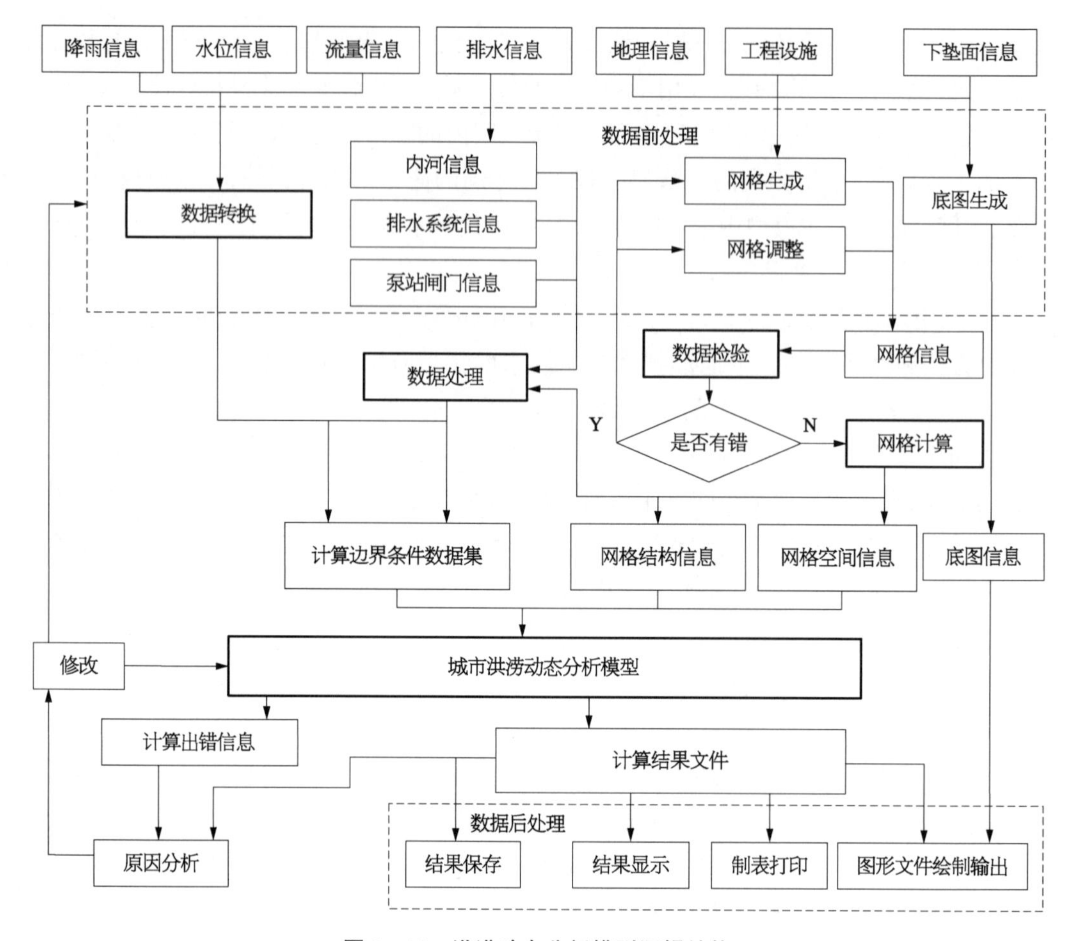

图 1－15　洪涝动态分析模型逻辑结构

3）数据后处理

洪涝动态分析模型主体计算模块计算的结果是文本格式的数据文件，利用数据后处理模块可以将计算结果与基础电子地图数据叠加，直观展示洪水淹没过程、淹没范围和最大淹没水深等，并提供查询、分析和分析结果输出的功能。

1.3.3　洪水演进模型

1.3.3.1　区域二维水动力学模型

1）基本方程组

模型对平面水流按二维非恒定流进行模拟，将有限体积法与有限差分法的优点相结合，采用无结构不规则网格对研究区域进行离散，在网格形心处计算水深，在网格周边通道上计算流量。其基本方程如下所述。

（1）连续方程：

$$\frac{\partial H}{\partial t}+\frac{\partial M}{\partial x}+\frac{\partial N}{\partial y}=q \tag{1-99}$$

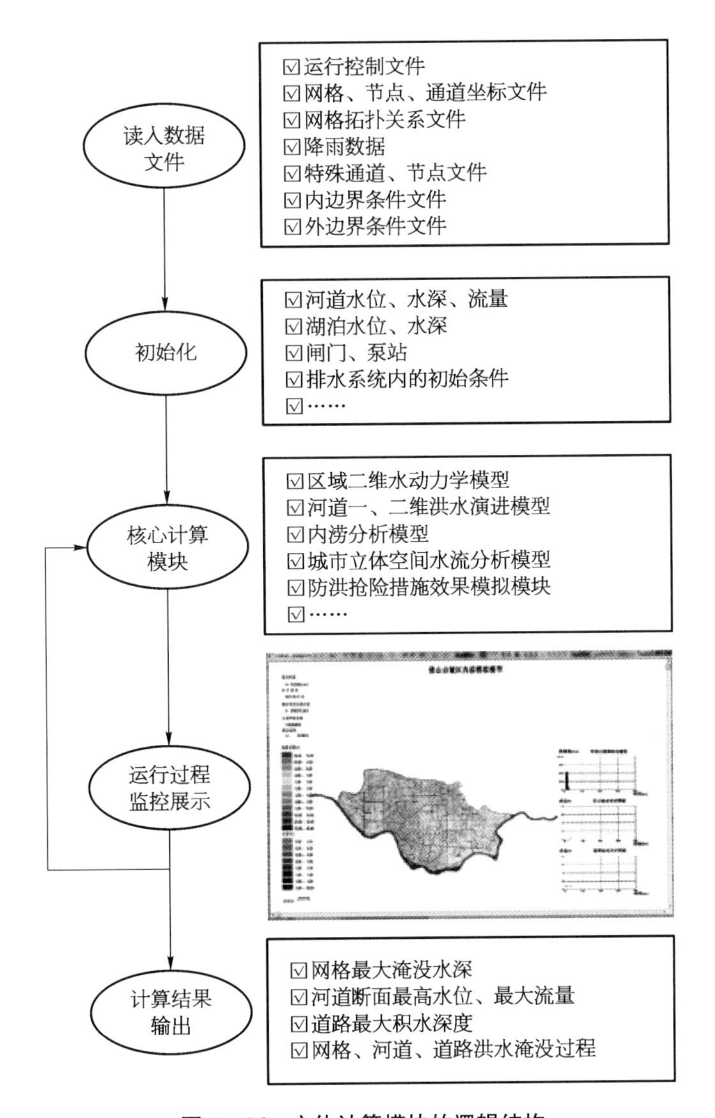

图 1-16　主体计算模块的逻辑结构

（2）动量方程：

$$\frac{\partial M}{\partial t}+\frac{\partial (uM)}{\partial x}+\frac{\partial (vM)}{\partial y}+gH\frac{\partial Z}{\partial x}+g\frac{n^2u\sqrt{u^2+v^2}}{H^{\frac{1}{3}}}=0 \qquad (1-100)$$

$$\frac{\partial N}{\partial t}+\frac{\partial (uN)}{\partial x}+\frac{\partial (vN)}{\partial y}+gH\frac{\partial Z}{\partial y}+g\frac{n^2v\sqrt{u^2+v^2}}{H^{\frac{1}{3}}}=0 \qquad (1-101)$$

式中　H——水深；

Z——水位；

M、N——x、y 方向的单宽流量；

u、v——流速在 x、y 方向的分量；

n——糙率系数；

g——重力加速度；

t——时刻；

q——源汇项。

2）控制方程的离散

为了达到既简化计算方法、提高模型运算速度，又保证基本控制方程的守恒性、稳定性和较高的计算精度，模型在基本状态变量的离散化布置方式上，借鉴了有限体积法和显式有限差分法的优点。在网格的形心计算水深，在网格周边通道上计算法向单宽流量，同时水深与流量在时间轴上分层布置，交替求解。由初始时刻已知的每个网格水位，通过动量方程求得 DT（步长）时刻各条通道上的单宽流量，再把结果代入连续方程求得 $2DT$ 时刻所有网格的水位，如此不断循环计算直到结束。其物理意义清晰且有利于提高计算的稳定性，如图 1-17 所示。

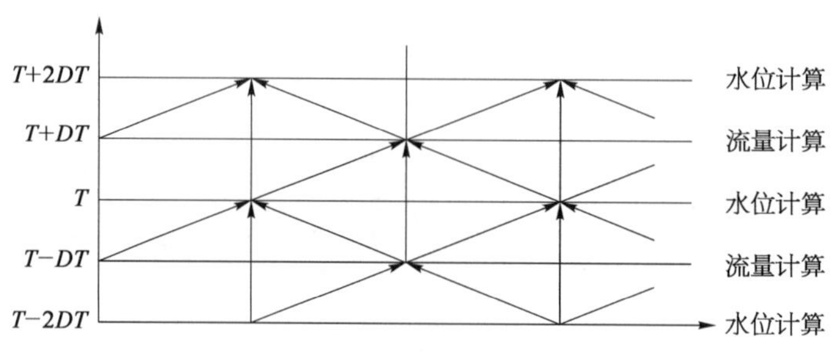

图 1-17　交替计算方式示意

(1) 连续方程的离散。

由于计算时间间隔很小（只有几到十几秒），网格水位变化不大，因此可以假定同一时段同一网格水位不变。将方程(1-99)对任一网格进行面积分，可得

$$\int_A \left(\frac{\partial H}{\partial t} + \nabla H\vec{u}\right) \mathrm{d}A = \int_A q \mathrm{d}A \tag{1-102}$$

根据高斯定理，上式可改写为

$$\int_A \frac{\partial H}{\partial t} \mathrm{d}A + \oint_l (H\vec{u} \cdot \vec{n}) \mathrm{d}l = \int_A q \mathrm{d}A \tag{1-103}$$

由于一般建立的区域二维非恒定流模型的网格面积较小，每个网格内地势变化不大，因此可以认为水深和降雨在同网格内是均匀的，上式可简化为

$$A \frac{\partial H}{\partial t} + \oint_l (H\vec{u} \cdot \vec{n}) \mathrm{d}l = qA \tag{1-104}$$

式中 $\vec{u}$——计算网格周边上一点的流速矢量；

$\vec{n}$——该点的外法线防汛单位分量。

令 $Q=H\vec{u}\cdot\vec{n}$，对任一 K 边形网格，上式等号左边第二项线积分可记为

$$\oint_l Q\mathrm{d}l=\sum_{k=1}^{K}Q_k L_k \tag{1-105}$$

式中 L_k——通道宽度；

Q_k——通道的单宽流量；

K——网格边数；

k——通道号。

连续方程对任一网格的显式离散化形式为

$$H_i^{T+2DT}=H_i^T+\frac{2DT}{A_i}\sum_{k=1}^{K}Q_{i_k}^{T+DT}L_{i_k}+2DTq^{T+DT} \tag{1-106}$$

式中 A_i——第 i 网格的面积；

T——当前计算时刻；

DT——时间步长的一半；

q——源汇项，指有效降雨强度和区域排水强度。

(2) 动量方程的离散。

根据高斯定理，将动量方程沿网格各通道进行线积分，并根据分析区域内的自然水流条件及不同建筑物类型，对动量方程作相应的简化，分别采取不同的简化和离散格式。

对于河道内的通道和普通陆面通道，其动量方程中保留局地加速度项、重力项和阻力项，离散形式为

$$Q_j^{T+DT}=Q_j^{T-DT}-2DTgH_j^T\frac{Z_{j2}^T-Z_{j1}^T}{DL_j}-2DTg\frac{n^2Q_j^{T+DT}\mid Q_j^{T-DT}\mid}{(H_j^T)^{\frac{7}{3}}} \tag{1-107}$$

式中 Z_{j1}、Z_{j2}——第 j 通道两侧网格的水位；

DC_{j1}、DC_{j2}——第 j 通道两侧网格形心到通道中点的距离；

DL_j——空间步长，等于 DC_{j1}、DC_{j2} 之和；

H_j——第 j 通道上的平均水深。

1.3.3.2 河道一、二维洪水演进模型

模型中将宽度较大的河道处理为河道型网格，按 1.3.3.1 小节所述二维非恒定流进行模拟。针对宽度较小的河道，处理为特殊通道，在二维模型中结合一维非恒定流进行求解。其基本方程如下所述。

(1) 水流连续方程：

$$\frac{\partial H}{\partial t}+\frac{\partial M}{\partial l}=q \tag{1-108}$$

(2) 水流动量方程:

$$\frac{\partial Q}{\partial t}+\frac{\partial}{\partial l}\left(\frac{Q^2}{A}\right)+gA\frac{\partial H}{\partial l}=-gAS_1 \tag{1-109}$$

式中 H——水深;

l——一维河段长度;

M——一维河段水流方向的单宽流量;

q——源汇项,模型中代表有效降雨强度(当不考虑降雨时,取 0);

Q——流量;

A——计算断面的过水面积;

S_1——摩阻坡降。

式(1-108)、式(1-109)的离散与二维水动力学模型中普通网格和通道的离散方式类似,即采用有限体积法分每个河段计算各处的水位、水深和流量,在特殊河道节点上计算水深,在通道断面上计算等效切向单宽流量,同时水深与流量在时间轴上分层布置,交替求解。由初始时刻已知的每个河道节点水位,通过动量方程求得 DT 时刻各条通道上的单宽流量,再把结果代入连续方程求得 $2DT$ 时刻所有特殊河道节点的水位,如此不断循环计算直到结束。

1.3.4 内涝分析模型

内涝是指因雨水过多、排水不及时而在地面上产生积水的现象。内涝分析一般包括产流计算和汇流计算两部分。

1.3.4.1 产流计算

产流计算是指模拟降雨形成净雨的过程,其结果为每个网格上的净雨量,在每个计算步长内,作为源汇项参与水量平衡方程的求解。

1) 降雨过程的时空插值

针对降雨过程的空间插值,洪涝动态分析模型可以考虑降雨空间分布不均匀的特点,当以雨量站的实测或设计降雨过程作为输入条件时,可自动按反距离加权插值法生成每个网格形心点的降雨过程。计算过程如下:

按照反距离加权法,假定离网格形心越近的雨量站其降雨量数据对网格的影响越大,且离网格点(A, B)最近的 N 个雨量站对网格的雨量有影响,影响作用与这 N 个雨量站到网格形心(X_c, Y_c)的距离有关。

设 N 个雨量站的坐标为 (X_i, Y_i) ($i=1$, …, N),令 (X_i, Y_i) 到网格形心 (X_c, Y_c) 的距离为 D_{ik},则有:

$$D_{ik}=\sqrt{(X_i-X_c)^2+(Y_i-Y_c)^2} \tag{1-110}$$

求出离网格形心(X_c, Y_c)最近的N个雨量站到网格形心的距离$D_{ik}(i=1, \cdots, N)$后,则网格形心(X_c, Y_c)处的估计雨量值为

$$Z_{(X_c, Y_c)}=\frac{\sum_{i=1}^{N}\left(\frac{Z_i}{D_{ik}}\right)}{\sum_{i=1}^{N}\left(\frac{1}{D_{ik}}\right)} \tag{1-111}$$

式中　$Z_{(X_c, Y_c)}$——网格形心(X_c, Y_c)处的雨量值;

Z_i——雨量站i处的实测或设计雨量值。

当以分区设计面雨量过程作为降雨输入条件时,模型可直接根据每个网格所在的暴雨分区生成各网格的设计降雨过程。

针对降雨过程的时间插值,分析模型的输入数据为等时间段-降雨量数据对,采用降雨强度的方式插值计算各时间步长的降雨量。

假设第i个时间段T_i内的降雨量为R_i,模型计算时间步长为ΔT,则ΔT时间段内的降雨量ΔR为

(1) ΔT小于时间段T_i,并在时间段T_i内时:

$$\Delta R=\frac{R_i}{T_i}\times\Delta T \tag{1-112}$$

(2) ΔT小于时间段T_i,并跨第$i-1$和第i个时间段,假设在i时间段内时间量为t:

$$\Delta R=\frac{R_i}{T_i}\times t+\frac{R_{i-1}}{T_{i-1}}\times(\Delta T-t) \tag{1-113}$$

(3) ΔT大于输入时间段,并包含多个时间段时,假设跨m个时间段:

$$\Delta R=\frac{R_i}{T_i}\times t_i+\sum_1^m R_{i+j}+\frac{R_{i+m+1}}{T_{i+m+1}}\times t_{i+m+1} \tag{1-114}$$

$$\Delta T=t_i+\sum_1^m T_{i+j}+t_{i+m+1} \tag{1-115}$$

2) 产流计算方法

洪涝动态分析模型中集成的产流计算方法有四种,分别为综合径流系数法、SCS模型、Horton模型和Green-Ampt模型。其中,综合径流系统法所需参数最少,在快速洪涝实时分析中应用较为广泛,其基本方法是在采用二维水力学法开展暴雨内涝分析时,降雨条件以有效降雨强度的形式反映在连续方程的源汇项q中。有效降雨强度指计算时段内降雨量形成的径流量,由降雨量乘以径流系数求得。区域中不同类型的下垫面其径流系数不同,在水力学模型建立时一般根据不同的土地利用类型按面积加权计算每个网格的径流系数。不同土地利用类型对应的默认径流系数见表1-32。

表 1-32 不同土地利用类型的径流系数取值

土地利用类型	径流系数值
公园或绿地	0.15
非铺砌地表	0.3
屋 面	0.9
铺砌地表	0.9
水 面	1

当无法收集到详细的土地利用分布图时，模型还提供了仅根据居民地分布图概化计算径流系数的方法，即设基本不透水区域的径流系数为 0.9、天然绿地为 0.5，其余部分按不透水面积比例线性内插。计算公式如下：

$$CIM = 0.5 + (0.9 - 0.5) \times AXY \tag{1-116}$$

式中 CIM——径流系数；

AXY——面积修正率，即每个网格内居民地面积占网格总面积的比例。

以上经验公式确定的径流系数为模型参数的初值，需要根据区域实际情况对建模时初步设定的径流系数进行调整，并在模型率定过程中，结合模拟的历史典型暴雨洪水淹没结果对该参数进行率定和验证。

SCS(Soil Conservation Service)模型为美国水土保持局在 20 世纪 50 年代开发的水文模型，因其数据要求低、计算简单，在国内外得到广泛应用。在本模型中被用于计算各网格在降雨和产生径流后的下渗量，并在连续方程的源汇项 q 中扣除。

Horton 模型是下渗能力与时间的关系函数。Green-Ampt 模型为澳大利亚科学家 W. H. Green 和他的学生 G. A. Ampt 提出的下渗模型，由于该模型计算简单，并且有一定的物理基础，被广泛用于入渗问题的研究。在本模型中集成的这两种模型主要用于计算各网格在降雨和产生径流后的下渗情况。

1.3.4.2 汇流计算

汇流计算方法与 1.3.3 小节所述洪水演进模型计算方法相同。

1.3.5 城市立体空间水流分析模型

模型在城市立体空间模拟暴雨积水的物理过程如图 1-18 所示。区别于防洪保护区和蓄滞洪区的下垫面特点，城市区域更加关注道路积水、地下管网排水和地下空间进水问题。本书采用的洪涝动态分析模型在亚网格尺度模拟道路水流运动方法，以及无管网参数和地下空间要素情况下的城市地下水流蓄排平衡模拟方法，提高了模型在城市区域的适用性，实现了城市地面、地下立体空间水流和淹没过程的快速评估。

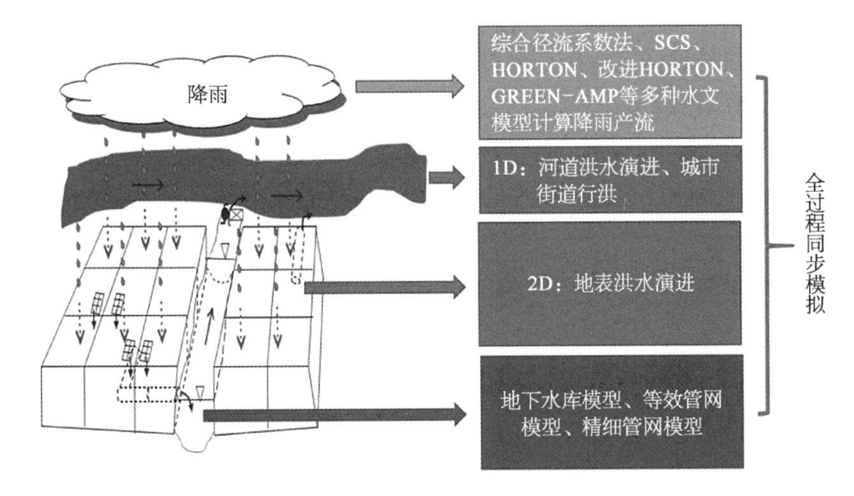

图 1-18　城市立体空间水流分析的物理过程示意

1.3.5.1　道路积水模拟方法

对城市化区域内暴雨顺街行洪或道路积水现象模拟的方法如下：

(1) 将道路设定为特殊通道，给定高程和长宽尺寸，与其他通道计算同步进行，特殊通道两侧如果有阻水建筑物，将其设为堤防。

(2) 以特殊通道两侧的特殊节点作为计算循环变量，节点所连的通道为计算道路数(设有 N 条通道)，使这个节点和它所连的 N 条通道(取一半长度)组成一个计算单元(图 1-19)。

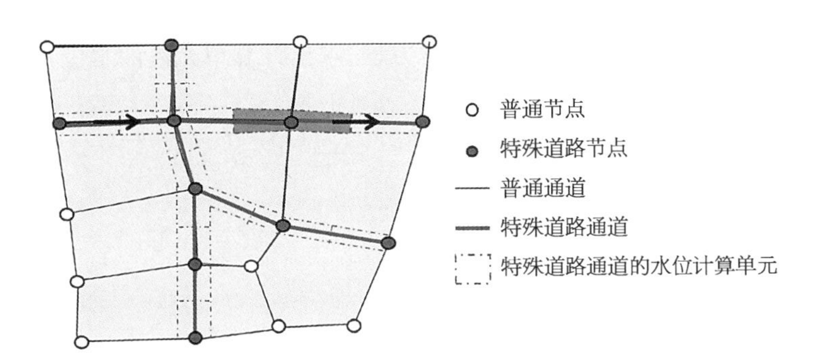

图 1-19　特殊道路通道计算单元示意

(3) 利用计算单元内的水位与网格水位计算通道两侧的流量，每条通道两侧各有一个流量，共计 $2N$ 个流量。特殊道路通道与网格间的流量采用堰流公式计算，公式如下：

$$Q_j^{T+DT} = \sigma m \sqrt{2g} h_j^{\frac{2}{3}} \tag{1-117}$$

式中　T——时刻；

DT——计算时间步长；

j——特殊道路通道的编号；

Q_j^{T+DT} ——在 $T+DT$ 时刻从与该通道相邻的一侧网格流入的单宽流量；

σ ——宽顶堰淹没出流系数；

m——宽顶堰流量系数；

g——重力加速度；

h_j——道路一侧的堰顶水深，由特殊道路通道水位和网格水位共同确定。

(4) 采用一维明渠非恒定流公式计算相邻通道之间的流量，即沿街水流流量，共计 N 个流量，公式如下：

$$Q_k^{T+DT} = Q_k^{T-DT} - 2DTgH_k^T \frac{Z_{j2}^T - Z_{j1}^T}{L_k} - 2DTg \frac{n^2 Q_k^{T+DT} \mid Q_k^{T-DT} \mid}{(H_k^T)^{7/3}} \quad (1-118)$$

式中 T——时刻；

DT——计算时间步长；

k——特殊道路通道的编号；

Q_k^{T+DT} ——$T+DT$ 时刻特殊通道 k 上的单宽流量；

Q_k^{T-DT} ——$T-DT$ 时刻特殊通道 k 上的单宽流量；

g——重力加速度；

H_k^T ——该通道在 T 时刻的平均水深；

Z_{j2}^T 和 Z_{j1}^T——该通道两侧节点在 T 时刻的水位；

L_k ——通道长度；

n——通道的糙率。

(5) 将计算所得的 $3N$ 个流量代入连续方程，求出计算单元内的水位，其公式为

$$H_{di}^{T+2DT} = H_{di}^T + \frac{2DT}{A_{di}} \left(\sum_{k=1}^{N} Q_{ik}^{T+DT} b_{ik} + \sum_{j=1}^{2N} Q_{ij}^{T+DT} L_{ij}/2 \right) + 2DTq_{di}^{T+DT} \quad (1-119)$$

式中 T——时刻；

DT——计算时间步长；

i——特殊道路节点编号；

j 和 k——与该特殊道路节点相连的各特殊道路通道的编号；

N——与该节点相连的特殊道路通道总数；

H_d 和 A_d——特殊单元的平均水深与面积；

$\sum Q_k$ 和 $\sum Q_j$ ——特殊通道上的流量及通道与网格间交换的各流量之和；

b、L——通道的宽和长。

1.3.5.2 地下排水系统模拟方法

城市的雨水排水系统一般由入水口(雨箅子)、地下排水管网和管网出口处的排水泵站等组成。城市洪涝动态分析模型中提供了三种不同的地下排水系统模拟方法，即地下

水库模型、等效管网模型和精细管网模型。当计算域内有详细的排水管网空间分布、设计或普查资料，且区域面积有限，模型主要服务于城市排水规划设计，对模拟时长无特殊要求时，可采用精细管网模型；当有详尽资料，但研究区域面积较大，且模型主要服务于防汛应急决策，对时效性要求较高时，可调用"等效管网模型"，其计算尺度与地面网格保持一致，在每个网格下的管道内按一维非恒定流计算，并根据地面网格排水强度模拟地面与地下管网的水流交换；当无法收集到排水管网的详细资料时，模型还提供了一种等效和简化的方法，即将各排水分区概化为"地下水库"，根据各分区的排水设计标准为分区内各网格分配地下蓄水空间容量，通过网格排水量和其地下水库已蓄水量的实时蓄排平衡计算地面积水。

1）地下水库模型

地下水库模型包括三个子模块：

（1）地下水库概化模块。将各排水分区概化为"地下水库"，通过城市的暴雨强度公式和排水系统的设计标准为各排水分区内各网格估算地下蓄水空间容量（图 1-20），用于评估排水管网系统对地面积水的影响。

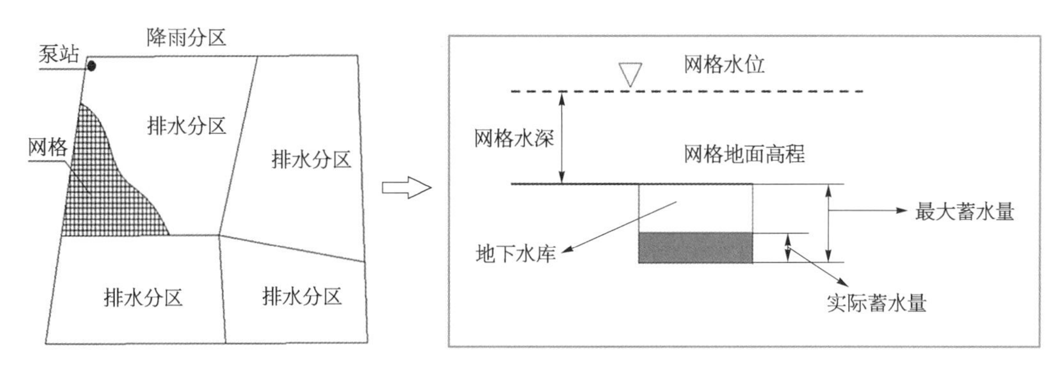

图 1-20　地下水库概化示意

（2）网格排水量计算模块。用于计算各网格在每个模拟步长内实际排入地下水库的水量，通过对比网格的地面积水量与其地下水库内的剩余存蓄空间，取二者中的较小值作为网格的实际排水量。

（3）排水分区存蓄水量计算模块。用于计算每个排水分区在每个模拟步长结束时，各网格下的地下水库存蓄的总水量。

地下水库模型的计算流程如图 1-21 所示。

2）等效管网模型

采用"等效管网"的概念，以网格为计算单元，地下管网内按一维非恒定流模拟，并与地面二维非恒定流耦合。将二维非恒定流连续方程中的源汇项分解为单位时间的有效降雨量和排水量两部分。当降雨量小于网格排水强度时，降雨量全部转换为排水量进入地下管网；反之，两者的差转为地表径流量。在洪涝并发的情况下，若判断排水系统失效，则降雨量全部转为径流量。

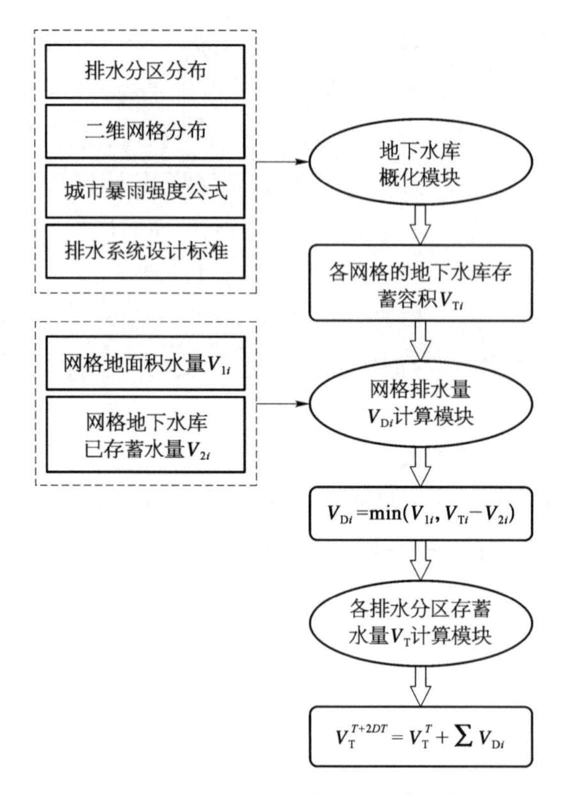

图 1 - 21　地下水库模型的计算流程

(1) 模型中地下排水管网需要针对具体划分的网格进行合理概化。概化的管道在网格中的布置形式有以下几种(图 1 - 22、图 1 - 23)：

图 1 - 22　某区域网格分布和排水管网分布

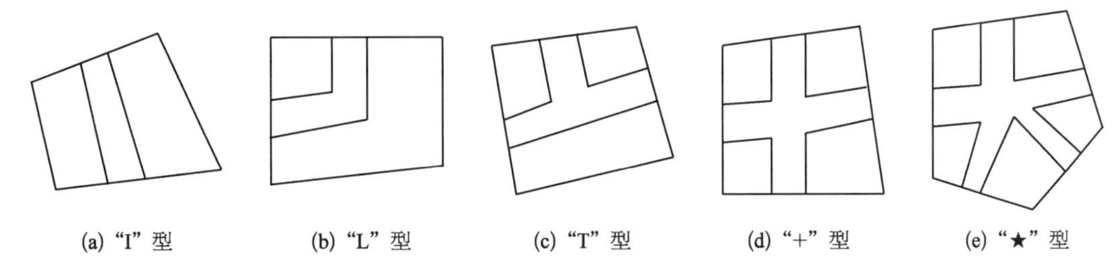

图 1－23　排水管网概化布置示意

① “I”型：有一个或两个位于对边的含管道网格与此网格相连。

② “L”型：有两个位于邻边的含管道网格与此网格相连。

③ “T”型：有三个含管道的网格与此网格相连。

④ “＋”型：有四个含管道的网格与此网格相连。

⑤ “★”型：有五个含管道的网格与此网格相连。

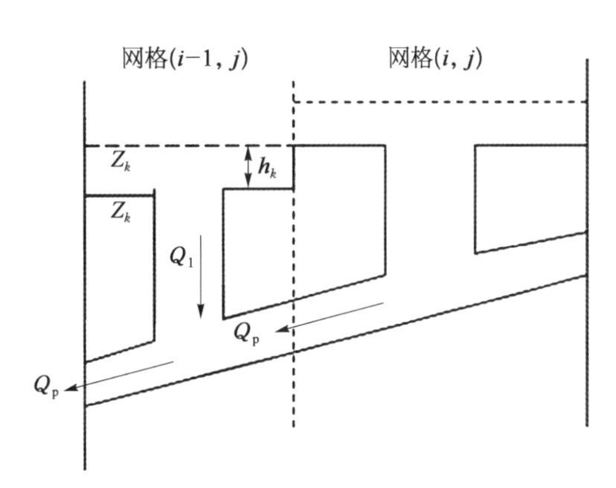

图 1－24　城市地下排水管网子模型

根据排水管网分布建立的概化的城市排水管网子模型如图 1－24 所示(纵剖面图)。以网格为计算单位,根据实际排水管网的分布,确定各网格的排水管道体积及网格间管道的水流交换关系。管道内水流自成系统计算流量和水位,当网格管道体积小于排水量与管道之间水流交换量之和时,可能出现降雨量滞留地面形成地面径流甚至管道水流涌出的现象。

(2) 排水管网子模型模拟的步骤如下所述。

① 网格排水强度 $qc_{i,j}$ 和排水能力 $Qc_{i,j}$ 计算。

网格的排水强度一般根据区域各排水分区的雨水排水设计标准进行取值。当区域内排水标准未达到设计值时,则可根据分区内所有排水泵站的设计或实际排水能力进行确定,各网格的排水能力按该网格面积占分区总面积的比例分配。计算公式如下：

$$qc_{i,j}=3.6Qs_j\Big/\sum_{i=1}^{n_j}A_{i,j} \tag{1-120}$$

$$Qc_{i,j}=Qs_j\frac{A_{i,j}}{\sum_{i=1}^{n_j}A_{i,j}} \tag{1-121}$$

式中　Qs_j——网格所在第 j 排水分区的排水能力(m^3/s)；

$A_{i,j}$——网格的面积(km^2)；

n_j——此排水分区内的网格总数。

② 管道内流量 Q_p 的计算。

排水管道中的水流运动存在明渠流和有压流两种形式，因此，模型中需要考虑在同一管段内有压流与明渠流的交替计算。模型借鉴了 Preissmann 提出的“明窄缝”(open slot)的概念：假设在每一网格内的管道顶端有一个连续、狭长的窄缝，存在一个自由水面，管道内的水头用窄缝内的水头表示，计算流量时采用窄缝内的水头，则有压流可以转换为明渠流计算。由于窄缝的宽度假设为非常小，因此窄缝的存在将不影响连续方程的计算。管道内水流按一维非恒定流进行模拟，其动量方程为

$$\frac{1}{g}\frac{\partial Q_p}{\partial t}=-A_p\frac{\partial Z_p}{\partial l_p}-\frac{n_p^2 Q_p|Q_p|}{A_p R^{4/3}} \tag{1-122}$$

式中 Q_p——管道中的流量，可以为有压流或明渠流；

Z_p——管道中的水位，当流态是明流时，为管道内实际水位，当流态是有压流时，为窄缝内压强水头；

l_p——管道的长度；

n_p——管道糙率(一般取 0.013)；

A_p——过水断面面积；

R——水力半径。

将式(1-122)离散后得到：

$$Q_{pi}^{T+DT}=Q_{pi}^{T-DT}-2DTgA_{pi}\frac{Z_{i2}^T-Z_{i1}^T}{DL_i}-2DTg\frac{n^2 Q_{pi}^{T-DT}|Q_{pi}^{T-DT}|}{A_{pi}R_{pi}^{4/3}} \tag{1-123}$$

式中 A_{pi}——管道过水断面面积；

Z_{i1} 和 Z_{i2}——两相临网格管道中的水位值；

DL_i——与通道相邻的两个网格形心到通道中点距离之和。

当管道内为明渠流时，A_{pi} 为管道计算断面上平均水深 h_p 与管道平均宽度 B_p 之积(模型概化时假设管道断面为正方形)，此时 Z_{i1} 和 Z_{i2} 分别为两相临网格管道中的水位值；当管道内为满流时，A_{pi} 为管道的断面面积，Z_{i1} 和 Z_{i2} 为两相临网格管道窄缝中的压强水头值。

③ 网格实际排水强度 $q_{i,j}$ 和排水流量 $Qs_{i,j}$ 计算。

网格实际排水强度和排水流量除与排水能力和网格地面积水量有关外，还与管道内的流态有关：

a. 当为明渠流时：

$$Qs'_{i,j}=V_{i,j}/2\Delta T \quad (V_{i,j}/2\Delta T\leqslant Qc_{i,j}) \tag{1-124}$$

$$Qs'_{i,j}=Qc_{i,j} \quad (V_{i,j}/2\Delta T > Qc_{i,j}) \tag{1-125}$$

式中　$Qs'_{i,j}$——临时变量；

$V_{i,j}$——网格的地面积水总量。

设管道内还能容纳水的体积为 V_{lp}，$V_{lp}=B_p l_p(H_p-h_p)$，式中 H_p 为管道高度，模型中因将排水管道均概化为正方形，故 H_p 等于 B_p。则：

$$Qs_{i,j}=Qs'_{i,j}\quad (Qs'_{i,j}\leqslant V_{lp}/2\Delta T) \tag{1-126}$$

$$Qs_{i,j}=V_{lp}/2\Delta T\quad (Qs'_{i,j}>V_{lp}/2\Delta T) \tag{1-127}$$

b. 当为有压流时：

当管道内压强水头 Z_p 未超过网格地表水位 $Z_{i,j}$ 时，$Qs_{i,j}=0$

否则，产生反向溢流，$Qs_{i,j}=-\dfrac{1}{2DT}(Z_p-Z_{i,j})l_p B_s$，$q_{i,j}=Qs_{i,j}/A_{i,j}$

式中，B_s 为窄缝的宽度，按以下公式进行计算：

$$B_s=\frac{gA_c}{\alpha^2} \tag{1-128}$$

式中　α——水击波速；

A_c——管道断面面积。

④ 管网内水深 H_{i1}^{T+2DT} 计算。

将管道内流量 Q_p 和网格实际排水流量 $Qs_{i,j}$ 代入连续方程中，得到：

$$H_{i1}^{T+2DT}=H_{i1}^{T}+\frac{2DT}{A_{i1}}\sum_{k=1}^{N}Q_{pi}^{T+DT}+\frac{2DTQs_{i1}^{T+DT}}{A_{i1}} \tag{1-129}$$

式中，当管道内为明渠流时，A_{i1} 取管道的底面积，即管道长度 l_p 与管道平均宽度 B_p 之积；当为有压流时，$A_{i1}=l_p B_s$。

当利用式(1-129)计算得到的 $H_{i1}{}^{T+2DT}$ 值大于管道顶端高程时，由 $H_{i1}{}^{T+2DT}$ 计算得到的水位值即为窄缝内的压强水头，否则计算结果为管道内的明渠流水位值。管网出水口处的流量根据出水口所在网格的压强水头与河道水位关系按非恒定流计算。

3) 精细管网模型

精细管网模型是对实际排水系统做尽可能真实的模拟，通过建立排水管道、入水口、管道结点等的连续和动量方程，并求解完整方程组实现。这种方法能够较准确地描述排水管道的入流、汇水、调蓄，及水流流态等，并可以耦合求解结点处水位，以及管道断面流量等。模型的计算原理如下：

(1) 管道控制方程。

$$\frac{\partial A}{\partial t}+\frac{\partial Q}{\partial x}=0 \tag{1-130}$$

$$\frac{\partial Q}{\partial t}+\frac{\partial (Q^2/A)}{\partial x}+gA\frac{\partial H}{\partial x}+gAS_f=0 \tag{1-131}$$

式中 A——管道断面面积(m^2)；

Q——管道流量(m^3/s)；

x——沿管道距离(m)；

H——管道中的水头(m)；

S_f——摩阻坡降。

$$S_f=\frac{n^2}{R^{1.333}}V\mid V\mid \tag{1-132}$$

式中 n——曼宁糙率系数；

R——水力半径；

V——水流流速。

利用显式有限差分格式，当结点水位未发生超载时，根据式(1-130)～式(1-132)，管道水流计算公式为

$$Q_{t+\Delta t}=\frac{1}{1+gn^2\ |\bar{V}\mid \Delta t/\bar{R}^{1.333}}\left[Q_t+2\bar{V}\Delta A+\frac{V^2(A_2-A_1)\Delta t}{L}-g\bar{A}\ \frac{H_2-H_1}{L}\Delta t\right] \tag{1-133}$$

式中 $\bar{V}$、$\bar{A}$、$\bar{R}$——t 时刻管道的平均流速、断面面积和水力半径；

Q_t——t 时刻的管道流量；

ΔA——管道断面积在 Δt 时间内的变化值；

H_2 和 H_1——管道上、下游结点的水头；

A_2 和 A_1——管道上游和下游结点的断面面积；

L——管道长度。

(2) 结点控制方程。

针对管道结点，需要建立附加控制方程，按照结点水位是否发生超载采用两种形式，未发生超载时，利用式(1-134)计算；发生超载时，利用式(1-135)计算。管道与结点特征参数图如图1-25所示。

$$\frac{\partial H}{\partial t}=\frac{\sum Q}{A_{store}+\sum As} \tag{1-134}$$

式中 H——结点水头(m)；

A_{store}——结点的水流表面积(m^2)；

As——结点所连接管道对结点贡献的水流表面积(m^2)。

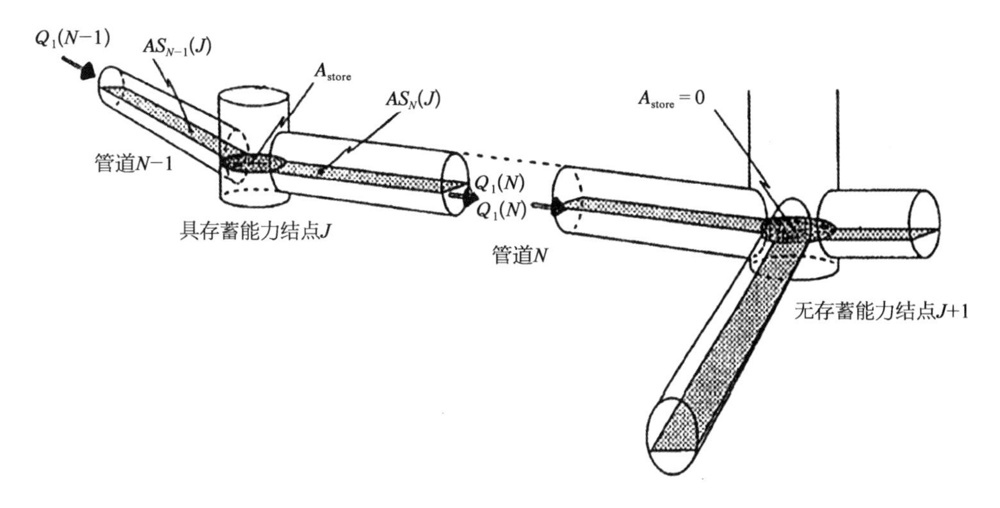

图1-25　管道与结点特征参数图

$$\sum\left(Q+\frac{\partial Q}{\partial H}\Delta H\right)=0 \tag{1-135}$$

式中，ΔH 为结点水头的调整量。

当结点水位不发生超载时，式(1-134)离散为

$$H_{t+\Delta t}=H_t+\frac{\Delta t\left[\left(\sum Q\right)_t+\left(\sum Q\right)_{t+\Delta t}\right]}{2\left(A_{\text{store}}+\sum A_s\right)_{t+\Delta t}} \tag{1-136}$$

当结点水位发生超载时，结合式(1-136)和式(1-134)，计算公式为

$$H_{t+\Delta t}=H_t+\frac{\left(\sum Q\right)_t+\left(\sum Q\right)_{t+\Delta t}}{2\sum\{g\bar{A}\Delta t/[L(1+gn^2\ |\bar{V}|\ \Delta t/\bar{R}^{1.333})]\}} \tag{1-137}$$

(3) 地上、地下洪水交换。

地上、地下洪水通过雨箅子、检查井等入水口实现交换。在模型中，将入水口布置在特殊通道或网格上，采用堰流公式或孔口方程计算。当地面或道路积水水头大于管道水头时，采用宽顶堰公式计算，当地面或道路积水水头小于管道水头时，采用孔口方程计算。

$$Q_i^{t+\Delta t}=CB\sqrt{2g}\,(Z^t-Z_i^t)^{\frac{3}{2}} \tag{1-138}$$

式中　C——宽顶堰的流量系数；

B——入水口的周长；

Z^t——入水口所在的网格或道路特殊通道水位；

Z_i^t——入水口的水头。

$$Q_i^{t+\Delta t}=\mu A\sqrt{2g}\,(|\ Z^t-Z_i^t\ |)^{\frac{1}{2}} \tag{1-139}$$

式中 μ——孔口流量系数；

A——孔口断面面积。

1.3.5.3 地下空间进水模拟方法

城市中的地下空间包括地下商场、广场、地铁、车库、人行过街通道、隧道和车行下立交等，在有地下空间存在的区域，为每个空间赋其底高程、净高、面积、面积修正率、排水泵站能力、入口数量及各入口的宽度、挡水建筑物高度、入口处地面高程等属性，并与网格、道路通道和节点建立空间对应关系。通过比较所在网格或道路的地面水深（或水位）与入口处挡水建筑物的高度判断该地下空间是否会进水，若发生进水，按堰流公式计算流入地下空间中的流量，从而确定进入地下空间中的水量和积水深度（图1-26）。

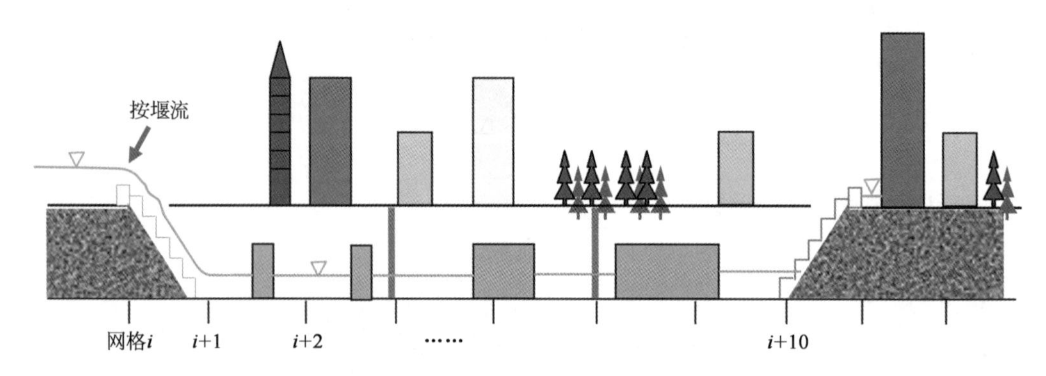

图 1-26 城市地下空间进水模拟示意

地下空间进水模拟的步骤如下所述。

1）地下空间基础参数的赋值

为每个空间赋其底高程、净高、面积、面积修正率、排水泵站能力、入口数量及各入口的宽度、挡水建筑物高度、入口处地面高程等属性，这些属性均直接影响地下空间是否可能进水、一旦进水时的进水量和积水深度。

2）地下空间与地面计算要素之间拓扑关系的建立

由于地下空间进水的模拟需要依托城市地面洪涝模拟结果，因此需要建立地下空间与地面计算要素之间的拓扑关系。在模型构建时，需要建立地下空间与地面网格、道路通道和道路节点之间的空间对应关系，这些对应关系共三类：

（1）与网格对应。如地下商场、地下广场、地铁站等面积较大的地下空间，可能与一个或多个网格对应（图1-27）。

（2）与道路通道对应。如地下隧道等线性的地下空间，可能与一条或多条道路通道对应。

（3）与道路节点对应。如车行下立交、人行过街通道等点状的地下空间，一般与某一个道路节点或某个网格对应。

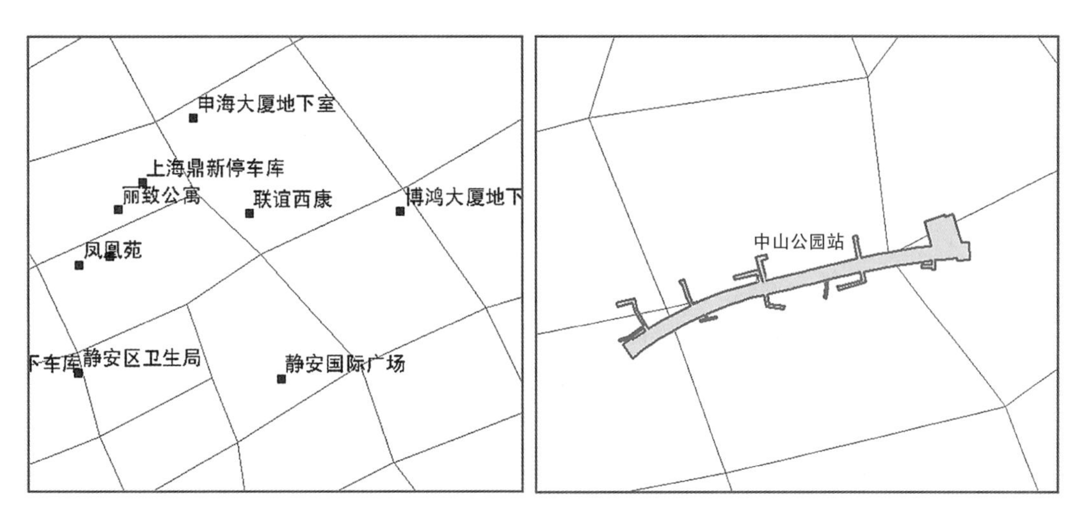

图 1-27 不同地下空间与网格的空间对应关系

3）地下空间进水量计算

通过比较地下空间所在网格或道路的地面水位与入口处挡水建筑物的高度判断该地下空间是否会进水。当地面水位超过挡水建筑物顶高程时，发生进水，并按堰流公式计算流入地下空间中的流量：

$$Q_j^{T+DT}=\sigma m\sqrt{2g}h_j^{\frac{3}{2}} \tag{1-140}$$

式中 T——时刻；

DT——计算时间步长；

j——特殊道路通道的编号；

Q_j^{T+DT}——在 $T+DT$ 时刻从与该通道相邻的一侧网格流入的单宽流量；

σ——宽顶堰淹没出流系数；

m——宽顶堰流量系数；

g——重力加速度；

h_j——挡水建筑物所在位置的堰顶水深。

4）地下空间积水深度计算

地下空间的积水深度通过积水量除以面积获得，同时考虑地下空间内的建筑物对积水面积的修正作用，计算公式如下：

$$H_{ui}^{T+DT}=H_{ui}^{T}+\frac{DT\sum_{j=1}^{n}Q_{uj}^{T+DT}B_{uj}}{A_{ui}(1-AXY_{ui})} \tag{1-141}$$

式中 i——地下空间的编号；

j——地下空间入口的编号；

H_{ui}^{T+DT}——在 $T+DT$ 时刻第 i 个地下空间的积水深度；

H_{ui}^{T} ——在 T 时刻第 i 个地下空间的积水深度；

n——地下空间入口总数；

Q_{uj}^{T+DT} ——在 $T+DT$ 时刻挡水建筑物堰顶的单宽流量；

B_{uj} ——第 j 个入口的宽度；

A_{ui} ——地下空间的总面积；

AXY_{ui} ——地下空间的面积修正率。

1.3.6 动态模拟技术

对洪涝的动态模拟主要体现在，模型边界条件类型的全面性、溃口位置设定和发展过程模拟的灵活性以及对各种防洪抢险措施效果模拟的科学合理性。具备上述三方面功能的模型，在与 GIS 技术、数据库技术和 Web 技术等结合后，可以实现对实际发生的任意洪涝情景、任一位置险情和任何人为设定或预案拟定的防洪抢险措施效果的动态模拟。模型针对各类边界条件、溃口和防洪抢险措施的计算方法如下所述。

1.3.6.1 边界条件计算方法

水力学模型的边界条件一般包括河道的入流和出流条件，沿海地区还须设定和计算潮位边界。由于模型的计算单元包括网格（普通网格、河道型网格和湖泊型网格）、通道（普通通道、河道型通道、阻水型通道、特殊河道通道和特殊道路通道等）、节点（普通节点、特殊河道节点、特殊道路节点等），因此边界条件的设置也非常多样化，可根据区域特点结合实际需要灵活设置和模拟，详见表 1－33 和图 1－28。

表 1－33 边界条件类型和计算方法对应表

边界类型	可设定的位置	需要设置的 相关参数或条件	计 算 方 法
河道入流	(1) 河道型通道 (2) 特殊河道通道	以下两种情况选其一：	—
		① 流量过程	按水量加入水量平衡方程的源汇项
		② 水位过程	按水位通过动量方程计算流入区域内的流量和水量
河道出流	(3) 河道型通道 (4) 特殊河道通道	以下三种情况选其一：	—
		① 水位过程	按水位通过动量方程计算流出区域外的流量和水量
		② 水位流量关系	根据边界处网格水位或特殊河道节点水位，查按水位流量关系获得对应的流出区域外的流量
		③ 曼宁公式	按曼宁公式计算流出区域外的流量和水量

（续表）

边界类型	可设定的位置	需要设置的相关参数或条件	计 算 方 法
普通出流	(5) 普通边界通道	曼宁公式	按曼宁公式计算流出区域外的流量和水量
临河或临湖	(6) 普通边界通道	水(潮)位过程	按水(潮)位通过动量方程计算流入或流出区域的流量和水量
	(7) 边界堤防通道		按水(潮)位采用堰流公式计算流入或流出区域的流量和水量

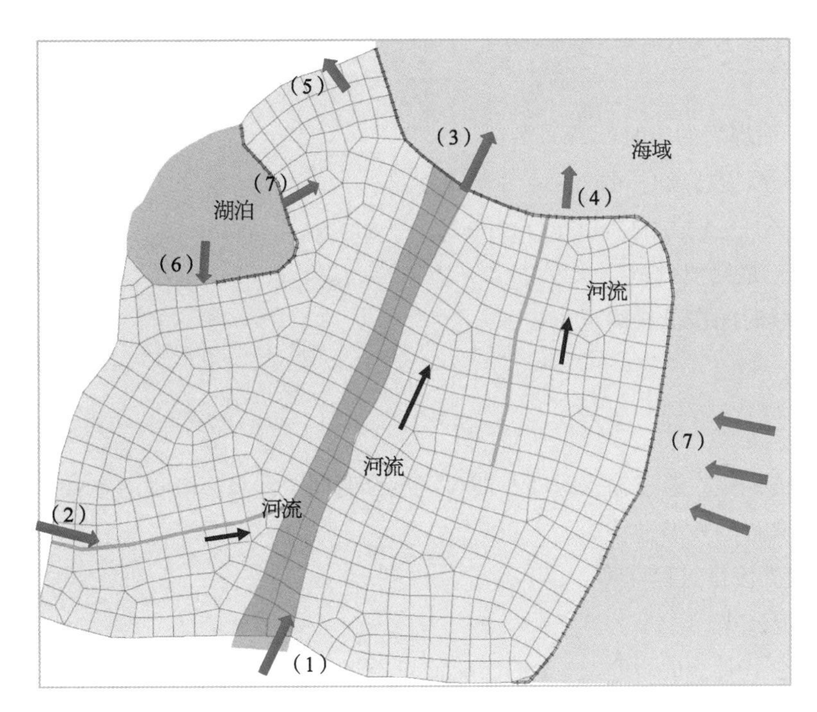

图1-28 模型包含的边界条件类型示意

1.3.6.2 溃口模拟方法

溃口模拟包括溃口发展过程和溃口处流量过程计算两部分：

1）溃口发展过程计算

为了比较灵活地表现溃口发展的过程，模型中提供了三种溃口宽度演化方式，分别为瞬间溃决、经验公式和用户自定义的方式。

（1）瞬间溃决。

该方式即溃口在瞬间达到最终溃口宽度和溃口底高程，仅须已知溃口宽度和溃口底高程两个参数即可开展计算。

(2) 按经验公式溃决。

模型中采用的经验公式如下：

在汇流点，

$$B_b = 4.5(\lg B)^{3.5} + 50 \tag{1-142}$$

在其余地点，

$$B_b = 1.9(\lg B)^{4.8} + 20 \tag{1-143}$$

式中 B_b——溃口宽(m)；

B——河宽(m)。

对于堤防溃口宽随时间的变化，可按经验公式确定：

当 $t=0$ 时，$B_t = B_b/2$；当 $0 < t \leqslant T$ 时，$B_t = B_b/2 \times (1+t/T)$；当 $t > T$ 时，$B_t = B_b$。

式中 t——溃堤后的历时(min)；

T——溃堤持续时间；

B_t——任一时刻的溃口宽(m)；

B_b——最终溃口宽(m)。

溃堤持续时间按下式确定：

$$T = 1.527(B_b - 10) \tag{1-144}$$

(3) 自定义。

自定义方式是指通过输入时间—溃口宽度和时间—溃口底高程的方式自定义溃口宽度和溃口底高程的发展过程。

2) 溃口处流量过程计算

(1) 正堰公式。

按正堰公式计算时，溃口位置的出流流量根据溃口内外的水位差采用宽顶堰公式进行计算。公式如下：

$$Q_j^{T+DT} = \sigma m \sqrt{2g}\, h_j^{\frac{3}{2}} \tag{1-145}$$

式中 σ——宽顶堰淹没出流系数；

m——宽顶堰流量系数。

(2) 侧堰公式。

采用宽顶堰公式时，一般要求堰的走向与水流流向相垂直。然而，河段堤防溃决时，一般为侧堰水流状态。模型中选用的侧堰水流计算公式如下：

$$Q = m\left(1 - \frac{v_1}{\sqrt{gh_1}} \sin\alpha\right) b \sqrt{2g}\, H_1^{\frac{3}{2}} \tag{1-146}$$

式中　m——一般正堰时的流量系数；

v_1——侧堰首端河渠断面的平均流速；

g——重力加速度；

h_1——侧堰首端河渠断面水深；

α——水流方向与溃口出流方向的夹角；

b——溃口的宽度；

H_1——堰上水头。

1.3.6.3　防洪抢险措施效果模拟方法

针对防洪抢险措施采用基于计算线程记忆重启(图 1－29)的“排—堵—疏”防洪抢险措施效果模拟方法。即在由 T 时刻到 $T+2DT$ 交替计算水位、流量的过程中，当遇到满

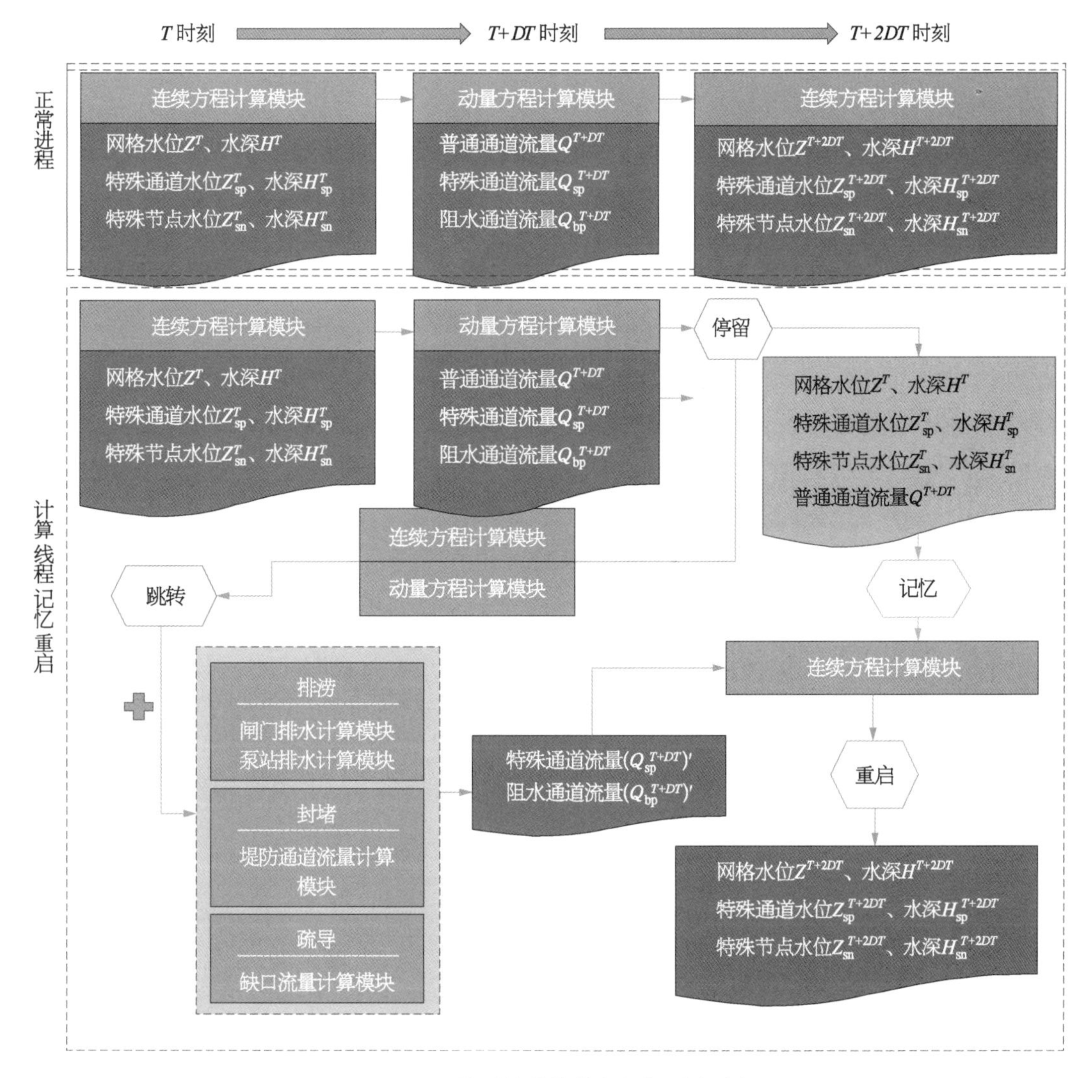

图 1－29　模型的计算线程记忆重启过程

足防洪抢险措施的实施条件如达到采取措施的时刻或水力条件满足启用标准等，则记录当前时刻各变量的状态，并暂停正常的计算过程，计算线程跳转到相应的排涝、封堵或疏导措施模拟模块，模拟完毕后，重新启动计算，并将在防洪抢险措施影响下的变量值替换现有取值，继续下一步长的模拟，从而实现防洪抢险措施对水流影响效果的情景推演。

1）排涝措施

在防汛抢险中，一般采用的排涝措施为闸、泵排涝。通过控制闸的调度和常规或应急泵站的强排，可以快速减少淹没区内的淹没水量。模型中对水闸和泵站的模拟方法分别如下：

(1) 水闸。

研究区域内的河湖闸门出流，在无压流情况下，采用堰流公式计算；在有压流的情况下，采用孔流计算。

$$Q_j^{T+DT} = \mathrm{sign}(Z_{j1}^T - Z_{j2}^T) \cdot 0.6998\, e\sqrt{2gh_*} \tag{1-147}$$

式中 e——孔高；

h_*——特征水头。

根据闸门所在位置的不同，模型将闸门分为5类，分别为：0位于边界通道，将水排入分析区域外；1位于特殊河道通道，将水排入河道型网格；2位于特殊河道通道，将水排入另一特殊河道；3位于河道型通道，将水排入河道型网格；4位于河道型通道，将水排入特殊河道。如图1-30所示。

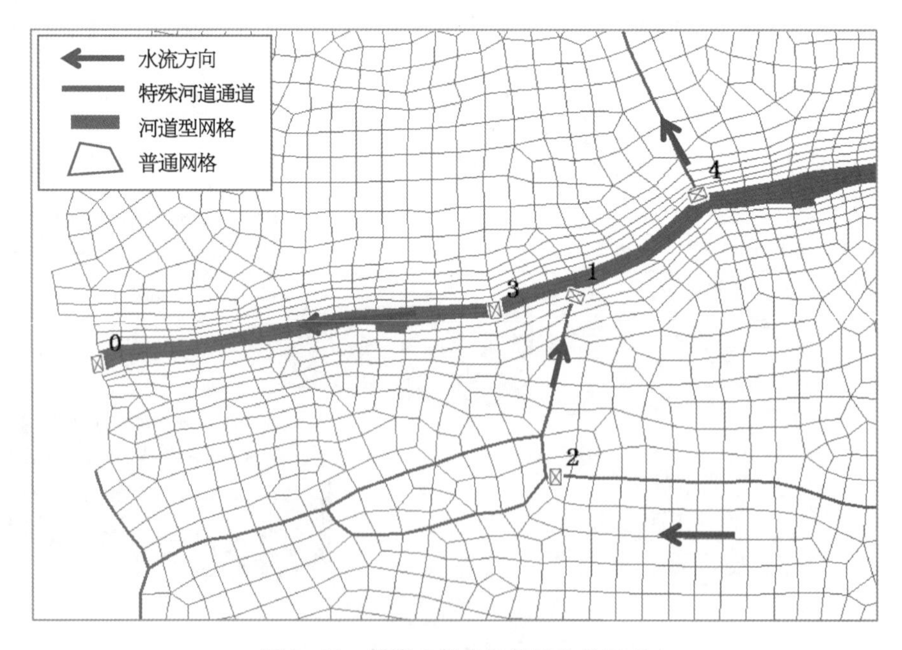

图1-30 模型中的水闸位置分类示意

水闸的调度方式除了遵照调度规则外，如根据某一水文站的水位进行开闸或关闸，在实际调度过程中还会出现按时间调度或同时考虑时间和水位的情况。模型中根据不同的调度方式分别采用不同的参数来反映水闸的调度过程。

(2) 泵站。

模型将泵站置于水深计算单元，即网格、特殊节点或河网区的排涝单元内。泵站所在计算单元的抽排水量以及排入的计算单元增加的水量均作为源汇项在求解水量平衡方程时计算。

根据泵站所在位置的不同，模型将泵站分为 10 类(图 1－31、图 1－32)，分别为：0 位于边界节点，排入区域外；1 位于特殊河道节点，排入河道型网格；2 位于排水系统出口，排入特殊河道节点；3 位于特殊河道节点，排入另一特殊河道节点；4 位于排水系统出口，排入河道型网格，5 位于排涝单元内，排入模型中未概化的蓄水面内；6 位于排涝单元内，排入特殊河道、河道型或湖泊型网格内；7 位于普通网格，排入河道型网格或湖泊内；8 位于普通网格，排入特殊河道节点；9 位于某网格，排入区域外。

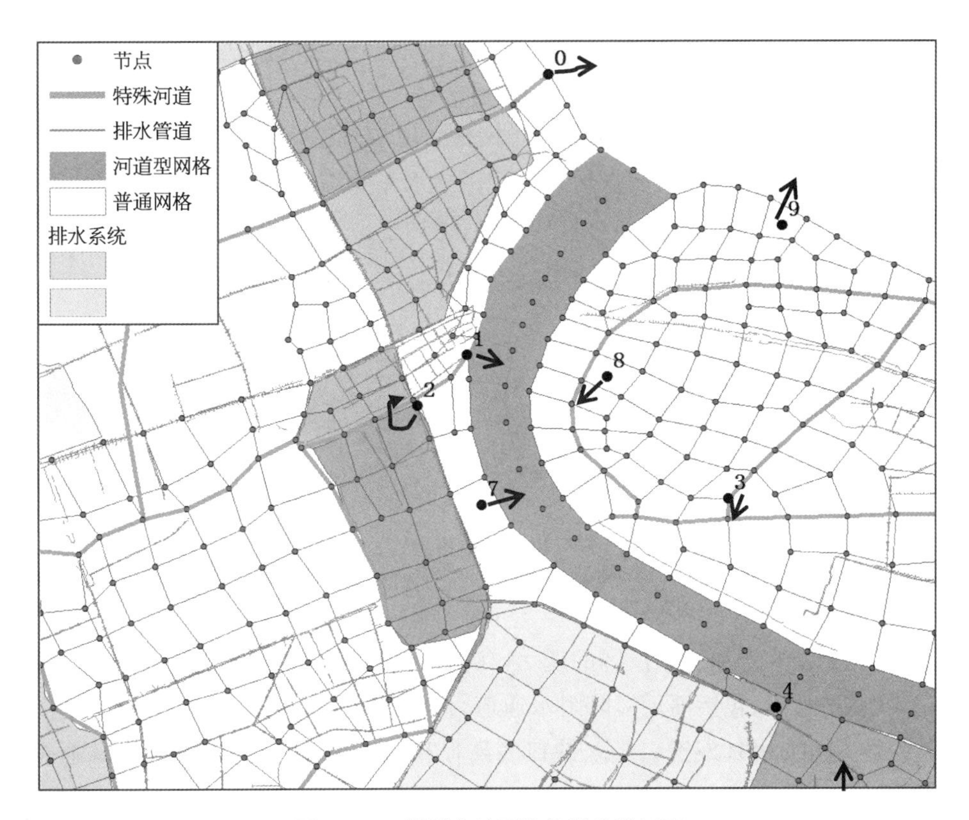

图 1－31　模型中的泵站位置分类示意

2) 封堵措施

封堵措施是在堤防发生溃口后或在险情发生前，加高加固堤防以防止河道洪水外溢。在洪涝动态分析模型中，堤防作为阻水建筑物被称为阻水型通道，是对洪水演进有阻水作

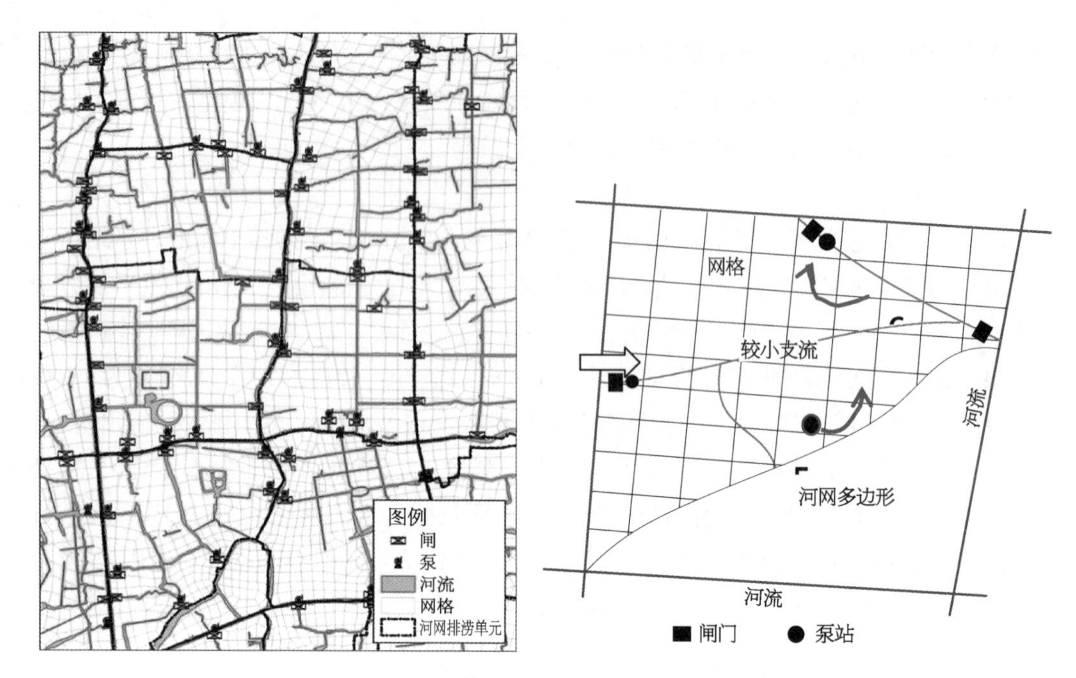

图 1－32　排涝单元及位于排涝单元中的泵站示意

用的建筑物。采用堰流公式计算，即当河道网格水位未超过堤顶高程时，堤防通道两侧网格无水流交换；当超过堤顶高程时，根据两侧网格水深和堤顶高程按堰流公式计算；当河道外网格水位高于堤顶高程时，亦可反向流动，退回至河道内；当针对外溢处采取封堵措施后，河道水流不再向堤外流动，如图 1－33 所示。

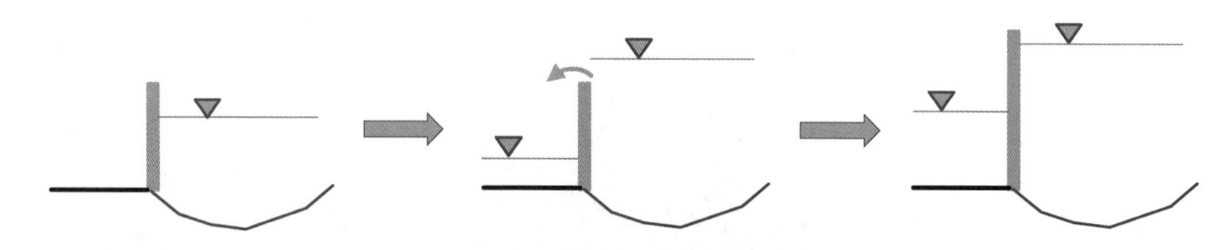

图 1－33　堤防封堵措施模拟过程

3）疏导措施

疏导措施是指为了加快淹没区的退水，在河道下游扒口实现退洪的措施。模型中针对所有含堤防的通道(包括河道堤防阻水通道、含堤防的特殊河道通道、海堤通道等)，均允许设定通道上的缺口(或溃口)宽、缺口底高程和通道顶高程；当河道按特殊通道考虑时，还可区分左、右岸分别赋不同的值，以反映扒口所在位置。

含缺口的堤防通道上的单宽流量采用堰流公式在缺口和非缺口段分别计算，并汇总至整个通道上，公式如下：

$$Q_j^T=\frac{[Q_{j\mathrm{N}}^T(L_j-B_j)+Q_{j\mathrm{B}}^T B_j][1-\sqrt{\max(AXY_{j1},AXY_{j2})}]}{L_j} \tag{1-148}$$

式中　Q_j^T ——j 通道上的单宽流量；

$Q_{j\mathrm{N}}^T$ ——j 通道上非缺口段的单宽流量；

L_j ——通道总宽度；

B_j ——缺口宽度；

$Q_{j\mathrm{B}}^T$ ——j 通道上缺口段的单宽流量；

AXY_{j1}、AXY_{j2}——j 通道两侧网格的面积修正率。

第2章 单灾种专项防灾规划

为了提高城市的防灾能力，最大限度地减轻未来灾害造成的损失，针对城市可能面临的灾害风险，科学合理地确定防灾目标，将防灾工作相关要求与城市建设有机结合，是提升城市防灾能力的重要对策。单灾种防灾规划的编制，可在城市总体规划防灾专篇的基础上进一步细化，指导城市防灾工作的实施，为完善城市防灾体系和工程措施、管理措施的落实提供重要决策依据。在城市层面，火灾和地震灾害对城市建设影响最大，关系到城市工程建设和城市管理的多个层面，本章聚焦城市消防规划和抗震防灾规划的编制，对专项规划的编制要求和主要内容进行介绍。

2.1 城市消防规划

2.1.1 消防规划概述

对于现代化城市，在城市形态的完善、物质财富的积累过程中，城市的安全可靠是评价其现代化程度的重要指标之一，即城市必须具备与经济发展相适应的防灾、抗灾和救灾能力。消防安全作为城市防灾救灾体系的重要组成部分，也是城市消防工作的重要内容之一。它是城市消防工作开展的前提和依据，对城市消防工作的发展具有极强的指导作用，也是优化资源配置、提高城市火灾防控水平的重要途径。面对城市建设的急剧扩张、社会发展的日新月异，如何从城市消防规划角度入手使消防工作与城市规划等其他方面建设相匹配，进一步提升城市建筑抵御火灾的能力，全面提升社会、群众城市的自救能力，进而增强城市的消防安全及整体应急水平，是当前新形势下城市消防安全工作中亟待解决的关键问题。

1）消防专项规划工作的历史沿革

消防规划是指根据城市功能分区、各类用地性质分布、基础设施配置和地域特点，在进行历史火灾数据统计和城市发展趋势预测上，对城市火灾风险进行评估，确定城市消防发展目标，从而对城市消防安全布局、公共消防基础设施和消防力量等进行科学合理的规划，提出阶段性的建设目标，为完善城市消防安全体系提供决策和管理依据。

新时期、新背景下，《国家新型城镇化规划（2014—2020年）》中明确指出我国存在城市管理服务水平不高、公共安全事件频发、城市管理运行效率不高、公共服务供给能力不足等问题，并提出要完善城市应急管理体系。公安部联合建设部等部委在2015年8月联合下发的《关于加强城镇公共消防设施和基层消防组织建设的指导意见》中明确指出："着力加强城乡消防规划、公共消防设施、消防安全管理组织网络和灭火救援力量体系建设，积极采用区域消防安全评估技术，提高消防规划编制质量，健全完善消防规划实施情况的评估、考评机制，规划主管部门要加强对消防专项规划编制、审批、实施的监督管理。"《中共中央　国务院关于进一步加强城市规划建设管理工作的若干意见》(2016年2月6日)中指出：城市规划在城市发展中起着战略引领和刚性控制的重要作用，城市规划的前瞻性、严肃性、强制性和公开性不够；切实保障城市安全，提高城市综合防灾和安全设施建设配置标准，加大建设投入力度，加强设施运行管理；加强城市安全监管，建立专业化、职业化的应急救援队伍，提升社会治安综合治理水平，形成全天候、系统性、现代化的城市安全保障体系。2017年2月24日，习近平总书记在人民大会堂北京厅主持召开北京城市规划建设和北京冬奥会筹办工作座谈会。习近平总书记指出，城市规划在城市发展中起着重要引领作用。北京城市规划要深入思考"建设一个什么样的首都，怎样建设首都"这个问题，把握好战略定位、空间格局、要素配置，坚持城乡统筹，落实"多规合一"，形成一本规划、一张蓝图，着力提升首都核心功能，做到服务保障能力同城市战略定位相适应，人口资源环境同城市战略定位相协调，城市布局同城市战略定位相一致，不断朝着建设国际一流的和谐宜居之都的目标前进。总体规划经法定程序批准后就具有法定效力，要坚决维护规划的严肃性和权威性。

2）消防专项规划工作的编制现状

国内目前大多数城市进行过消防专项规划的编制工作，早期的城市消防规划仅是城市总体规划中防灾规划的一项内容。1989年，公安部、建设部、国家计划委员会、财政部联合发布的《城市消防规划建设管理规定》是我国关于城市消防规划工作的第一个规范性文件。随着国家对城市消防工作的重视和城市发展的需要，城市消防规划逐渐成为一项专业规划内容单独编制，各城市的规划工作为消防规划编制进行了积极的探索。1998年4月颁布的《消防改革与发展纲要》使得消防规划从此具有法律地位和法律效力。

据有关资料统计，截至2006年6月，国内大部分的城市和县城以上建制镇都完成了消防规划编制工作，一般建制镇的消防规划工作也在大力推进。全国287个地级以上城市中，有268个完成了消防规划，占93%；374个县级市中，有326个完成消防规划，占87%。

重庆市是国内较早进行消防规划编制工作的城市，也是《城市消防规划规范》(GB 51080—2015)主编单位所在地，重庆市的消防系统规划起步于1982年，经过不断的发展，于1998—2000年编制了《重庆市城市消防规划(2000—2020)》和各区、县(市)城市消防规划，目前也正在开展重庆市小城镇消防规划编制工作。

厦门市从1996年开始启动，于2003年完成了《厦门市消防规划(2004—2020)》的编制工作。

广州市于2000年完成了《广州市城市消防规划(2000—2005)》的编制工作,并于2014年完成了《广州市城市消防规划》(2011—2020)的编制工作。

上海市于2002年底启动《上海市消防规划(2003—2020)》的编制工作,2004年完成规划文本初稿。

武汉市于2013年启动了《武汉市消防专项规划(2015—2030)》的编制工作,2015年通过了专家评审。该规划构建了防火防灾、灭火救援和消防保障等三大体系,包含城市火灾风险评估、消防安全布局、消防设施布局、消防通道及消防保障设施等规划内容。

江西省于2013年启动了《江西省消防条例》实施情况的专项执法检查,发现应编制消防专项规划的县级城市的编制率仅为20%,应编制消防专项规划或消防专篇的740个重点镇的编制率为59%。尤其是新农村发展规划中未统筹考虑消防设施,农村消防通道、消防输水管网和消火栓配置与消防安全要求差距较大,导致城乡消防安全一体化建设失衡。鉴于此,2013年10月,江西省下发《关于进一步加强全省城镇消防专业规划工作的通知》,明确各设区市、县级市及城镇人口超过20万人的县级城市,2014年底前全部完成规划技术审查工作;其余县级城市和国家级、省级重点镇在2015年年底前完成消防专篇编制或修订工作。

湖北省于2015年出台了《湖北省城乡消防规划管理规定》,从目标、编制、实施、监督和责任等方面全面加强城乡消防规划管理。

北京市于2016年启动了《北京市消防专项规划(2016—2035)》的编制工作,2018年经北京市政府批准,该规划正式发布。

2.1.2 消防规划与城市总体规划和各专项规划的关系

城市总体规划是指在一定时期内城市的经济和社会发展、土地利用、空间布局,以及各项建设的综合部署、具体安排和实施管理的总和。城市总体规划的实施是一个过程,依据城市的发展目标和对城市的整体研究,通过对城市的土地使用进行预期安排,制定城市发展的行动纲领,再通过城市建设活动,改造城市的空间状况,以引导城市有序发展。

城市消防规划是指为了构建城市消防安全体系,实现一定时期内城市的消防安全目标,指导城市消防安全布局和公共消防基础设施建设而制定的总体部署和具体安排。

纵观我国古代城市和建筑的发展,马头墙、水缸的设置均是考虑了防火隔离和灭火的需要。1989年,公安部、建设部、国家计划委员会、财政部联合发布的《城市消防规划建设管理规定》是我国关于城市消防规划工作的第一个规范性文件。1995年颁布的《消防改革与发展纲要》要求"必须将消防事业的发展纳入国民经济和社会发展的总体规划,尚未制定消防规划的城镇,均应在今后三年制定出来。今后上报城市总体规划,如果缺少消防规划或消防规划不合理的,上级政府不予批准"。在2006年发布《国务院关于进一步加强消防工作的意见》中，要求："地方各级人民政府要结合实际编制城乡消防规划，确保公共消防设施建设与城镇和乡村建设同步建设。"该意见的实施极大地推动了消防规划的发展，促使各大中城市将编制消防专项规划提上日程，城市消防规划逐渐成为一项专业规划内容单独编制，各城市在消防规划编制方面进行了积极的探索。

2.1.3　消防规划的编制过程和内容

2.1.3.1　消防规划的编制过程

1）现场调研和实地考察

工作的最初阶段主要是进行工作对接，包括明确规划范围、规划年限、规划深度等。在该阶段也应进行现场调研，对规划区域形成基本的认识，明确消防高风险场所及存在的消防问题，了解当地基本的消防环境现状，并对消防力量进行初步的感官调研，该阶段应形成调研考察报告。

2）资料收集和座谈调查

（1）资料收集。

不同规划阶段需要的资料有所不同，此处的资料收集指的最初阶段的资料收集。资料主要包括城市基础信息资料、市政信息资料、消防工作资料、历史火灾统计等方面。具体如下：

① 城市用地及基础建设资料，包括城市用地分类、市政给水、市政供电、市政道路等。

② 消防基础资料-消防局，包括消防队/消防站情况、消防装备情况、消防通信及消防指挥体系情况、消防宣传资料、消防教育、消防责任制、防火检查资料。

③ 火灾统计-消防局，细化成为表格，供各区支队搜集资料和进行统计分析。

（2）座谈调查。

座谈调查主要是在跟相关部门的工作对接过程中，了解消防安全各个方面、各个环节的现状和规划情况，可为规划的制定提供方向性的指导，保障规划内容符合当地消防需求，以及增强规划的可操作性。

可分别开展以下座谈调研：

① 了解基层工作的进展、工作经验和工作难度。

② 与典型区域消防、规划、住建等部门工作人员座谈，明确消防工作发展的制约因素。

③ 选取每类消防重点区域的典型项目，与重点项目的设计、施工、监理、检测、维保及物业管理企业座谈。

3）调研报告及数据分析

该阶段就是整理收集的数据，并对数据进行分析。结合座谈调查，能够帮助人们发现消防工作的薄弱环节，找出问题存在的原因和亟待解决的问题，从而明晰本次规划的重点内容。

4）初步成果

该阶段主要针对收集的数据和调研成果，结合近期迫切需要解决的问题，明确规划重点和近期的规划实施重点。在梳理消防安全布局的重点区域，分析防火安全现状、公共消防设施的规划建设重点的基础上，对消防安全布局进行规划，提出防火安全策略，对公共消防设施进行规划设计，形成规划成果的初稿。

5）征求意见成果补充、完善

针对初步成果征求消防部门、各行业管理部门的意见，确保规划内容能够解决实际问题，规划成果能够落实。

6）最终成果

规划的最终成果一般包括规划文本、规划图纸、规划说明书，以及火灾风险评估报告、现状调研报告等规划的支撑材料等。

2.1.3.2 消防规划的主要内容

消防规划的内容一般包括：总则、火灾风险评估、消防安全布局、公共消防设施、消防管理及实施保障。

（1）总则，一般包括项目背景、规划范围和期限、规划依据、上位规划、规划目的、指导思想和规划原则、规划目标等。

（2）火灾风险评估，一般包括历史火灾统计分析、火灾风险评估等。

（3）消防安全布局，一般包括建筑防火，易燃易爆品、加油加气站、人员密集区、工业园区、高层建筑、地下空间、大型城市综合体、综合交通枢纽、仓储物流、文物建筑等的安全布局等。

（4）公共消防设施，一般包括消防道路、消防给水及灭火系统、消防供电及用电等。

（5）消防力量，一般包括消防站、消防装备、消防通信、消防训练及战勤保障、消防训练，还有多种形式消防力量等。

（6）消防管理，一般包括消防宣传、消防教育、消防安全管理和消防科技等。

（7）近期建设规划与投资估算，一般包括近期建设规划及其投资估算。

（8）规划实施保障，一般包括消防规划管理的手段及其保障措施。

2.1.3.3 面向消防专项规划的火灾风险评估

我国正处于全面建成小康社会的决定性阶段，也是城镇化深入发展的关键时期。随着中央推进城镇化健康发展的要求，《国家新型城镇化规划（2014—2020年）》中明确指出要完善城市规划前期研究、规划编制、衔接协调、专家论证、公众参与、审查审批、实施管理、评估修编等工作程序，探索设立城市总规划师制度，提高规划编制科学化、民主化水平。同时，《城市消防规划规范》（GB 51080—2015）已于2015年9月1日实施，规范中对城市消防规划需要进行火灾风险评估的部分做了明确的要求。城市区域火灾风险评估起源于1866年的美国，为城市防火和公共消防开发了城市检查和等级系统。目前在欧美国家，在消防规划中已广泛开展火灾风险评估的工作，作为消防救援力量部署的重要依据。

我国关于火灾风险评估的研究起步较晚，大多省市虽然进行过消防规划的编制工作，但极少消防专项规划中引入火灾风险评估。

从目前收集的资料看，仅有广州市、北京市朝阳区等地区在城市的消防规划中引入了区域火灾风险评估。上海市在编制消防规划过程中，对城市老式居民楼、高层建筑、地下空间、大型公共建筑等七大方面开展了广泛调研，做了探索性研究分析，提出了针对性措施意见。

由于消防专业本来就是一门综合性学科，如何将城市规划与火灾风险评估进行有机结合是目前实际工作中的难点。虽然火灾风险评估的发展相对比较成熟且日趋规范，但无论在与消防规划的结合还是指标体系的构建上，都存在一些不足。在与消防规划的结合上表现为未充分考虑消防事业的发展方向；在指标体系构建上表现为指标体系不能全面反映火灾风险状况；在风险因素的确定上没有考虑区域功能特点及实际灭火工作中遇到的问题，因而火灾风险评估在消防规划的编制过程中并未发挥应有的作用。

2.1.4　消防规划的实施和保障

规划通过审定以后，进入实施阶段。消防建设应在消防专项规划的引导和控制下，按照规划确定的各项指标、措施和步骤，有计划地分步实施。规划方案在实施过程中，若有调整及修改时，应采取持续的监督、评估和修正的方法和手段，不断地更新。

1）建立政府协调机制

消防规划的实施，事关地区改革开放、发展、稳定的大局，事关人民群众生命和财产的安全。为充分发挥政府在消防规划实施中的作用，将消防规划的实施作为党政一把手工程，督促政府领导重视消防规划的实施工作，将消防规划的完成情况作为一项对主要行政领导任期工作的考核指标，推动城市公共消防设施的建设。各级政府应把消防规划的落实列入重要议事日程，加强组织领导，协调相关部门，推进规划实施。

2）完善法规保障机制

相关主管部门应总结消防规划实施的经验，将消防规划内容纳入消防法律法规体系，制定与消防规划项目实施相配套的技术标准和地方规范，依法保障规划的实施。规划经批准后，必须严格执行，任何单位和个人都不得擅自调整规划内容。因经济社会发展确实需要调整的，应由规划管理部门和消防主管部门共同审核同意后，报请市政府审批。

3）落实推进责任机制

各部门应切实履行职责、加强协作，积极参与消防规划的落实。规划建设主管部门应在规划建设项目审批中，按照消防规划的要求，保留消防站规划用地。各街道或居委会要发动社区单位和居民支持、参与社区消防设施的建设和管理中。

4）落实资金保障机制

各级政府及主管部门应当按照消防规划落实消防建设用地和消防建设经费，逐年建设、改造、更新消防装备和消防基础设施，使消防规划落到实处。

5）重视近期规划建设

在实施近期规划建设时，应立足于现状突出的火灾隐患，消除消防保障盲点，以期在近期内有效提高城市整体的防火、灭火能力，落实消防安全布局的专项整治，以及消防站、消防通信、消防供水等建设和消防装备购置计划，并进行相应的投资估算和制定年度投资计划。

2.1.5 消防专项规划工作的薄弱环节

1）规划研究的基础比较薄弱

消防规划编制的科学性和合理性在近些年才引起足够的重视，存在与总体规划中的防灾规划的衔接不紧密且专业水平不足等问题。

已编制在城市总体规划中的消防规划，其规划图件较为简单，规划内容缺乏对现状消防基础的深入分析，其他各专项规划也与消防规划衔接不够。如编制给水规划时，没有充分认识到给水系统除提供生活、生产用水外，还是控火灭火的重要水源。目前，城市的给水规划在管网供水能力的设计上考虑了消防用水的需要，但在管网规划和水压方面往往忽略了消防给水的需要，对市政给水系统提供灭火的功能并未能充分体现。

消防本身就是一门综合性学科，其理论知识和技术方法涉及多专业内容。消防规划涉及消防工程和城市规划两个主要学科，在编制规划的过程中，仅依靠消防工程或城市规划等单一专业背景都是无法很好完成该工作的，因此消防规划的编制，需要多学科的技术支持，这对编制消防规划的技术人才提出了更高的要求。

2）消防规划法制建设尚未健全

虽然消防规划已起步，但突出的问题是规划实施困难、落实不到位，这与城市规划的法律地位并不一致。应制订相关条例，依法保障消防规划编制的开展和实施，建议消防规划一经批准应成为法规性文件，有效确保消防规划落到实处。

此外，政府作为城市消防工作的责任主体，应明确消防规划的编制和实施过程中各项工作的责任主体，明确组织框架，加强各主管部门的协调，明确各部门的责任，保障消防规划中的安全布局、公共消防设施等在城市各项规划、设计、建设和管理中得到贯彻和落实。

3）规划实施过程中的评估及修正未能完全落实

再完美的规划如果没有得到很好的实施也仅是体现在文本和图纸上，规划只有得到具体应用，才能真正发挥它的作用。同时，由于实施过程中不可避免地会遇到规划编制过程中没有预见的问题和国家政策的调整，因此需要继续跟踪规划方案，建立和完善自我评估机制，以便及时发现问题，让实施结果与消防发展的目标前进方向一致。

4）针对不同区域特点的专项规划需要进一步研究

《城市消防规划规范》的颁布实施为消防规划的具体编制提供了一定的指导，但在消防规划系统方法的建立上缺少细致的分类和深入的理论研究。镇域范围、文物建筑、历史街区、传统村落、旅游休闲项目、仿古建筑等区域往往建设在农村用地范围,《城市消防规划规范》并不适用,亟须针对不同区域特点进行研究分析。

2.1.6　消防规划工作展望

1) 消防规划的系统方法研究

基于我国消防规划起步较晚、理论深度欠缺的现状,应对现有的消防规划的规划原则、系统框架、规划深度进行分析研究,建立消防规划的系统全局理论,并根据区域发展规模、区域经济结构,社会发展特点进行消防规划的方法研究,探索适用于我国国情的消防规划系统理论方法。

2) 针对不同区域特点的消防规划

针对镇域范围、文物建筑、历史街区、传统村落、旅游休闲项目、仿古建筑等区域,开展特殊区域消防安全布局要求、消防给水、消防道路,以及公安消防力量和社会消防力量的优化配置等专项研究。

3) 适用于消防规划的区域火灾风险定量评估

在对城市进行火灾风险评估时,可采用整体评估和重点区域评估相结合的工作方式,采用城市火灾整体评估和重点区域专项评估相结合的评估手段,分别对城市火灾风险进行整体评估,对整个城市的消防安全布局、公共消防设施、灭火救援力量和社会面防控能力进行整体把控,并对局部重点区域进行专项评估。整体评估和局部专项评估根据评估对象的不同,建立相适应的指标体系,在对城市消防工作整体把控的同时,有效完善重点区域的消防工作。

以事实或数据为基础,通过逻辑分析和经验研判,做出最符合区域实际情况的判断,探索区域火灾风险定量评估方法,提升对消防现状的分析能力;在定量火灾风险评估基础上,开展消防规划的方法研究,实现火灾风险评估和消防规划的有效衔接,提高消防规划科学性,实现规划的动态评估。

4) 构建基于消防规划及火灾风险评估的数据库

在规划编制和评估过程中,数据收集分析和深入调研是关键技术环节。首先在数据收集阶段,开展基于消防规划和评估内容挖掘定量消防规划和评估的数据需求分析研究;其次在数据分析阶段,应建立数据分析平台,开发基于数理统计的数据分析程序,为定量评估和规划提供支撑;最后在数据分析结果阶段建立基于 GIS 的数据呈现方法及动态的消防规划及过程评估。

2.2　城市抗震防灾规划

城市是政治、经济、文化和科技的中心,人口密集、社会和物质财富高度集中,在国民经济建设中占有主导地位,一旦遭受破坏性地震袭击,将可能产生严重的人员伤亡和巨大的经济损失。因此，保障地震时城市的安全和城市基本功能的正常运行是抗震防灾的重点。编制并实施城市抗震防灾规划，是全面提高城市综合抗震能力的主要对策，也是减轻城市地震灾害的有效措施。

通过城市抗震防灾规划的编制和实施，提高城市的抗震防灾能力，减少人员伤亡和经济损失；提高城市的城市抗震防灾信息管理水平；增强城市可持续发展的能力。

2.2.1 城市抗震防灾规划基本要求和内容框架

2.2.1.1 规划编制原则

城市抗震防灾规划以《中华人民共和国城乡规划法》和《中华人民共和国防震减灾法》为依据，结合国家现行有关政策和规范的要求，充分了解和把握城市的灾害环境、建筑工程、基础设施和社会经济情况，运用城市防灾规划的成熟技术，在城市抗震防灾规划编制过程中，应遵循以下基本原则：

(1) 以国家现行法律法规和技术标准为依据，汲取以往编制城市抗震防灾规划的成功经验，适应城市建设的快速发展和防灾要求，运用新技术和新方法。

(2) 与上位规划相协调，并与城市定位相一致，正确反映城市建设的实际情况和具体特点。

(3) 认真贯彻"以预防为主，防、抗、避、救相结合"的方针，坚持"分清层次、区别对待、突出重点、统筹安排、全面规划"的编制原则，使规划编制与现行国家规范标准保持一致，使规划成果具有较强的可应用性和可拓展性。

(4) 坚持"以人为本"的规划编制指导思想，体现对生命的重视，不断地提高城市的综合抗震防灾能力，改善建筑工程的抗震性能，完善各系统的抗灾能力，保障人民生命财产安全。

(5) 抗震防灾规划的内容应贯彻强制性和指导性相结合的原则。《城市抗震防灾规划管理规定》(建设部 117 号令)和《城市抗震防灾规划标准》(GB 50413—2007)中都明确规定"城市抗震防灾规划中的抗震设防标准、建设用地评价与要求、抗震防灾措施应根据城市的防御目标、抗震设防烈度和国家现行标准确定，作为规划的强制性要求"。

2.2.1.2 规划防御目标

现行国家标准《城市抗震防灾规划标准》对城市抗震防灾的防御目标做出了规定。

1) 基本防御目标

(1) 当遭受多遇地震影响时，城市功能正常，建设工程一般不发生破坏。

(2) 当遭受相当于本地区基本烈度的地震影响时，城市生命线系统和重要设施基本正常，一般建设工程可能发生破坏但基本不影响城市整体功能，重要工矿企业能很快恢复生产或运营。

(3) 当遭受罕遇地震影响时，城市功能基本不瘫痪，要害部门、生命线系统和重要工程设施不遭受严重破坏，无重大人员伤亡，不发生严重的次生灾害。

2）城市抗震防灾的防御目标

（1）城市抗震防灾的防御目标应不低于上述基本防御目标，具体应根据城市建设的发展要求确定。对于重要的局部地区、特定行业或系统，可采用较高的防御目标。

（2）当抗震防御目标高于基本防御目标时，应明确抗震设防要求，包括地震动参数、抗震措施等，并应结合现行《建筑抗震设计规范》(GB 50011—2010)中抗震设防要求的分类原则进行调整。

2.2.1.3 规划内容体系

城市抗震防灾规划包括以下内容：

1）总则

编制规划的目的、编制依据与模式、规划性质、防御目标；规划原则、规划范围及适用期限，规划批准实施等，以及必要的名词术语解释。

2）基本要求

提出城市总体抗震防灾要求及相关技术要求和指标，包括建筑抗震防灾要求、生命线系统抗震防灾要求、避震疏散场所人均面积要求、道路宽度与对外通道要求、运输运能要求、地震次生灾害防御要求、新建城区抗震防灾规划要求、旧城区改造抗震防灾规划要求等。

3）城市防灾分区与资源布局

防灾分区与资源布局主要内容和目标；防灾分区的划分原则；防灾资源布局原则；防灾管理分级与分区；防灾通道保障要求；防止次生灾害蔓延隔离带设置要求；城市防灾资源布局对策。

4）城市土地抗震利用规划

在对规划区内的场地环境进行地震工程地质调查和评价的基础上，提出土地利用抗震防灾有关要求，城市用地适宜性要求和措施等。

5）生命线系统抗震防灾规划

针对供电、交通、供水、燃气等城市基础设施系统和对抗震救灾起重要作用的医疗卫生、消防、通信、物资供应和保障系统等，分别提出抗震防灾要求和应急保障要求，进行现状分析、震害预测，指出各系统现状存在的抗震薄弱环节，制定规划要求和抗震防灾措施。

6）城区建筑抗震防灾规划

包括城区建设和改造的总体要求与对策；重点改造城区及改造要求；城区建设的抗震防灾要求；近期重点建设与改造城区及抗震防灾要求；既有建筑物现状调查、易损性分析、抗震薄弱环节分析；制定规划要求，提出抗震防灾措施。

7）地震次生灾害防御规划

包括次生灾害源的建设和管理；次生灾害防御规划和对策；减轻次生灾害的技术措施等。

8）避震疏散规划

提出避震疏散场所和道路的抗震防灾要求；对城市现状可用的避震疏散场所、道路等进行调查，做出安排和建设改造要求；避震疏散场所的管理和宣传教育。

9）灾后应急与恢复重建规划

制定城市地震灾后应急和恢复重建对策。

10）规划实施和保障

包括近期和中远期的抗震防灾建设实施安排；城市抗震防灾规划管理机构、法规和制度建设、队伍建设、宣传培训、经费投入保障等。

11）修订和解释

城市抗震防灾规划的修订和解释有关事项。

以上为城市抗震防灾规划的基本内容体系，在实际工作中，还应进行研究层次的划分，部分工作内容宜按相关要求进行专题抗震防灾研究。

2.2.2 城市用地抗震性能评价

城市用地工程抗震适宜性评价是防灾规划中对城市总体规划具有强制性的核心内容之一，应在进行城市用地抗震类型分区和不利因素评价估计的基础上，进行防灾适宜性评价，提出城市规划建设用地选择以及相应的城市建设抗震防灾要求和对策。其主要工作内容包括：城市用地抗震防灾类型分区，场地地震破坏效应及不利地形影响估计，抗震适宜性评价。

编制城市抗震防灾规划，首先要对城市可能遭受的地震作用进行估计，进行地震危险性分析，估计地震动和可能出现的地面破坏，从而对城市可能遭受的破坏和经济损失、人员伤亡进行预测，并依此制定相应的对策，编制切实可行的抗震防灾规划。

在对地区性的地震危险程度进行评估的基础上，进一步考虑局部场地条件对各种地震动效应的影响，反映不同区域可能产生的地震作用和地震地面破坏效应，从而对场地进行工程评价和决策研究。

城市用地抗震防灾类型分区应结合工作区地质地貌成因环境和典型勘察钻孔资料，根据表 2－1 所列地质和岩土特性进行划分。对于一类和二类规划工作区亦可根据实测钻孔和工程地质资料按《建筑抗震设计规范》的场地类别划分方法结合场地的地震工程地质特征进行分区。

表 2－1 用地抗震防灾类型评估地质方法

场地类别	主要地质和地貌单元
Ⅰ	松散地层小于 3～5 m 的基岩分布区
Ⅱ	二级及其以上阶地分布区；风化的丘陵区；河流冲积相地层小于 50 m 分布区；软弱海相、湖相地层 3～15 m

（续表）

场地类别	主要地质和地貌单元
Ⅲ	一级及其以下阶地地区，河流冲积相地层大于50 m分布区；软弱海相、湖相地层16～80 m分布区
Ⅳ	软弱海相、湖相地层大于80 m地区

城市用地地震破坏及不利地形影响应包括对场地液化、地表断错、地质滑坡、震陷及不利地形等影响的估计，划定潜在危险地段。

城市用地抗震适宜性评价结果应按表2-2进行分区，综合考虑城市用地布局、社会经济等因素，提出城市规划建设用地选择与相应的抗震防灾要求和对策。

表2-2 城市用地抗震适宜性评价要求

类别	适宜性地质、地形、地貌描述	城市用地选择抗震防灾要求
适宜	不存在或存在轻微影响的场地地震破坏因素，一般无须采取整治措施： (1) 场地稳定 (2) 无或轻微地震破坏效应 (3) 用地抗震防灾类型Ⅰ类或Ⅱ类 (4) 无或轻微不利地形影响	应符合国家相关标准要求
较适宜	存在一定程度的场地地震破坏因素，可采取一般整治措施满足城市建设要求： (1) 场地存在不稳定因素 (2) 用地抗震防灾类型Ⅲ类或Ⅳ类 (3) 软弱土或液化土发育，可能发生中等及以上液化或震陷，可采取抗震措施消除 (4) 地质环境条件复杂，存在一定程度的地质灾害危险性	工程建设应考虑不利因素的影响，应按照国家相关标准采取必要的工程治理措施，对于重要建筑尚应采取适当的加强措施
有条件适宜	存在难以整治场地地震破坏因素的潜在危险性区域或其他限制使用条件的用地，由于经济条件限制等各种原因尚未查明或难以查明： (1) 存在尚未明确的潜在地震破坏威胁的危险地段 (2) 地震次生灾害源可能有严重威胁 (3) 存在其他方面对城市用地的限制使用条件	作为工程建设用地时，应查明用地危险程度，属于危险地段时，应按照不适宜用地相应规定执行，危险性较低时，可按照较适宜用地规定执行
不适宜	存在场地地震破坏因素，但通常难以整治： (1) 可能发生滑坡、崩塌、地陷、地裂、泥石流等的用地 (2) 发震断裂带上可能发生地表位错的部位 (3) 其他难以整治和防御的灾害高危害影响区	不应作为工程建设用地。基础设施管线工程无法避开时，应采取有效措施减轻场地破坏作用，满足工程建设要求

2.2.3 生命线系统抗震防灾规划

灾害实践表明，地震是造成生命线工程破坏的主要自然灾害之一。在城市遭遇破坏性地震时，生命线系统能否保证正常运转，将会直接影响人民生活、企业生产、社会稳定、救灾和恢复重建工作。在进行抗震防灾规划编制时，应结合城市生命线各系统的专业规划，根据其在抗震防灾中的重要性和薄弱环节，提出各系统规划布局、建设和改造的抗震防灾要求和措施。

2.2.3.1 规划内容的统一要求

在对各城市生命线系统进行抗震性能评价的基础上编制抗震防灾规划，规划内容应满足以下要求：

(1) 针对各系统的抗震安全和在抗震救灾中的重要作用提出合理有效的抗震防御标准和要求。

(2) 应提出各系统中需要加强抗震安全的重要建筑和构筑物。

(3) 应对不适宜生命线系统的用地，提出抗震改造和建设对策与要求。

(4) 根据城市避震疏散等抗震防灾需要，提出城市生命线系统布局和建设改造的抗震防灾对策与措施。

(5) 各系统的抗震防灾规划，均应包括(6)～(11)这几方面的内容。

(6) 规划防御目标。

(7) 现状基本情况。

(8) 抗震性能评价(部分系统)。

(9) 抗震方面存在的问题。

(10) 抗震防灾对策措施。

(11) 应急和抢险方案。

2.2.3.2 各系统的专业规划要点

1) 供电系统

电力系统中，各个环节形成相互联结的网络，与其他系统的关联程度也比较高，属于生命线系统中的关键系统。供电系统规划的重点是：

(1) 保证供电系统在遭遇地震时的功能不丧失或基本不丧失，重要的是制定保证电网稳定和安全的防灾对策，对于重要的部门，提出进行应急供电保障的策略和对策。

(2) 对可能导致大面积、长时间停电的电力枢纽如主电厂、核心变电站和超高压输电线路及系统调度楼等重要建筑工程和设施，制定相应的保障措施和应急对策。

(3) 针对不同建筑、设施的易损性分析，找出薄弱环节，制定详细的减灾对策。

2) 供水系统

(1) 从水源布局、取水构筑物到供水设备和管网，基于易损性分析评价结果，制定减轻灾害的规划，对不满足抗震要求的提出加固、改造规划。

(2) 为保证次生灾害的救护及震后救灾、生活的需要，对系统提出应急对策和抢险方案。

(3) 对提高供水设施抗震性能提出相应对策。

3）供气系统

供气系统是城市的能源供应系统，制定相应的防灾规划时，应考虑地震可能引起的次生灾害，并针对性提出防御对策。其规划重点是：

（1）对城市供气系统从抗震防灾的角度提出规划，包括气源（储气设施）和油源（油库）的合理布局、干线管网的防灾减灾策略和提高其可靠性的措施等。

（2）制定保证和提高供气和供油设施的抗震能力的措施和对策。

（3）制定地震时可能引发的次生火灾、爆炸的防止和应急对策。

4）交通系统

（1）对路段、桥梁和地震安全性和抗震能力的薄弱环节提出对策。

（2）对城市主次干道考虑地震时的救援和避震抢险的需要，制定相应的减灾规划和应急对策。

（3）对铁路、民航、港口等指挥控制建筑和重要设备制定防灾规划，不满足抗震防灾要求的需要制定相应的加固和改造规划。

（4）对交通系统中的中转建筑以及相关设施，制定保证衔接和配套的具体措施等。

（5）结合避震疏散要求，制定避震疏散道路建设改造要求。

5）通信系统

通信系统抗震防灾规划制定的目的是保障地震时系统的畅通，避免数据受阻，其规划重点是：

（1）应急通信系统的配置和可靠性的最低要求。

（2）城市长途通信枢纽布局、通信网络的多路化、通信设施的抗震防灾配置要求的规划。

（3）制定通信系统建筑与设备的减灾对策和措施，对需要加固和改造的建筑及设备制定相应的计划和策略。

6）医疗系统

医疗系统的抗震防灾目标是保障医疗卫生系统在地震时的功能，在震后更快地进入救护状态，并完成震后的防设工作。其规划重点是：

（1）制定提高或改善医疗工程和设施抗震能力的对策，确保震后医疗机构的功能。

（2）针对抗震性能评价的结果，制定医疗系统的应急对策。

（3）医疗系统的流动医疗队伍的应急配置对策等。

7）消防系统

消防系统的抗震防灾规划编制的要点是贯彻“平震结合”的原则，重点考虑以下问题：

（1）对于较强的地震突发灾害，应从中远期防灾规划的角度，制定消防机构的分布、消防设施的布局和设置等对策。

（2）对有潜在火灾危险源点的工程设施（如危险品工厂、仓库等）提出制定消防协同管理的策略和应急对策。

(3) 对重点消防车库、器材库和指挥系统的建筑制定提高和改善其抗震能力的对策和措施。

8) 物资供应和保障系统

物资供应和保障系统抗震防灾规划的基本目标是,在城市遭受较严重的地震灾害时,能够在一定时间内维持城市的基本生活保障,规划重点是:

(1) 维持城市物资供应和保障的应急对策。

(2) 城市生活物资储备对策,抢险救灾物资的保障对策和使用规定。

2.2.4 城市建筑抗震防灾规划

历次地震灾害表明,建筑物的破坏是城市地震灾害中最主要的形式。人员伤亡、经济损失主要是建筑破坏造成的;生命线工程的震害、某些次生灾害也在不同程度上受建筑物破坏的影响。因此,建筑物破坏程度及其分布情况是衡量城市地震灾害规模的重要指标。建筑物抗震性能评价是城市抗震防灾基础工作的重要组成部分,也是编制城市抗震防灾规划的核心内容。其目的是分析城市建筑物在遭受不同地震烈度影响时,建筑物所具有的抗震能力和可能产生的破坏。通过分析,深入了解城市地震灾害规模及其分布情况,正确地评价城市各类房屋的抗震能力、薄弱环节以及完成其预定功能的状况,为开展城市抗震防灾工作提供科学的依据。

城市建筑抗震防灾规划,重点是在建筑抗震性能评价的基础上,针对不同类别的建筑,分别提出抗震防灾对策和要求,以指导城市建设和发展,并在城市发展的过程中逐步提高城市的整体抗震防灾能力。

(1) 既有重要建筑:提出进行抗震鉴定和加固的要求和措施;提出专门的抗震防灾对策。

(2) 城区既有一般建筑:找出薄弱环节,提出城区抗震建设与改造规划的要求和措施;对于高密度、高危险性的城区,提出城区拆迁、加固和改造的范围、对策和要求等。

(3) 新建建筑工程:应针对不同类型建筑的抗震安全要求,结合城市地震地质和场地环境、用地评价情况、经济和社会的发展特点,提出抗震设防对策和要求。

一般新建工程的抗震设防要求可参照国家现行标准。考虑到震害严重程度、不利场地因素、救灾所起作用等因素,对某些建(构)筑物,规划中可以提出更高的抗震设防要求或提高抗震能力的措施。

(4) 文物保护建筑:经抗震鉴定严重不满足抗震要求的保护建筑,应在近期提出抗震加固或改造方案;对于一般不满足抗震要求的保护建筑,建议制定中长期的抗震加固计划,结合城市改造逐步解决抗震能力不足的问题。

抗震加固应与保护协调并重,保持文物古迹的原真性;在对文物保护建筑采取抗震加固措施时,应同时提高其防御地震次生灾害的能力,特别是防御次生火灾的能力。

(5) 历史文化名城、街区或文化名村:规划重点是解决旧城区(村庄)中避震疏散道路和场所不满足要求的问题，同时对建筑提出鉴定和加固要求；抗震加固改造应保护原有特色，不改变传统风貌。

2.2.5 城市地震次生灾害防御规划

2.2.5.1 次生灾害危险源的种类和分布

地震次生灾害源点主要包括：易燃易爆源、有毒物质源、生物污染源、放射性污染源以及水灾、地质灾害(山体崩塌、滑坡)等地震次生灾害源点。

(1) 易燃易爆源点：常见的有加油站、加气站、储油储气站、烟花爆竹厂、炸药制作与储存库房以及其他易燃易爆的化工产品、制剂等。

(2) 有毒物质源点：主要有毒品化工厂(如制氯车间)、毒品储存库、农药制造厂、农药储存库房、药品制造与储存库等。

(3) 生物污染源点：主要有生物菌种储存库、试验室、医疗单位的生物垃圾等。

(4) 放射性污染源点：主要有核燃料(铀、钚等)加工厂、储存库、医院的钴 60 等。

(5) 水灾源点：主要是位于城市上游的水库、水坝等。

(6) 地质灾害点：主要有山体崩塌、滑坡、泥石流等。

2.2.5.2 次生灾害源点的抗震设防

除山体崩塌、滑坡等地质灾害外，制造、加工、储存易燃、易爆、毒品、细菌、放射性原料等次生灾害源点大多有建筑、有配电设备以及盛装危险物品的容器等。因此，除了要求不满足抗震要求的建筑须进行抗震加固，还要求对次生灾害源点中的配电设备、非移动的机电与加工设备也应采取抗震锚固措施。对倾倒、碎裂后易产生燃烧、爆炸、溢毒、放射性污染、生物污染、化学污染等盛装危险物品的容器应设置防止倾倒护栏，对放置容器的架柜应有防倾倒的锚固措施，对碰撞易碎的脆性容器应设置防碰撞措施。因此，次生灾害源点的抗震设防主要包括以下要求：

1) 次生灾害源点的新建建筑

次生灾害源点的新建建筑，应按《建筑工程抗震设防分类标准》规定设防类别和相关的建筑抗震设计规范、标准进行抗震设防；对未经抗震设防或未达到《建筑工程抗震设防分类标准》规定设防类别的已有建筑，应进行抗震鉴定，对不满足抗震鉴定要求且有加固价值的，应制定抗震加固计划，并纳入抗震防灾规划一并实施。

2) 地震次生灾害源点

易燃源、易爆源、毒品源、细菌源、放射性污染源以及水灾、地质灾害(山体崩塌、滑坡)等地震次生灾害源点的隶属部门和单位，应制定各自次生灾害源点的抗震防灾规划，主要应包括下列内容：

(1) 规划的防御目标。

(2) 本次生灾害源点的基本情况(现状)。

(3) 抗震方面存在的主要问题(包括次生灾害的影响范围)。

(4) 在中震、大震和超大震情况下,预防地震次生灾害发生的对策措施。

(5) 应急预案(主要包括抢险救灾、事故紧急处置等方面的对策措施)。

3) 建筑抗震设防要求

对储存高、中放射性物质或剧毒物品的仓库应按不低于重点设防类(乙类)进行抗震设防;对储存易燃、易爆物质等具有火灾危险性的危险品仓库应按重点设防类(乙类)进行抗震设防。

4) 设备的抗震措施

次生灾害源点中,电气设备应符合抗震要求;新建源点中的加工机械与电器设备应与基座有锚固措施;已建源点中的加工机械与电气设备,凡是没有锚固的,应在近期内采取锚固措施,避免在地震中产生位移或倾倒。

5) 容器的抗震措施

对倾倒、碎裂后易产生燃烧、爆炸、溢毒、放射性污染、生物污染、化学污染等容器,应满足下列防护要求:

(1) 对放置在基础台、地板、楼板上的容器,应设有防止倾倒的护栏。

(2) 对放置容器的架柜,应有防止倾倒的锚固措施;架柜中的容器应设有防止掉落的挡板等保护措施。

(3) 对碰撞易碎的脆性容器,应设有防止地震中发生水平碰撞和竖向颠簸的防护措施。

2.2.5.3 防御对策和措施

1) 次生灾害源点的防御规划

地震次生灾害种类繁多,制造工艺、加工方法、储存方式等都有各自的要求,成灾机制也各不相同,因此要求次生灾害源点的隶属部门和单位应制定自己的抗震防灾规划和应急、抢险预案。防御规划中应特别注意在大震和超大震情况下实现防御目标的对策措施,当所采取的对策措施不能或难以达到防御目标要求时,建议外迁。

次生灾害源点的防御规划主要包括以下内容:

(1) 次生灾害源点的隶属部门和单位,应制定抗震防灾规划和应急、抢险预案;应急、抢险预案中应包括专业队救援行动计划和救援物资准备;扑救油、气、化学有毒有害物质的专门灭火器材和原料;毒气中和、细菌杀灭药剂的准备;防洪护堤抢险器材、物资、打捞设备的准备等。

(2) 凡是生产和储存易燃、易爆、毒品及放射性物质的工厂、仓库和货场,必须严格按照有关规定与居民区、避震疏散场所保持足够宽度的隔离带。

(3) 新建工程选址时,应选择抗震有利场地,并应远离人口稠密地区和城区的上风、上水方向。

(4) 对于现有的位于居民区、避震疏散场所周围的地震次生灾害危险源点,应根据危险程度,制定外迁计划,限期迁出城区;对不能立即迁出的,应采取有效的保护、隔离措施。

结合消防规划，分期分批迁出同居住用地混杂的易燃易爆危险品生产、储存企业。

(5) 防汛抗旱主管部门负责并会同有关部门应对规划区内的防洪大堤和江、河涵闸以及上游水库大坝进行抗震检查和鉴定；制定防洪规划，特别应注意长江和沱江大堤的安全和地震发生时的次生水灾的防御。

(6) 山体崩塌、滑坡等地质灾害的防御符合用地抗震适宜性评价的有关要求。

2) 次生灾害防御的管理对策

次生灾害防御管理主要包括制度管理规定、管理体制、管理制度以及管理方案中的对策和行之有效的措施等。

(1) 抗震主管部门与公安、消防、石油、公路、化工等部门要强化对储油、储气、加油、加气、化工厂、仓库等设备安全和消防系统的检查、监督、管理制度。

(2) 对易于产生次生灾害的重点单位进行消防分工，充分发挥专业消防和企业消防二者的作用。各主要负责中队应派出战斗班，会同其所管单位，共同制定预防、救治次生灾害的方案。

(3) 对易燃、易爆、有毒物品的存放单位、生产单位或部门必须严格执行有关的储存、生产、管理规定。

(4) 各次生灾害源的主管部门，应加强对地震次生灾害的防护工作，提高自救能力，制定相应的规章制度，并在人员组织和防护设施、物资上做好准备。

(5) 加强减轻地震次生灾害知识的宣传和普及教育工作。

3) 次生灾害防御的技术对策

次生灾害防御的技术对策是针对某种有可能产生次生灾害情况的具体防御措施或方法。各次生灾害源点应针对危险源的地震成灾特点，制定相应的技术防御对策与措施。

2.2.6 避震疏散规划

避震疏散的目的是引导人们在震情紧张时撤离地震危险度高的住所和活动场所，集结在预定的比较安全的场所。在编制城市避震疏散规划时应从实际出发，根据震时需要和实际可能提供的场所状况适当安排，并制定管理规定，尽量避免震时可能出现的恐慌和不稳定情况。

城市避震疏散规划是城市抗震防灾规划的重要组成部分，合理的城市避震疏散规划对提高城市综合抗震防灾能力、减轻地震中的人员伤亡有着非常重要的意义。城市避震疏散规划的主要内容应包括避震疏散场地、设施、疏散的人口数量及其在市区的分布和疏散场所安排，避震疏散道路、疏散管理对策与防灾据点、防灾公园的规划建设，避震疏散规划的计算机管理等。

2.2.6.1 避震疏散场所规划要求

1) 避震疏散场所人均面积要求

根据《城市抗震防灾规划标准》的有关规定，避震疏散场所分为三个层次：紧急避震疏散场所、固定避震疏散场所和中心避震疏散场所。由于疏散保障功能不同，人均避震疏散面积也不相同，紧急避震疏散场所人均有效避难面积小于 1 m^2；固定和中心避震疏散场所人均有效避难面积不小于 2 m^2。

2）避震疏散场所设置

(1) 避震疏散场所需要满足相应的设置要求，包括设置类型、交通设施、救灾道路要求、服务范围、规模、避灾面积要求、防火带设置、基础设施要求及其他要求等。不同类别的场所，技术要求不同，从紧急避震疏散场所、固定避震疏散场所到中心避震疏散场所，分层次分级别设置，进行规划安排，提出改造建议，以满足不同应急情况下的要求。

(2) 防灾据点建筑的数量和容量，可根据大震时受伤人员预测数量的 20%设置。可选择大型体育场馆、影剧院、会展馆等公共建筑和中小学教室等作为防灾据点，用作医疗卫生机构的临时工作场所和重伤病员以及产妇等的临时安置场所。

3）避震疏散场所安全要求

在城市新建避震疏散场所时，应保证避震疏散场所及其周边疏散道路的安全，并符合下列要求：

(1) 避震疏散场所应避开发震断裂区，山体崩塌、滑坡地区，以及地震次生灾害(特别是火灾)源的地区；当无法避开时应采取有效的保障措施。

(2) 避震疏散场所宜选择地势平坦、开阔、不会被地震次生水灾(江岸溃堤)淹没的地段；还应避开低洼地以及沟渠和水塘较多的地带。

(3) 避震疏散场所应远离易燃易爆物品生产工厂与仓库、高压输电线路及可能震毁的建筑物；有便利的交通环境、较好的生命线供应保证能力以及必需的配套设施；配备必要的消防设施、消防通道；安排应对突发次生灾害的应急撤退路线，筹划一定救助设施，具备对伤病人员及时治疗与转移的能力；与火灾危险源之间应设置防火隔离带。

(4) 应保障避震疏散场所各种工程设施的抗震安全。

2.2.6.2 避震疏散道路规划要求

应在城市现有路网的基础上，结合抗震救灾的要求提前进行避震疏散道路规划，明确城市主要出入口和对外交通方式，确定救灾干道和疏散主干道、次干道，构建互通性强的城市救灾道路网络，并分别提出技术要求，对不满足防灾要求的道路，配合总体规划中的城市道路交通规划提出改造建议。

避震疏散道路规划建设，应满足以下要求：

(1) 用作避震疏散的道路应满足地震时的抗震救灾要求。

(2) 主要疏散干道出入口宜建设或改造成具有抗震能力的立交设施。

(3) 道路两旁有易散落、崩塌危险的边坡，以及地震中易破坏塌落影响通行的非结构构件时，应及时排除或加固，同时提高主要桥梁的抗震能力。

(4) 各区、街道、社区共同制定责任范围内各居民点的疏散方案，原则上应快捷、安全、不堵塞疏散道路，能顺利到达疏散地点。

(5) 城市交通主管部门应制定保障城市出入通道畅通的应急措施。

(6) 固定疏散场所对外交通道路的保证有效宽度应不小于7 m。

(7) 城市避震疏散道路应满足以下要求：

① 救灾干道：以城市对外交通性干道为主要救灾干道，保证有效宽度不小于15 m。大城市的出入口不少于8个。

② 疏散主干道：以城市主干道(生活性主干道、交通性主干道)为主要疏散干道，保证有效宽度不小于7 m；与救灾干道一起形成网络状连接。

③ 疏散次干道：以城市次干道作为疏散次干道，保证有效宽度不小于4 m。

2.2.7 信息管理系统

目前在抗震研究领域，地震灾害的预测、评估和决策系统的研究也越来越受到重视。传统的抗震防灾决策方法缺乏直观性和可视化，往往需要耗费大量的时间和人力来进行数据的处理和分析工作，同时又不能对有关信息进行动态管理，因此对整个城市的抗震防灾决策而言，传统的方法难以满足城市地震灾害预测和决策的要求。

随着计算机技术、网络技术以及GIS的不断开发和发展，城市抗震防灾规划的编制工作也在与时俱进。由20世纪80年代开始的以纸质报告、图纸为主要成果，向充分利用现代科技手段提升成果的现时性、实用性发展，城市抗震防灾规划对城市发展的指导作用能够更加充分地发挥。经过多年研究开发，已经形成了具有独立知识产权的城市抗震防灾规划信息管理系统，可运用于城市抗震防灾规划的编制和管理，这极大地提升了城市抗震防灾工作的管理和应用水平。

2.2.7.1 系统主体框架

城市抗震防灾规划信息管理系统为中国建筑科学研究院自主开发、具有独立版权的应用软件，提供了图形与工程设施的属性信息关系平台。运用该系统可对城市现有地面建筑等工程进行可视化、动态化管理。通过对城市建筑工程等普查资料的数字化和档案信息的录入，可建立起城市平面图中建筑图形与相关档案信息一一对应的管理系统，在城市发展过程中可以随时更新，输入、修改、查询相应档案信息，在此基础上可进行震害预测，并可实现避震疏散方案的优化建立、查询和疏散模拟。这些功能的运用可为政府有关部门的决策提供参考。

系统建立后，可进行城市建筑工程等档案数据统计(可分别针对不同属性给出统计数据)、震害预测(抗震能力评定)、经济损失和人员伤亡估计、避震疏散规划等，实施城市抗震防灾辅助决策，并随城市建设的发展对各类信息进行动态管理与即时更新，使城市建筑工程的管理过程动态化、实时化，实现顺畅良好的循环。

震害预测、经济损失、人员伤亡的估计可根据需要选择多种预测方式，可进行全市范围的预测，也可进行局部预测。局部预测时可通过点选或窗选任意选择工作范围，如某单位、某街区或局部行政区等，以满足多元化的需要。

系统的另一个重要功能是对各类地上工程如建筑、场地、道路、桥梁、烟囱、水塔等进行档案数据统计。以此作为基础平台，还可根据管理需求进行功能扩展，以进一步提高系统的实用性。

系统的总体框架如图 2-1 所示。

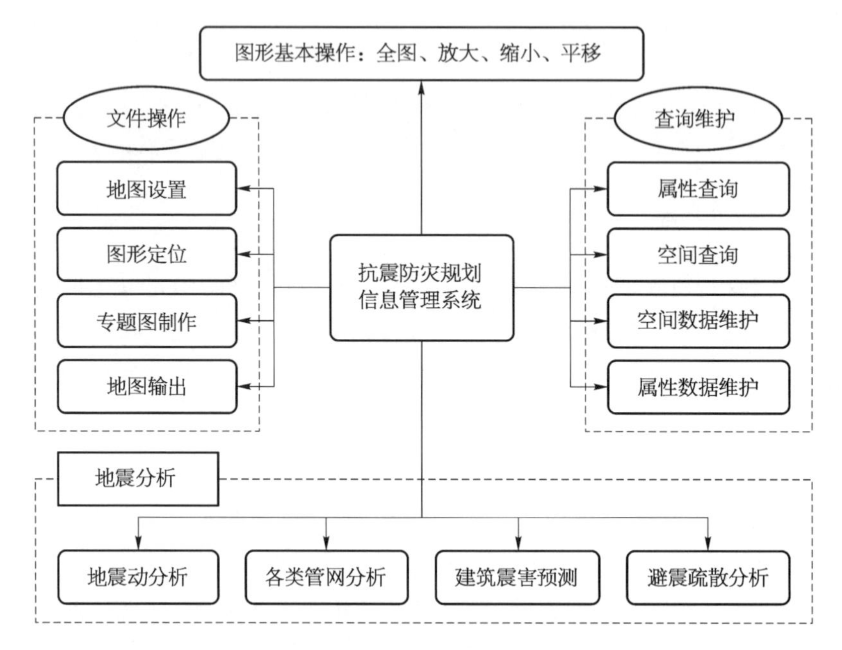

图 2-1 抗震防灾规划信息管理系统总体框架

2.2.7.2 系统界面和主要功能

抗震防灾规划信息管理系统整合了多个实用模块(程序)，具有操作简单、使用方便、动态管理、修改快捷的特点，实现了城市抗震防灾规划的信息数字化管理，这极大地加强了城市抗震防灾规划的实用性和可操作性，以下就该系统的界面、主要功能等进行简单介绍和图示。

1) 系统主界面

图 2-2 为某城市局部平面图(可无级缩放，显示全市图或局部)，以城市地形图为基础，真实反映城市现状。图 2-2 中公园、绿地、操场等为场地(可作避震疏散用)，其余多边形(大多为规则矩形)代表不同结构类型的房屋或其他地上工程，浅灰色为道路，在系统建立完善后，均可查询相关的档案信息。

2) 绘图菜单

在城区平面图上，有封闭边界且按一定比例定位绘制的图形可代表建筑物、场地等并可赋予档案信息。在系统建立过程中，绝大部分图形可通过城市地形图矢量化转换得到。在已建立的城区平面图基础上，也可在软件中直接定位绘制。这主要用于城市发展中局部、个别建筑的更新改造。图 2-3 为绘图菜单。

图2-2　抗震防灾规划信息管理系统主界面

图2-3　抗震防灾规划信息管理系统绘图菜单

3）图形修改菜单

本系统具有强大的图形修改功能，可对现有图形进行各种操作，图形与其所有的档案信息是一一对应的，在删除、复制等操作中，档案信息随图形删除或被复制，部分图形的编辑操作对系统中整体的数据库对应关系完全没有影响。通过一些图形修改功能（填充、线型、图色等的设定）的运用，可以调整系统界面的显示方式和风格。图 2－4 为图形修改菜单。

图 2－4　抗震防灾规划信息管理系统图形修改菜单

4）档案菜单

图形与档案信息的对应关系是本系统的重要功能和独具的特点。为图形输入档案使城市建筑工程的可视化管理成为可能，档案在输入后可方便地点击进行查询，并具有多种编辑功能，以便实时更新和修改，适应城市发展中的实际要求。

在输入房屋结构类型信息后，“图形自动填充颜色”功能可自动按设定以不同颜色表示不同的结构类型，一目了然。“由档案中的地址查图形”功能可在输入准确地址后迅速定位建筑所在位置。图 2－5 为档案菜单。

图 2－6～图 2－7 分别为建筑档案信息输入与修改对话框、建筑档案查询列表框。

图 2－5　抗震防灾规划信息管理系统档案菜单

除建筑工程档案以外，还可输入场地、道路及其他各类地上工程的档案信息。

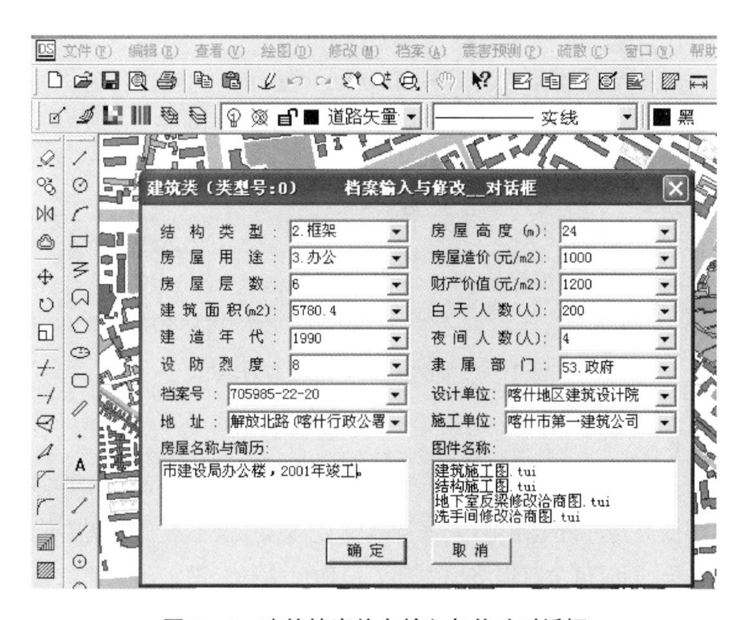

图 2－6　建筑档案信息输入与修改对话框

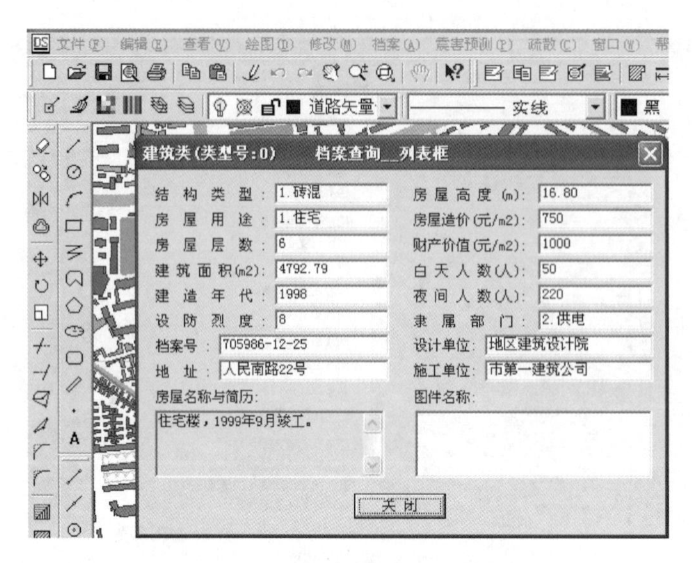

图 2-7 建筑档案信息查询列表框

除建筑外，系统还可以对场地、道路以及其他多种地上构筑物进行管理，均可进行档案输入与修改及查询。图 2-8 为场地档案信息查询列表框；图 2-9 为道路档案信息输入与修改对话框。

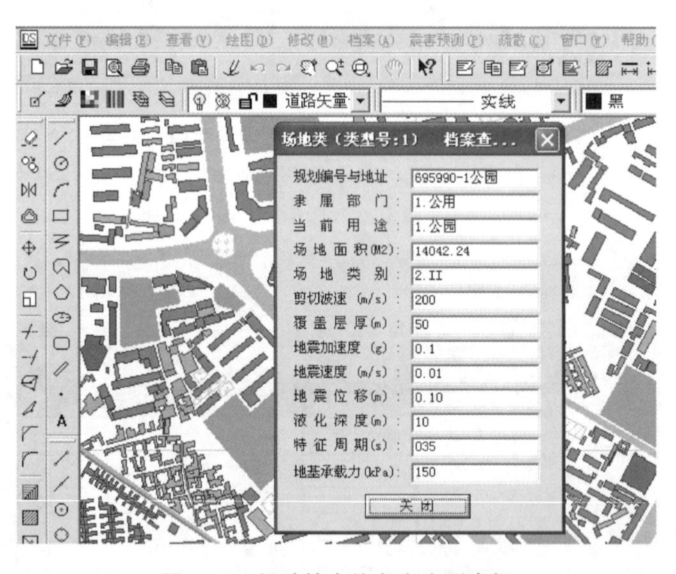

图 2-8 场地档案信息查询列表框

5）震害预测菜单

在城区建筑普查的基础上，将城区建筑矢量化并输入工程档案后，即可随时进行震害预测。震害预测可根据需要进行全市范围、框选范围、任意范围(不规则形状单位或小区)的预测，并即时给出预测结果；同时可进行经济损失和人员伤亡估计。震害预测菜单如图 2-10 所示。

各类预测结果均可在图上用不同颜色显示，也可以表格方式即时显示，或以文本格式输出。

图 2－9　道路档案信息输入与修改对话框

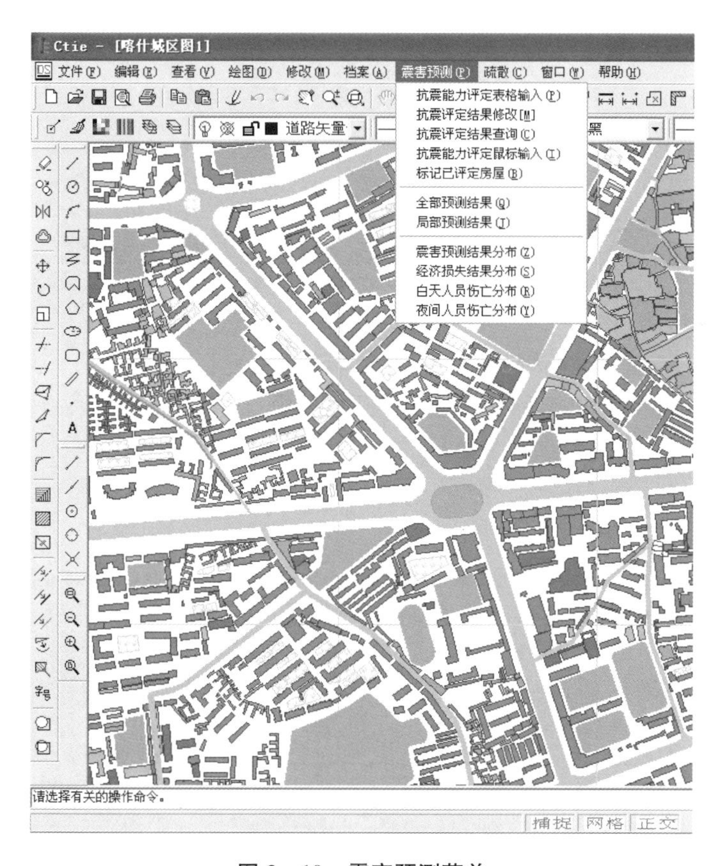

图 2－10　震害预测菜单

图 2－11 为震害预测结果图，图 2－12 为建筑震害预测结果列表。

图 2－13 和图 2－14 分别为经济损失预测结果图和预测结果列表。

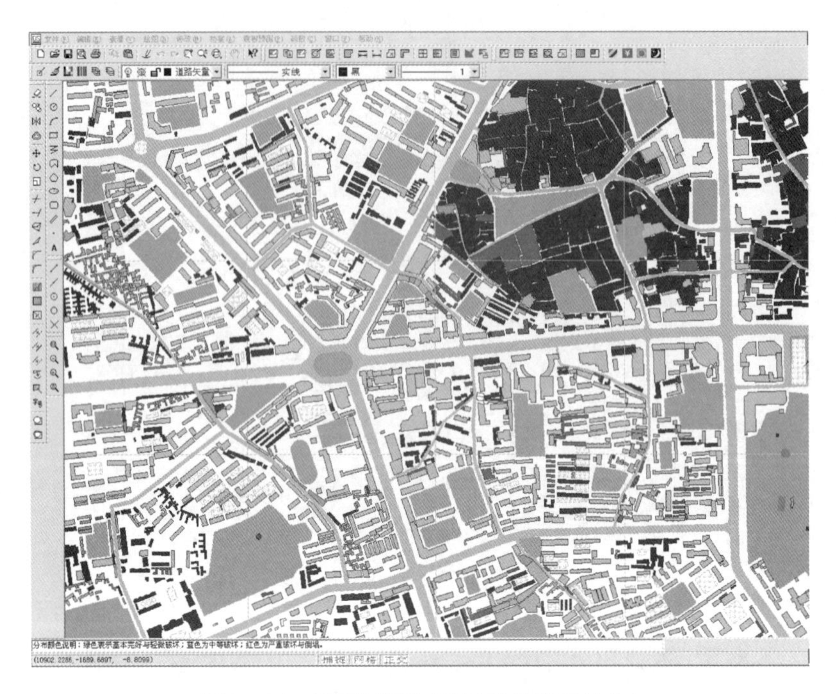

图 2-11　震害预测结果图(建筑震害分布)

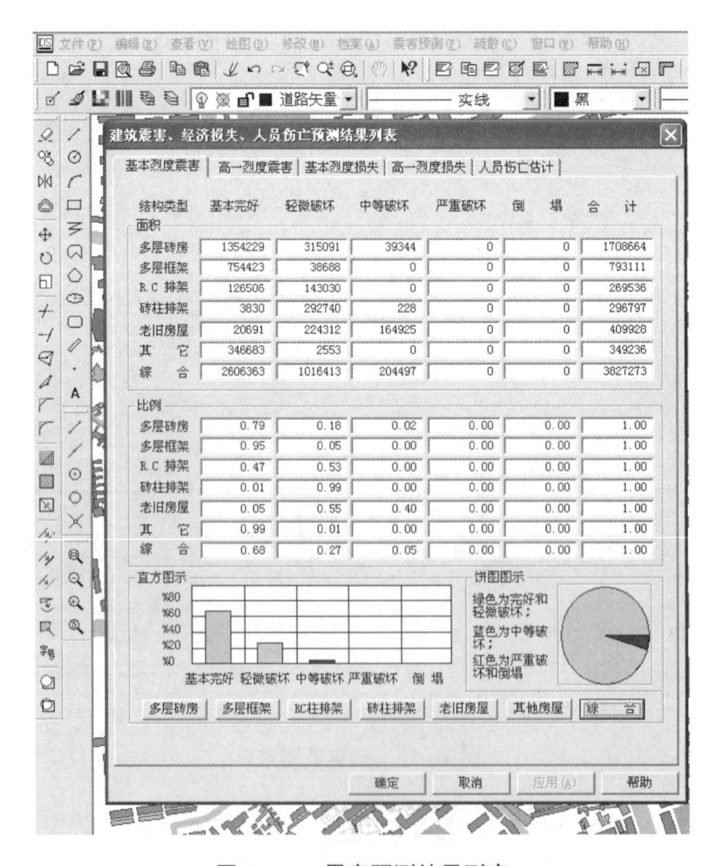

面积

结构类型	基本完好	轻微破坏	中等破坏	严重破坏	倒　塌	合　计
多层砖房	1354229	315091	39344	0	0	1708664
多层框架	754423	38688	0	0	0	793111
RC 排架	126506	143030	0	0	0	269536
砖柱排架	3830	292740	228	0	0	296797
老旧房屋	20691	224312	164925	0	0	409928
其　它	346683	2553	0	0	0	349236
综　合	2606363	1016413	204497	0	0	3827273

比例

结构类型	基本完好	轻微破坏	中等破坏	严重破坏	倒　塌	合　计
多层砖房	0.79	0.18	0.02	0.00	0.00	1.00
多层框架	0.95	0.05	0.00	0.00	0.00	1.00
RC 排架	0.47	0.53	0.00	0.00	0.00	1.00
砖柱排架	0.01	0.99	0.00	0.00	0.00	1.00
老旧房屋	0.05	0.55	0.40	0.00	0.00	1.00
其　它	0.99	0.01	0.00	0.00	0.00	1.00
综　合	0.68	0.27	0.05	0.00	0.00	1.00

图 2-12　震害预测结果列表

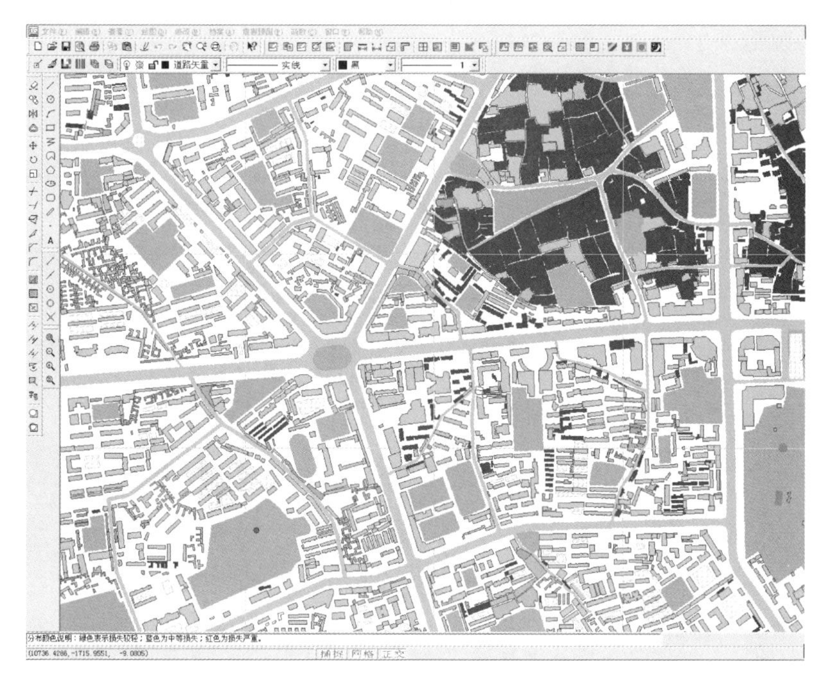

图 2－13　经济损失预测结果图

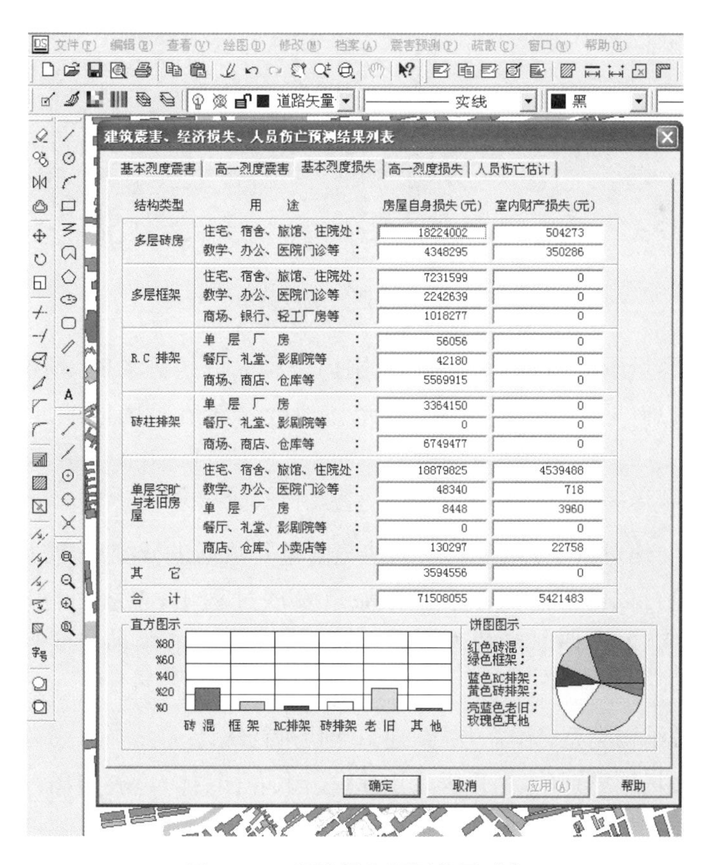

结构类型	用　途	房屋自身损失(元)	室内财产损失(元)
多层砖房	住宅、宿舍、旅馆、住院处：	18224002	504273
	教学、办公、医院门诊等　：	4348295	350286
多层框架	住宅、宿舍、旅馆、住院处：	7231599	0
	教学、办公、医院门诊等　：	2242639	0
	商场、银行、轻工厂房等　：	1018277	0
R.C 排架	单　层　厂　房　：	56056	0
	餐厅、礼堂、影剧院等　：	42180	0
	商场、商店、仓库等　：	5569915	0
砖柱排架	单　层　厂　房　：	3364150	0
	餐厅、礼堂、影剧院等　：	0	0
	商场、商店、仓库等　：	6749477	0
单层空旷与老旧房屋	住宅、宿舍、旅馆、住院处：	18879825	4539488
	教学、办公、医院门诊等　：	48340	718
	单　层　厂　房　：	8448	3960
	餐厅、礼堂、影剧院等　：	0	0
	商店、仓库、小卖店等　：	130297	22758
其　它		3594556	0
合　计		71508055	5421483

图 2－14　经济损失预测结果列表

6）避震疏散菜单

图 2－15 为避震疏散菜单，可建立方案并进行方案模拟和方案查询。图 2－16 为避震疏散结果图。

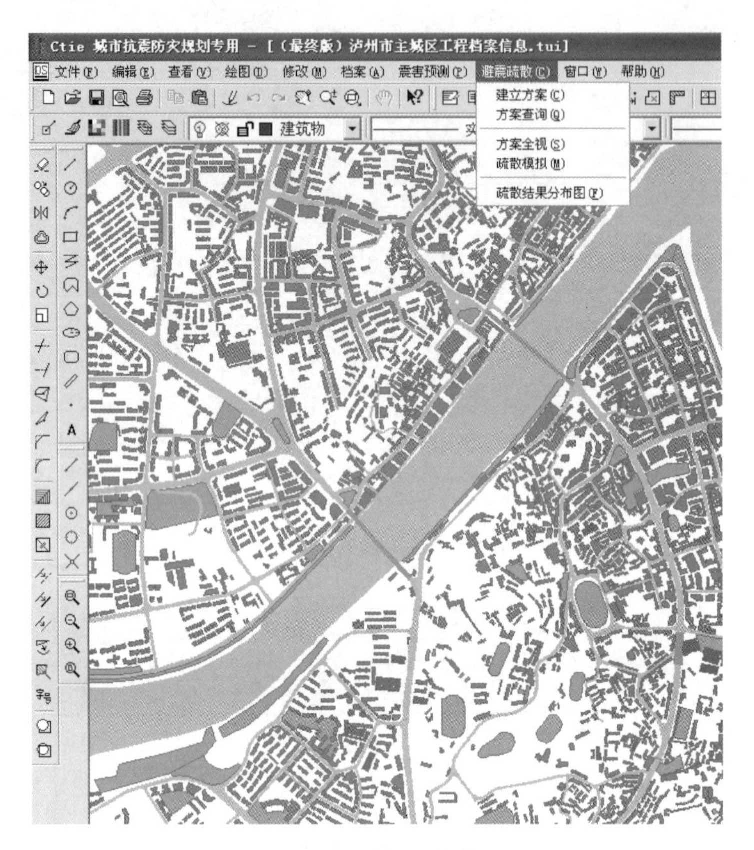

图 2－15　避震疏散菜单

当疏散场地容量不能满足周围一定范围内避震人群的需求时，场地以及不能完全疏散的建筑物将以鲜明的品红色显示，提示该地区局部疏散场地不足，应增设以满足要求。

7）统计功能

本系统可方便地对城市建筑工程、场地等的重要数据进行统计，统计结果可在图形界面即时显示，也可以输出生成报表。在城市发展过程中，系统可随时更新，统计数据可自动随系统中工程档案的修改而更前倨后恭，及时准确地反映城市建设的发展现状。

（1）建筑：按结构类型、用途、层数、建造年代进行统计。

（2）场地：按场地类别（Ⅰ～Ⅳ类）、用途（公园、花园、体育场、广场、建筑场地、菜地、农田等 9 类）进行统计。

（3）道路：按道路类型、路面材料、等级、宽度、建设年代等进行统计。

图 2-16 避震疏散结果图

注：疏散场地引出的放射线为周围建筑物中避震人群的疏散去向。可建立方案进行疏散模拟。

(4) 桥梁：按桥梁类别、结构类型、载重吨位、长度、宽度、建造年代进行统计；以及对水塔、烟囱等进行重要参数统计。

以某城市建筑统计为例：按房屋结构类型统计见表 2-3，按房屋用途统计见表 2-4。

表 2-3 某市各类房屋栋数与建筑面积

结构类型	总栋数	总面积 /m^2	设防栋数（含加固）	设防面积 /m^2（含加固）	设防所占比例/%
砖混房屋	22 170	20 428 182.76	7 270	12 004 213.42	58.76
混凝土房屋	2 653	12 381 314.00	2 420	11 741 346.00	94.83
R.C 柱排架	230	513 391.00	111	201 611.00	39.27
砖柱排架	344	268 866.00	97	45 226.00	16.82
老旧房屋	5 801	948 744.40	355	77 070.00	8.12
其他结构房屋	70	64 653.00	51	46 278.00	71.58
合　计	31 268	34 605 151.16	10 304	24 115 744.42	69.69

表 2-4 某市各用途房屋栋数与建筑面积

用　途	总栋数	总面积/m^2	设防栋数（含加固）	设防面积/m^2（含加固）	设防所占比例/%
1. 住宅	27 471	29 139 816.45	8 490	20 389 164.00	69.97
2. 教学	547	1 007 605.71	279	682 924.42	67.78
3. 办公	742	1 460 907.00	410	1 151 712.00	78.84
4. 门诊	45	76 848.00	21	49 727.00	64.71
5. 旅馆	47	142 617.00	31	122 299.00	85.75
6. 饭店	56	108 839.00	37	103 783.00	95.35
7. 礼堂	8	19 525.00	4	12 331.00	63.15
8. 影院	8	12 262.00	4	7 692.00	62.73
9. 银行	21	81 964.00	19	80 122.00	97.75
⋮	⋮	⋮	⋮	⋮	⋮
合　计	31 268	34 605 151.16	10 304	24 115 744.42	69.69

第 3 章　城市综合防灾减灾规划

3.1　国内外城市综合防灾发展历程及现状

3.1.1　国内外城市综合防灾发展历程

随着社会经济的快速发展，灾害给各国造成的损失越来越严重，人类逐渐将目光聚焦综合减灾，试图寻找高效的减灾策略。各国学者通过对已完成的灾害研究进行系统的理论总结，认为虽然导致不同地区不同灾害的具体因素不同，但更多也是各种因素综合作用的结果，由此引发了人类对灾害进行综合研究的热潮，提出诸多综合灾害风险管理的模式。尤以 2003 年 Okada 提出的“塔式”模式影响最广，该模式强调以纵向协调为主、横向协调为辅实现整体管理的最优化。国际减灾十年论坛、联合国国际减灾战略（United Nations International Strategy for Disaster, UNISDR）、达沃斯全球风险论坛（Global Risk Forum, GRF）、国际科学理事会（International Council for Science, ICSU）综合灾害风险研究计划（Integrated Research on Disaster Risk, IRDR）、全球环境变化人文因素计划下的综合风险防范科学计划（IHDP - IRC）等诸多国际减灾会议论坛高度重视综合灾害风险管理的理论与实践研究，IIASA - DPR 综合灾害风险管理论坛多次讨论综合灾害管理的“塔”模式和“行动—规划—再行动—再规划”的减灾响应模式，使世界防灾减灾由原来单一的灾害防御向综合防灾减灾转变。在实践方面，已有诸多国家建立起完整的综合防灾减灾体系，如美国、日本、加拿大、英国、澳大利亚、德国、法国、瑞典、俄罗斯等，都取得了巨大的社会效益，极大程度地推动了国际减灾事业的发展，其中尤以美国和日本的综合灾害管理模式最为先进与成功。

1）国外发展历程

美国从 20 世纪 60 年代开始由单一灾种的灾害防御向综合防灾减灾转变，1979 年成立联邦紧急事务管理局（Federal Emergency Management Agency, FEMA）作为应急管理的核心协调决策机构，领导全国防灾减灾工作。2001 年，“9. 11”事件之后将“综合防灾减灾管理体制”上升到“危机综合管理体制”。将灾害分为一般灾害与严重灾害两级进行管理，一般灾害由灾害发生地所在州的相关机构进行统一管理；严重灾害由联邦政府组织领导,由联邦紧急事务管理局统一行政管理。各级政府均有较充足的灾害救援资金预算,分级负担,各负其责,监测、预报及救援的技术装备较为先进;联邦紧急事务管理局与地方紧急事务处理中心共同组建了先进的应急管理协调机构;包括对自然灾害、环境灾害和人为灾害等各类灾害的管理;同时以社区为基础,进行防灾减灾知识宣传与灾害救援;美国灾害管理已具备完整的法律体系。总之,美国已形成比较完整的综合防灾减灾体系,其极大地降低了灾害造成的损失。

日本是最早提出"综合自然灾害风险管理"的概念和基本理论的国家,也是较早开展综合防灾减灾工作的国家,日本的灾害管理体系已成为世界各灾害学者研究与借鉴的对象。日本已建立起包括灾害管理基本法体系、灾害预防法体系、灾害应急对策法体系、灾害恢复重建及其财政金融措施法律体系在内的完整的灾害管理法律体系,为高效的灾害管理提供了较为完善的法律保障。同时,根据"灾害基本对策法"的规定,从国家安全、社会治安、自然灾害等不同方面,建立了国家级、都道府县级、市町村级、当地居民级四级灾害管理体制。在中央和地方均设立了专门的防灾组织机构,依据各类灾害应急规划进行相应的防灾减灾组织协调工作;建立了完善的防灾、救灾、灾后恢复重建综合防灾减灾体系,其中包括灾害监测预报预警系统、信息通信系统、灾害管理信息集成系统、跨区域支持系统、灾害救援体系等;特别注重防灾减灾的宣传教育与防灾演练活动,以及灾害保险等防灾减灾工作保障体系的建设。总之,日本在同一系列灾害作斗争的同时,逐步建立起了较为完善的综合防灾减灾体系,目前正在进一步完善这一综合性的系统工程。

综观美国、日本等发达国家的综合防灾减灾工作,存在诸多共同的先进之处,主要表现在以下几方面:① 具有完善的防灾减灾法律体系,既涉及自然灾害、人为灾害和环境灾害等各类灾害,同时也涉及了防灾减灾各阶段工作的法规,并且从中央到地方均有具体法律法规,形成完整、庞大的防灾减灾法律体系;② 建立起了协调、高效的应急管理体制与机制,设有高层次统一的防灾减灾专业机构,领导组织全国的防灾减灾工作;③ 拥有完善的监测预报预警体系,发达国家高度重视防灾减灾新技术新理论的研究与应用,并在实践中不断完善,应用先进科学技术与理论建立起了较完善的监测预报预警体系;④ 较为先进的应急救援救助体系,专业化的应急救援队伍与广泛参与的社会自救互救相结合的应急救援体系,加之拥有先进的救援设备,使得发达国家建立起了完善的应急救援救助体系;⑤ 完善的防灾减灾保障体系建设,包括防灾减灾专业资金的筹集与管理、有利于防灾减灾事业发展的科技保障、对民众进行防灾减灾科学知识的宣传教育,以及防灾减灾实践演练、减灾保险事业的发展等都被列入防灾减灾保障体系建设,并且已取得了良好的效益。

2) 国内发展历程

我国防灾减灾研究的发展过程与国外相似。新中国成立以前,我国处于农业社会时期,防灾减灾由最初的"听天由命"逐渐向防灾减灾过渡,但防灾减灾过程中存在着较多的迷信思想,且多围绕农业进行洪涝、旱灾、饥荒等方面的防灾减灾工作。新中国成立后,尤其是20世纪80年代末期以来,灾害研究受到极大的重视,出现了一批从事灾害科学研究的科学家、专业研究所和学会，高等院校也相继开设与防灾减灾相关的专业课程。经过二十多年的发展，我国逐步建立起以单灾种纵向体系为主的防灾减灾工作体系，目前正在探索“综合减灾”之路，既包括学者对综合减灾的理论研究，又包括各级政府对综合减灾的实践研究。

在理论研究方面，蒋维、金磊等指出综合防灾减灾是防灾工作发展的必然趋势，提出了综合减灾、减灾模型等概念和评估方法，认为我国应建立综合减灾示范工程，并根据我国在综合减灾管理和法律建设方面的不足，指出我国应该制定《综合减灾法》，他们总结了我国城市综合减灾所面临的九大问题，提出了中国城市发展的综合减灾战略研究的框架思路。原国家科委、计委、经贸委于1989年开始对我国七大类35种自然灾害进行综合研究，经过三十多年的研究，对灾害评估、灾害区划、灾害形成机制、减灾基础能力等有了更加深入与详细的了解。同时，还指出综合减灾是社会发展的需求，是一项复杂的系统工程，应该从综合监测预报系统、综合防灾应急体系、社会救灾重建体系、综合减灾管理系统等四个方面进行综合减灾系统工程的建设，并且推动人文减灾系统工程和国际减灾系统工程的建设；基于自然灾变系统理论，指出多种灾害的综合研究是灾害研究的新方向。朱勋克阐述了《综合减灾基本法》立法的重要意义，建议制定《综合减灾基本法》。万艳华、尚春明、高庆华等从依据、对策、措施要求以及所需技术和防灾减灾规划等方面对城市综合防灾减灾体系建设进行了较全面的论述。马宗晋总结了新中国成立以来我国防灾减灾工作存在的问题与不足，从多灾相关的灾害链角度论述我国综合减灾构想。史培军通过对2008年南方雪灾经验教训的总结，认为我国应尽快实现减灾战略转变，形成各级政府的综合减灾体系，提出“结构优化模式”与“功能优化模式”，还从系统的角度对两种模式进行优化整合，形成了综合灾害风险防范的“结构与功能优化模式”，并给出具体实施建议。黄声、樊巧丽、高蕊、张学利等根据前人研究分别对上海、天津、唐山、厦门等城市的综合减灾提出了具体建议；刘乐英、任晓蕾等对村镇综合减灾进行了基于防震减灾的初步探讨。由于综合减灾是一个较新的概念，虽然诸多学者从不同角度提出综合减灾的必要性及实施综合减灾的具体建议与措施，但研究不够具体与深入，大多只是提出了理论框架，有待进一步与中国国情相结合。尽管有不少的区域性综合减灾著述（上海、天津、唐山、厦门等），但这些著述多基于城市或乡镇的某一灾种的综合减灾，研究还不够完整，没有达到真正意义的城乡结合、多灾种结合的综合防灾减灾。总之，与中国国情相结合、城乡结合、多灾种结合的综合防灾减灾研究已成为我国减灾研究的发展趋势。

在实践研究方面，应用先进技术与理论对防灾减灾各个阶段的工作各阶段进行更加科学与深入的研究，同时不断加强“一案三制”体系建设，应对突发公共事件。“一案”指突发事件的应急预案，从国家到地方各级政府建立了应急预案体系，涵盖了全国各级各方而突发公共事件的应对和处置工作；“三制”指应对突发公共事件的机制、法制和管理体制，目前已在国务院及各地方政府组建应急管理办公室负责防灾减灾的日常事务，同时协调各部门的防灾减灾工作；我国防灾减灾法律体系不断完善，目前已有数十部防灾减灾或与防灾减灾密切相关的国家法律法规，同时各级政府也发布适合当地防灾减灾的规定性文件,防灾减灾法制体系已初步形成。采取诸多措施切实加强防灾减灾工作的保障工作,在全国开展创建综合减灾示范区活动。我国防灾减灾的实际工作取得了良好的成效,而我国目前的灾害管理仍是分部门、分领域的分散管理,虽然已有应急管理办公室作为各部门的应急协调机构,但缺乏更高层次的集中管理机构。在法律体系方面,虽然已有诸多国家和地方法律法规,但还没有建立起完整的包括我国存在的各种自然灾害、人为灾害和环境灾害和其他可能存在的灾害隐患在内的法律体系;监测预报预警体系建设有待进一步完善;人民群众的防灾减灾意识有待进一步增强;灾情评估和灾后恢复重建体系、防灾减灾保障体系等都有待进一步的完善。综合防灾减灾是一项复杂的系统工程,目前我国各级政府正在探索适合当地灾情的综合防灾减灾之路。

3.1.2 国内外城市综合防灾规划现状

1）国外现状

对于城市综合防灾规划编制、管理方法、体系构建及理念创新的研究,美国、日本等发达国家走在前列。在总体规划中,美国加州州法要求各县市必须制定一套完善的、适合长期发展的总体规划,规定各县市的总体规划一定要考虑安全项目,包括地震、地质、洪水、山林火灾等灾害的相关防灾政策以及安全应急预案。此外,美国一些州和地方用土地政策协助开展防灾减灾工作,总体来看,包括六大类途径:防灾建筑标准、土地开发防灾规范、生命线工程和公共设施开发规范、土地和项目征收、土地税以及财政政策、灾害信息公共教育政策。

将防灾减灾目标综合纳入土地发展规划的主要方式有:在土地发展规划的基础上,另外制定一个独立的防灾减灾规划;或在制作规划文本过程中,包含防灾减灾内容。美国地方减灾规划针对多灾种的各种预防工作,以及针对灾中和灾后的救援工作。其基本内容包括规划过程、风险评估、规划策略、规划维持;还包括地方的自然地理与社会经济状况、各种重大灾害的历史记录、规划编制工作组的组成、议会的批复文件、会议日程表、风险评估报告等。

日本的城市防灾规划体系已经相对完善,并通过"地域防灾规划"来实施。该工作被整合成一个整体,并注重其系统操作。不仅着重考虑防灾设施的基础配置,更强调整个地域综合防灾系统的建设、地域防灾能力的提升。Masanori Hamada 所著的 *Critical Urban Infrastructure Handbook* 在第四部分 *Disaster Prevention and Mitigation Technologies of Lifelines* 中,介绍了城市生命线灾害破坏模式的共同特点、城市生命线灾害预防方法和技术的共同问题,以及供水系统灾害预防技术、排水系统灾害预防技术、天然气分布系统灾害预防技术、电力系统灾害预防技术以及电信系统灾害预防技术。Robert K. M 所著的 *Technical Documentation and Process*,在第 7 章中介绍了灾害规划和恢复的相关理论与方法。

国外学者倾向于降低城市密度并采取划分防灾区、防灾单元构建安全城市模型,以解决城市灾害问题，实现城市灾害的防治。霍华德、沙里宁、柯布西耶等人在整体空间形态层面结合城市防灾(传染性疾病)对城市安全形态进行了研究，其研究结果十分值得借鉴。除此之外，近些年日本针对防灾型城市建设也进行了不少有益实践：如对防灾空间形态以及布局模式的研究、制定《东京都防灾城市建设促进规划》、提出“防灾生活圈”的规划理念等，都可以从整体上提高城市防灾减灾能力。

综上所述，国外先进国家及机构对城市综合防灾规划领域研究的关注点主要集中在规划编制程序、规划管理方法、规划体系构建、规划理念创新及相关城市专项防灾规划中先进技术手段的应用等方面。国外的先进经验在于：能够切实发挥城市综合防灾规划在城市总体规划各个环节中的积极作用，并且与建筑防灾标准、税收保险制度、灾害风险评估、生命线工程建设、安全教育管理、土地开发利用等多种公共政策手段紧密结合，共同构建城市综合防灾减灾规划体系，从而切实提高城市应对综合性灾害的韧性及能力。然而，现有的国外研究现状较少涉及城市综合防灾规划方法论层面，对于城市综合防灾规划的策略生成，尤其是计算机辅助生成城市综合性防灾规划策略及相关规划策略创新方面的研究内容较少。

2）国内现状

近年来，国内关于城市综合防灾研究的理论专著集中在针对城市灾害自身特征、利用工程技术或规划手段提高城市综合防灾能力等方面。金磊通过研究国际灾难风险分析方法，发现我国城市发展战略——尤其是城市总体规划修编中存在较多布局不合理之处，进而对其进行了相关理论与方法的研究。陈鸿等将城市综合防灾规划划分成全方位的城市综合防灾规划和城市规划体系内城市综合防灾规划两类，并对其规划范畴和编制体系进行阐述，对我国城市综合防灾规划管理体制的构建提出探索性建议。张翰卿等介绍了美国、日本和中国台湾的灾害防救体系背景及城市综合防灾规划的基本情况。通过对比分析，对我国大陆城市综合防灾规划编制提出了建议。江东桂就我国当前城市综合防灾规划存在的突出问题进行分析，并对城市综合防灾规划的合理编制和实施进行探索，为城市的安全发展提供保障。戴慎志等借鉴美国的城市综合防灾规划编制经验，提出了我国城市综合防灾减灾规划工作过程中应该重视的环节。王江波等讨论了灾害、城市灾害、城市防灾、城市综合防灾、城市防灾规划与城市综合防灾规划等几个基本概念，提出城市综合防灾规划的最大特点是其“综合性”，概括了城市综合防灾规划的编制体系及编制内容框架。王江波、郭曜对编制方法及过程中的薄弱环节进行了重点研究。王江波等指出城市综合防灾规划存在的现实困难在于理论基础、法规依据缺失以及实施主体不明确，还指出在现行管理体制下，城市综合防灾规划的突破口在于加强基础理论体系的研究。王志涛等在解析了当前城市综合防灾规划编制现状及存在问题的基础上，探讨了综合防灾规划定位、编制原则与编制流程。

我国学者对城市防灾形态的研究比较有限，但已有的研究结论与国际相关研究成果颇为相通。部分学者从整体层面上对城市防灾形态进行了研究。蒋伶提倡采用多中心组团的城市布局模式提高城市整体防灾减灾能力。谢映霞认为合理选择城市建设用地是防灾减灾的重要手段，提倡采用适当分散的布局形式，推广组团式布局；汶川地震的经验又使人们加强了对城市总体空间结构防灾的研究，提出在规划中采用“分散集团式”的空间布局模式来提高城市的防灾能力。吕元、王薇等学者对此模式表示肯定，并建议分市域、中心城区、重点区域三个层次对“分散集团式”的布局模式进行完善、统筹构建，形成多中心城市形态。徐波等提出的防灾空间分布优化模型，为基于 ArcG1S 技术的城市防灾空间动态优化设计提供了基础。

综上所述，城市综合防灾领域的研究已经受到国内学者的广泛关注，但该领域理论与方法的研究大多集中在城市综合防灾规划成果编制的基本程序及指导建议方面，具体的设计实践由于缺少统一的编制标准，而导致编制内容千差万别、水平良莠不齐。技术支持方面的研究也主要集中在利用信息系统辅助城市防灾规划的编制上。尚未出现一种智能化的城市综合防灾规划方法。该方法应以矛盾问题为研究对象，以矛盾问题的合理化解决为研究目标，运用形式化语言描述城市综合防灾规划编制者及决策者的思维过程，化解城市综合防灾规划中的矛盾，建立城市综合防灾规划的平灾功能结合及各灾种协调防御效果的逻辑化、科学化方法体系，并且能为今后的计算机智能化辅助生成城市综合防灾规划策略提供理论基础及技术支持。

3.2 国外城市综合防灾规划案例剖析

3.2.1 美国

3.2.1.1 美国城市防灾规划体系

美国的防灾规划体系基本上分为联邦、州和地方三级。

1) 联邦层面

在联邦层面有“国家应变规划(national response plan，NRP)”，虽然没有该层面的综合减灾规划，但根据防灾专项和主管部门的不同有相应的减灾规划和应急回应规划(图3-1)。“国家应变规划”是美国国土安全部 2004 年颁布的，它试图调整联邦一级的协调机构、能力和资源，使之成为统一、多学科和多灾种的国内事故管理方法。这种方法是独特的和影响深远的，第一次弥合主要缝隙，成为一个“完整的事故管理活动谱”，包括预防、准备、回应和恢复各个阶段，针对包括恐怖主义、主要自然灾害和其他各种应急情况在内的灾害。制定者希望通过该规划，能够大幅提高联邦、州、地方和部落组织的协调性；提高事故管理的速度、有效性和效率，更有助于解救生命和保护社区。

“国家应变规划”是管理国内事故的核心规划，详细规定了在国家级别的事故中联邦负责协调的机构及运行过程。其他附属部门及跨部门规划提供了关于权利和责任协议的细节以及回应和处理具体意外事故的技术导则。在很多情况下，联邦部门按照这些规划在他们各自的职权范围内处理局部事故，并不需要国家安全秘书的协调。

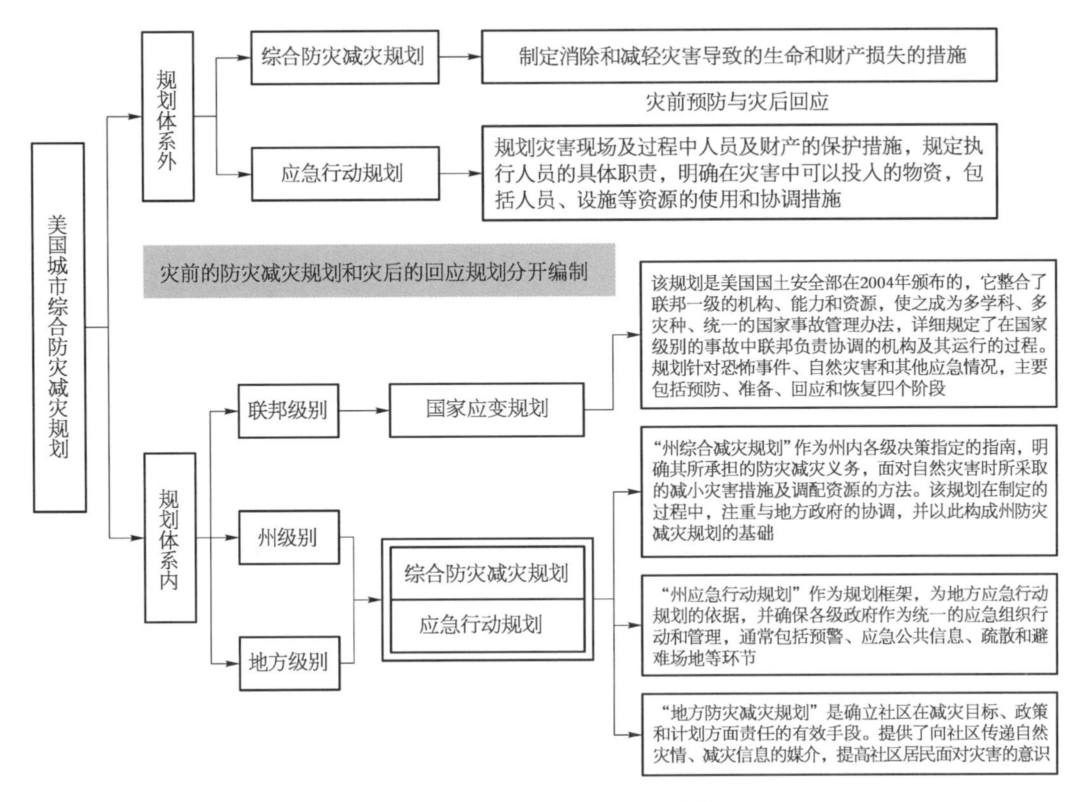

图3-1 美国城市防灾减灾规划体系

2）州和地方层面

在州和地方（市、郡）层面除了有州和地方（市、郡）的“应急行动规划”，还有州和地方（市、郡）的“综合减灾规划”，并且根据灾害专项和防灾主管部门的不同有对应的减灾规划和应急回应规划。

“州应急行动规划”作为一个框架，是制定地方应急行动规划的依据，联邦政府也是通过它来发挥作用。同时，规划确保了各级政府能够动员起来作为一个统一的应急组织来保障全州公民的安宁，因此其非常重要。“地方应急行动规划”关注对公众保护较为重要的方法，包括预警、应急公共信息、疏散和避难场地。

“州减灾规划”除了要说明其所承担的减轻自然灾害风险的义务，也应努力使之成为州内各级决策制定者的指南。规划应该具体说明州将如何应对自然灾害，在过程中如何调配资源。州在制定减灾策略时要与地方政府协调，地方减灾策略结合州的主动性构成州减灾规划的基础。“地方减灾规划”是确立社区在减灾目标、政策和计划方面责任的有效手段。它提供了一个向社区传递关于自然灾害和减灾信息的媒介，提高了公众对威胁社区安全的风险以及减少风险可以利用的资源的意识。一个有意义的减灾规划也提供了使地方政府在减灾前线成为“好的领导者”的动力。经过认真准备，“地方减灾规划”也能满足减灾法案对地方政府的立法要求。

3.2.1.2 美国应急管理体系

美国应急管理系统标准分为五级：现场回应(field response)、地方政府(local government)、运作区(operational area)、区域(region)和州(state)。“地方政府”指郡、市和特别管区(special district)；“运作区”负责管理协调郡范围内的所有地方政府之间的信息、资源和优先权；“区域”负责管理协调运作区之间的信息和资源；“州”负责全州范围的资源协调以及与联邦部门的配合。

各层级都应建立“应急行动中心(emergency operating center, EOC)”，它是管辖区域内进行应急回应决策的中心场所。应急行动中心负责管理应急回应行动，跟踪资源配置和回应情况，并负责与现场、运作区和州应急服务分区进行协调。由谁、在什么时候、如何激活 EOC，一般在应急行动规划中加以说明。现场的协调功能由“事故指挥所”承担。

当发生的或潜在的事故非常严重，规模巨大或者情况复杂，超出州、地方和部落政府(tribal government)的能力，根据“斯坦福减灾和应急救助法案”的要求，美国国土安全部将提供来自联邦的援助。“国土安全行动中心”是美国国内负责事故管理行动协调的国家中心。“联合现场办事处(joint field office, JFO)”是一个就地成立的多机构协调中心，是联邦、州、地方、部落、非政府组织以及对灾害回应和事故支援负有基本责任的私营机构进行协调的核心场所，JFO 能够富有效率地协调联邦政府在事故预防、准备、回应和恢复中的行动。

事故发生后，一般由最低层次的行政机构组织处理。治安、消防、医疗卫生、应急管理等部门人员对地方一级的事故管理负有责任。一些情况下，联邦部门根据特别规定的权利和义务，在地方事故中可能作为最先的回应者或提供指导和帮助。在大多数事故中，州和地方的资源以及州之间的援助将会被提供到应急回应和事故管理的第一线。

州一级的应急管理功能一般由州长“应急服务办公室”(office of emergency services, OES)承担，负责人由州长任命，在州各相关部门代表的帮助下，负责协调全州的灾害准备和回应行动。OES 负责编制州的应急规划。在应急行动中，它接受和发布应急预警，协调和实施相互援助的请求，激活和运作州及其分区的应急行动中心。

一般都有法令要求地方一级的州和地方建立应急组织和地方灾害理事会，负责制定应急规划，明确应急管理行动的责任，授权指定官员宣布地方紧急状态。灾害发生后，地方权力机构立刻启用应急回应规划，采取相应行动处理灾害情况。

对美国的综合灾害防御体系的研究可知：区域灾害综合防御是以灾害损失风险评估为依据，以加强基础设施、建构筑物等的防灾能力为手段，以制定应急疏散救援和恢复重建计划为对策，体系的重点在于防灾计划实施的连续性、更新性。

3.2.1.3 纽约的综合防灾规划

《2014 纽约市防灾规划》是由纽约市紧急事务管理办公室(New York City Office of Emergency Management)、纽约市城市规划局(New York City Department of City Planning)、市长办公室城市远景规划及可持续发展部(Mayor's Office of Long-Term Planning and Sustainability)联合编制，覆盖纽约市 5 个区约 790 km^2，820 万人口(2011

年数据)，规划期限为2014年4月17日—2019年4月17日。

《2014纽约市防灾规划》是在上一轮，即2009年防灾规划的基础上进行更新，主要是将非自然灾害与自然灾害一起纳入规划内容，并在辨识灾害的环节考虑气候变化的影响。2012年10月发生的桑迪飓风以及灾害之后发布的报告《更强更具弹性的纽约》(*A Stronger, More Resilient New York*)对规划的编制产生了深远的影响，其中对于重建社区、增强基础设施及建筑弹性防灾能力的建议成为此次防灾规划考虑的重点。在内容框架上，整个规划分为前言、规划过程、风险评估、减灾战略、规划认可和规划维护6个部分，其中灾害风险评估及减灾战略作为技术分析及行动策略制定的主要环节是整个规划的核心。

《2014纽约市防灾规划》的"综合性"主要体现在操作模式与规划内容两方面。在操作模式上，规划团队根据各自职能分为多个层级，涵盖多个部门及专业领域；在规划内容上，辨识多灾害风险，建立多系统的城市脆弱性结构，明确多方面的目标体系，确认多部门多手段的防灾行动。中美在对"综合防灾"的概念理解上有共通之处，但是以纽约为代表的美国城市在体系建设方面显得更为成熟，可供借鉴的经验也更多表现在其规划内容上。

1) 灾害风险评估

对灾害风险进行评估是防灾规划的第一步，主要是通过对城市中人员、建筑、基础设施的脆弱性评价预测灾害造成的人员伤亡、经济损失及设施损毁情况。纽约市防灾规划灾害风险评估主要分为灾种辨识、灾害描述、易损分析、灾损预测4个步骤(图3-2)。灾种辨识作为独立环节，是风险评估的前提；灾害描述对各单灾种进行特性分析，易损分析和灾损预测则通过脆弱性评估确定各灾害作用于城市系统的风险分布。

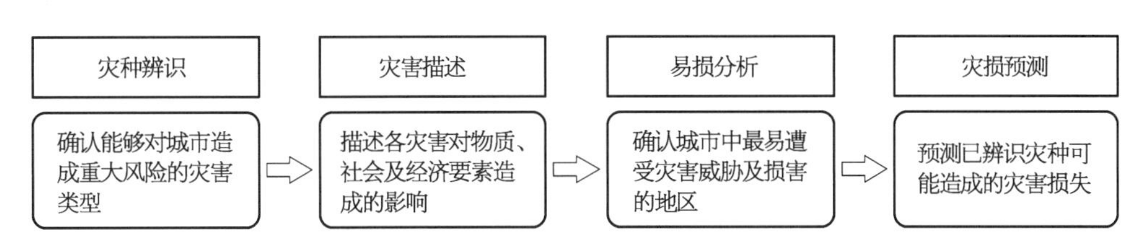

图3-2 纽约市防灾规划灾害风险评估步骤

(1) 灾种辨识。

作为国际性大都市，纽约市面临着多种灾害的威胁，对具有较高风险的灾害类型进行辨识是编制防灾规划的基础。与之前规划不同的是，除了自然灾害，此次规划团队将非自然灾害纳入了考虑范围，根据历史灾情及现有的相关规划、应急预案等独立确认非自然灾害清单。在实际操作中，规划团队首先列举并简述14种自然灾害和8种非自然灾害，然后通过防灾规划指导委员会成员部门对其进行打分筛选，最终确认10种自然灾害和3种非自然灾害作为此次规划的防控对象，详见表3-1。

根据纽约的经验，在灾种辨识的过程中，需要考虑大都市的特性，对灾害类型的认识绝不能仅限于自然灾害与人为灾害的划分，还应在考虑传统灾害的同时，重视事故型灾害

(如有害物质泄漏)、社会型灾害(如公众骚乱)、地域型灾害(如溃坝)和新型灾害(如网络威胁)的影响。

表3-1　纽约市防灾规划灾种辨识

灾害分类	自然灾害	非自然灾害
潜在灾害	海岸侵蚀、海岸风暴、溃坝、疾病暴发、干旱、地震、极端温度、洪水、冰雹、滑坡崩塌、地面沉降、龙卷风、野火、暴风雪	空气污染、空难、建筑倒塌、火灾、爆炸、公众骚乱、网络威胁、有害物质泄露、基础设施瘫痪、公共服务中断
防控灾害	海岸侵蚀、海岸风暴、疾病暴发、干旱、地震、极端温度、洪水、恶劣天气、野火、暴风雪	有害物质泄漏、网络威胁、基础设施瘫痪

(2) 风险评估。

在已辨识灾害的基础上,纽约市防灾规划风险评估的过程分为两个部分,即灾害描述和脆弱性评估。

灾害描述是通过影响概述、严重性、可能性、位置和历史灾情5个要素对灾害的特性进行分析。以地震为例,灾害描述的具体内容可以总结为:影响概述,包括纽约市的抗震概况、地震发生机制、可能造成的破坏等;严重性,解释震级、烈度、峰值加速度、谱加速度等衡量地震大小的方式,揭示土壤结构是影响纽约地震灾害严重程度的重要因素,并绘制纽约市50年一遇地震谱加速度分布图(图3-3);可能性,通过峰值加速度、FEMA的分析报告、哥伦比亚大学的研究阐述纽约市及周边发生地震的可能性;位置,分析周边地震断裂带、已发生和潜在发生的地震与纽约市的地理关系,揭示纽约市建筑环境对地震灾害的脆弱性分布;历史灾情,描述历史上纽约市及周边地区发生的地震灾害(图3-4),其中2001年发生在曼哈顿125街的2.4级地震,是有记录以来发生在纽约市中心地区的唯一一次造成事实威胁的地震。

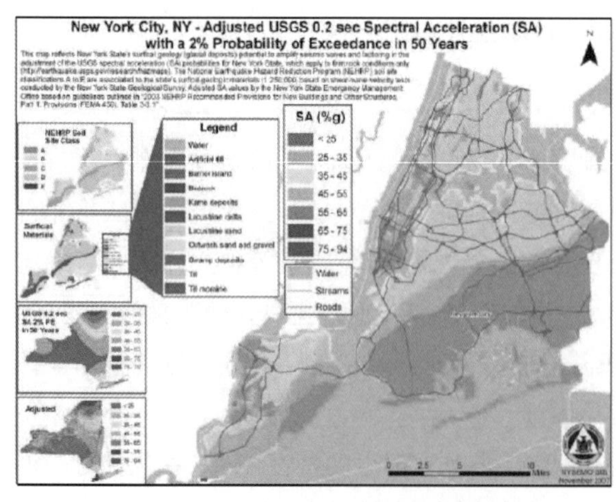

图3-3　50年一遇地震谱加速度分布图

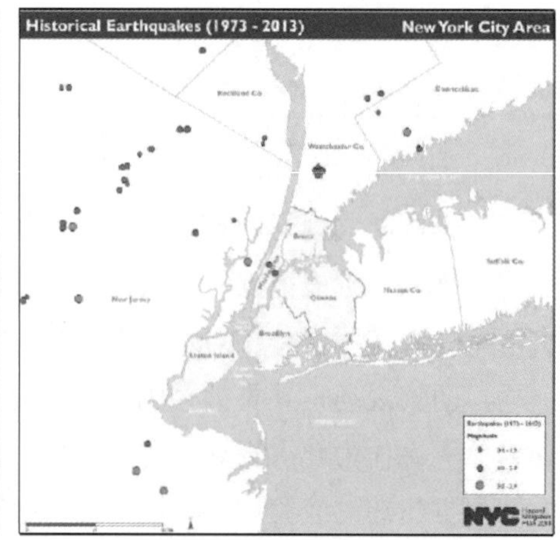

图3-4　1973—2012年地震位置图

在脆弱性评估阶段，纽约市防灾规划将灾害环境分为自然环境、社会环境、建筑环境和未来环境4个部分，分别确认要素以建立城市脆弱性体系(图3-5)。各部分的评估内容包括：

① 自然环境：灾害对自然资源、生态系统以及旅游和休闲区的影响。

② 社会环境：灾害对公众的影响包括对公共健康和设施的影响，重点关注具有特殊需求的人群。

③ 建筑环境：城市建筑及基础设施的结构脆弱性分析，对于洪水、地震和海岸风暴造成的灾害损失进行量化预测。

④ 未来环境：气候变化、人口增长、基础设施老化、新技术等未来发展对灾害风险和作用机制的影响分析。

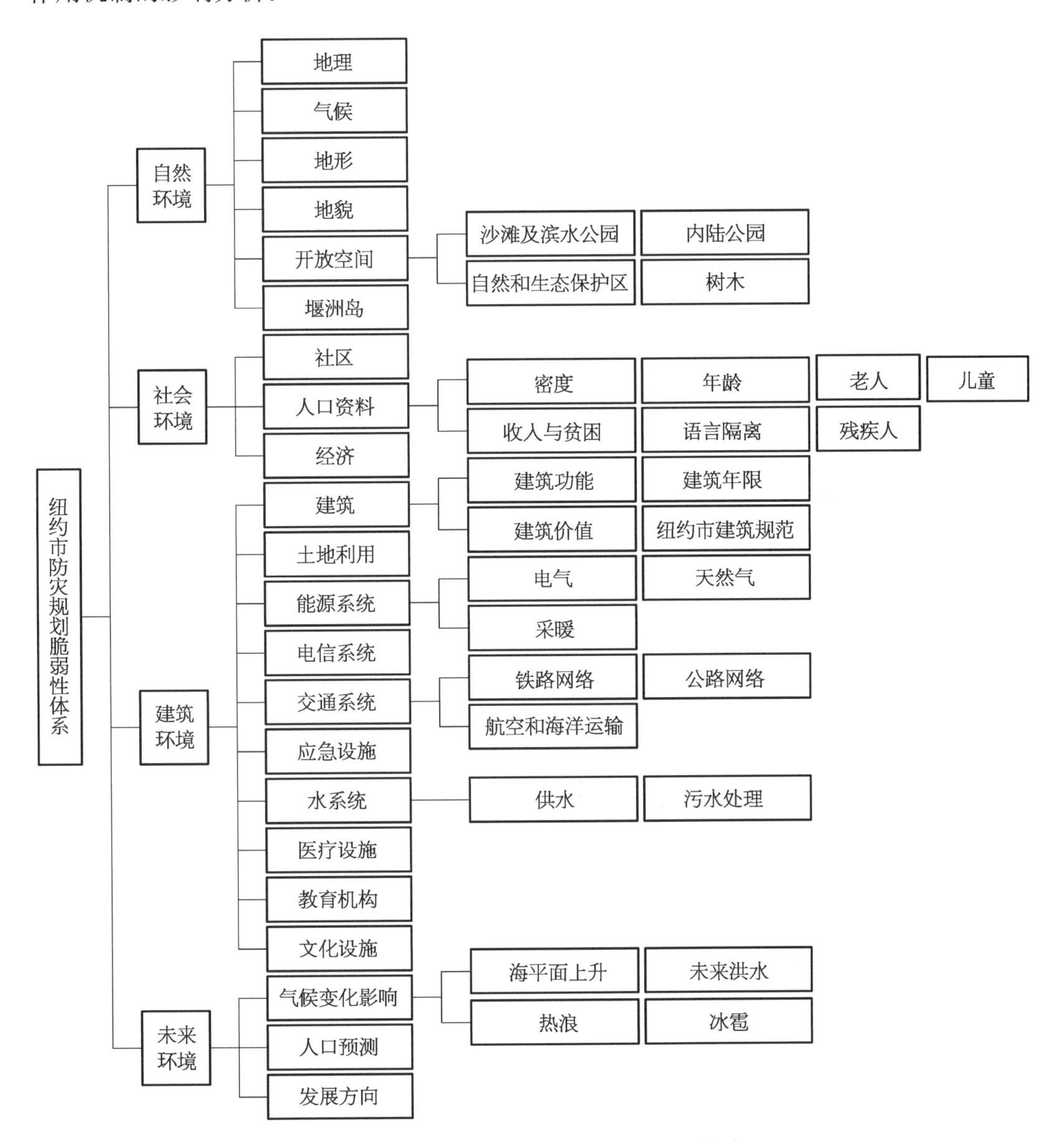

图3-5 纽约市防灾规划脆弱性体系构成

在分析方法上，纽约市防灾规划主要采用 HAZUS－MH 风险评估软件对物理性损坏（包括居住、商业、学校、关键设施建筑以及基础设施的破坏）和经济损失（包括失业、商业中断、修复及重建产生的费用）情况进行预测；然而，海岸侵蚀、干旱、极端温度、恶劣天气、野火、暴风雪、有害物质泄漏、网络威胁和基础设施瘫痪造成的损失无法采用 HAZUS－MH 进行评估，规划则以灾害对弱势人群和基础设施的威胁为重点，利用数据分析的方式为后续的规划内容提供支撑。

从纽约市防灾规划编制的实践中可知，风险评估阶段需要准确地把握灾害及城市系统的特殊性。一方面，灾害描述的 5 要素可以反映大多数灾害的特性，但并不能覆盖所有灾害类型，例如海岸侵蚀和网络威胁等灾害是无法度量的；另一方面，在构建城市脆弱性体系的过程中，可以将各要素纳入考虑范围，建立大而全的系统结构，但在具体分析过程中，还应根据各灾害对不同城市系统的影响机制，选取针对性的指标进行评估，做到具体问题具体分析。

2）减灾战略

（1）防灾目标。

建立防灾目标体系是制定减灾战略的第一步，包括总体目标和具体目标的确定。其中，总体目标是城市降低灾害损失的纲领性指导；具体目标则是为达到总体目标而制定的具体的、可操作的策略及实施步骤。纽约市防灾规划的目标体系共包含 5 个总体目标和 28 个具体目标（表 3－2）。

表 3－2　纽约市防灾规划防灾目标体系

序号	总体目标	具　体　目　标
1	保护公众健康与安全	（1）确认并减少灾害对弱势群体的影响； （2）改进并完善早期预警及应急通信系统； （3）加强州及地方建筑与健康规范的执行； （4）培训专业应急人员； （5）降低自然及非自然灾害对公众健康造成的风险； （6）通过部门组织推进社区对弱势群体的帮扶
2	保护财产	（1）通过减灾项目保护关键设施及服务，提高生命线系统的可靠性，降低灾害影响，保证灾时运行，提升灾后恢复能力； （2）新建设施及系统时，考虑已知灾害的影响； （3）对关键设施网络进行冗余建设，如给排水、数据、能源、通信； （4）通过政策制定降低高风险区建设的不利影响并加强安全建设； （5）将最新灾害及风险信息整合到建筑规范和土地利用规划机制中； （6）对政府、商人、公众进行灾害风险及减灾的教育； （7）推进针对公私财产的减灾行动，包括商业、教育、健康、文化建筑及基础设施； （8）将有效的减灾策略纳入城市资本改进项目； （9）将灾后减灾建设作为恢复重建的重要环节； （10）鼓励新技术在社区建设及建筑构造方面的应用

（续表）

序号	总体目标	具　体　目　标
3	推行可持续经济	(1) 建立广泛合作关系，推进资源共享与利用； (2) 制定可行方案以保证灾后关键事务的持续运行； (3) 与私人部门合作，将减灾纳入商业活动范围； (4) 在城市应急规划中关注位于高风险区的商业部门及活动； (5) 与私人部门合作，加强职员在办公区域及家中的备灾教育
4	落实环境保护	(1) 加深对气候变化和自然灾害之间关系的理解； (2) 通过加大对气候相关灾害的研究，推进有效的减灾战略，增强社会防灾的弹性建设； (3) 制定保护环境的减灾政策； (4) 推进气候变化应对战略的制定，降低对环境的长期不利影响
5	鼓励公众备灾	(1) 加大对公众的宣传，拓展灾害信息发布渠道，增强公众对其面临的灾害类型及风险的认识； (2) 利用灾害及脆弱性相关的最新数据及科学分析方法提高灾害信息、分析数据及图纸的质量； (3) 提高公众对灾害及防灾措施的认知水平，提升个人在灾时的应变能力

基于以上分析，纽约市防灾目标体系构建了减灾战略的结构框架，其中，总体目标承接灾害风险评估的成果，明确城市现实的防灾需求；具体目标则基于总体目标，面向实施操作，具有防灾策略的性质，是确认防灾行动的直接依据。

(2) 防灾行动。

防灾行动是整个规划的核心内容，纽约市防灾规划综合 41 个合作组织及部门的意见，确认了 330 项已有和 332 项计划的防灾行动。对这些行动进行确认的标准包括：

① 消除或降低至少一种已确认的灾害对人类生命财产损失造成的风险。

② 满足一个或多个 FEMA 对防灾行动的 6 种分类。

③ 达到一个或多个防灾总体目标或具体目标。

根据上述标准，对防灾行动进行统计分析，可以得出：基于灾害类型应对的防灾行动以综合类为最多，其次为防洪、海岸风暴和基础设施瘫痪(图 3-6)；按照防灾行动分类，由主到次依次分为政策规范、财产保护、应急服务、基础设施工程、公共宣传教育和海岸/自然资源保护(图 3-7)；在目标应对方面，财产保护的行动占到一半以上，其次为公共健康与安全、环境保护、公众教育和可持续经济(图 3-8)。

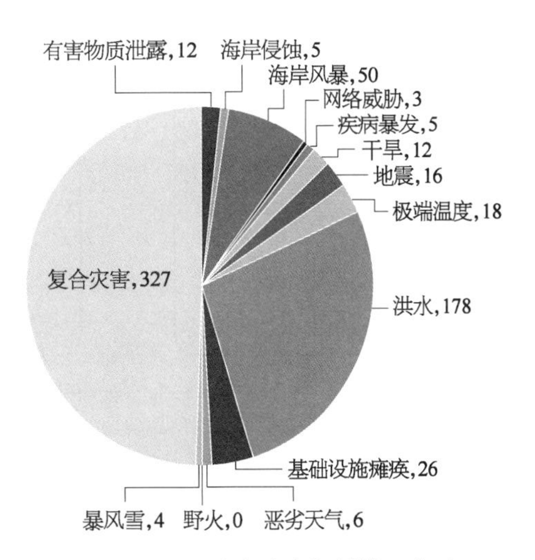

图 3-6　纽约市防灾规划基于应对灾害的防灾行动分类

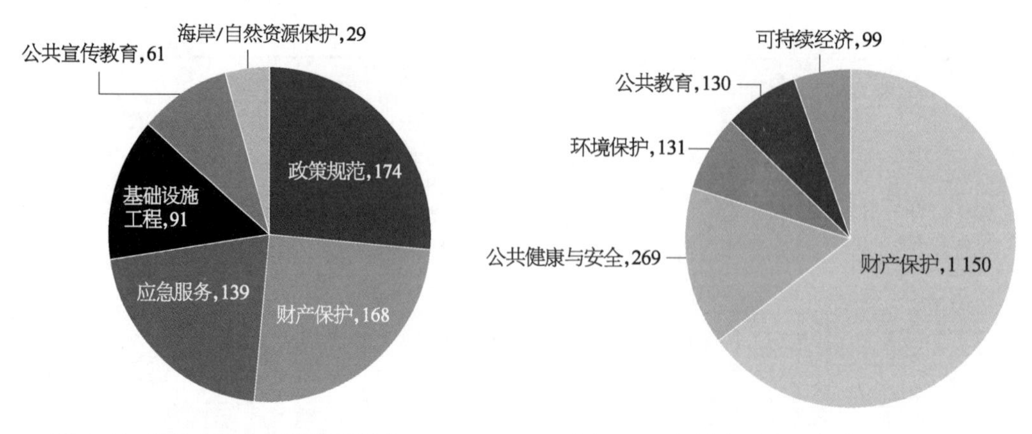

图 3-7 纽约市防灾规划基于行动类型的防灾行动分类

图 3-8 纽约市防灾规划基于防灾目标的防灾行动分类

纽约市防灾规划在防灾行动的设计上采取多种方法以保证其实施性(图 3-9)。首先,每项防灾行动除了明确其类型、基本内容、应对目标,还要明确责任部门、支持部门、实施年限、成本估算、资金来源以及运行状态。其次,规划采用 FEMA 提供的 STAPPLE 工具;依据社会、技术、管理、政治、法律、经济和环境 7 个方面的 18 个要素,分析落实防灾行动所面临的机遇及挑战;再次,结合应对目标数量、工程造价和实施期限 3 项指标,对防灾行动的实施优先度进行评估;最后,从政策与规范、管理与技术、资金保障、宣传教育 4 个方面对城市实施防灾行动的能力进行评价,并考虑应急规划管理和灾后重建的现实条件和潜在需求。

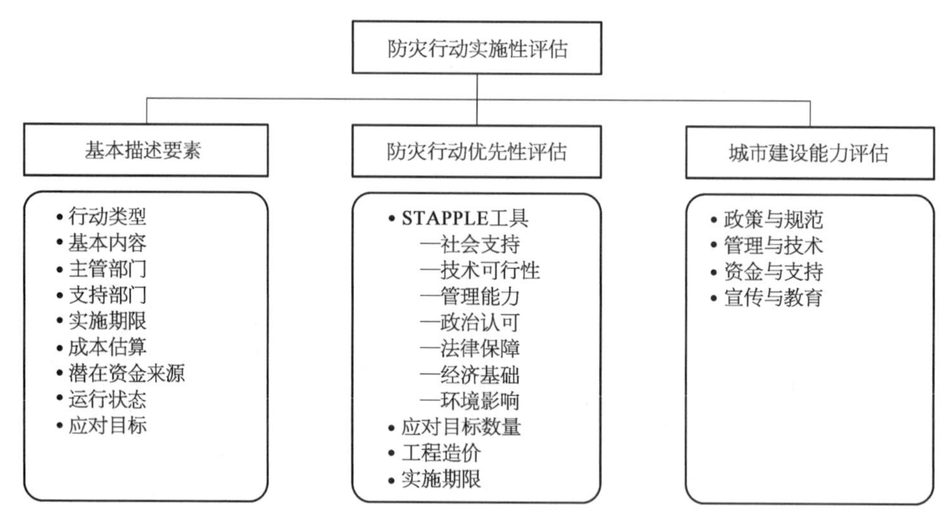

图 3-9 纽约市防灾规划防灾行动实施性评估流程

纽约市防灾行动分布体现了其规划关注的焦点,即强调多灾种综合防御;政策引导、设施建设与应急服务并重;注重关键设施的弹性建设。在保证防灾行动实施性上,规划主要考虑了两方面的因素,即防灾行动的建设需求和城市自身的建设能力,具体的评价指标涵盖社会发展的各个方面并延续与防灾目标的连贯性,因此具有很强的现实指导作用。

3.2.2　日本

3.2.2.1　日本城市防灾规划体系

日本的区域防灾综合防御体系最具代表性的是东京都区域抗震防灾综合防御体系（图3-10）。东京是世界级的综合性现代化国际大都市，不仅在日本和首都圈，而且在世界经济上，具有重要的地位。为了适应国际都市建设的城市、居民、行政改革、公共服务多样化以及改善现有防灾管理体系等方面的要求，东京于2003年4月建立了知事直管型危机管理体制，设置局长级的"危机管理总监"，改组灾害对策部，成立综合减灾部，建立一个面对各种各样的危机全政府机构统一应对体制。地铁沙林事件处置、防止NBC恐怖对策、世界杯足球赛东京都危机管理的对应过程等，充分显示了东京城市危机管理在制定建设、机构建设等各个方面的成熟与先进程度。

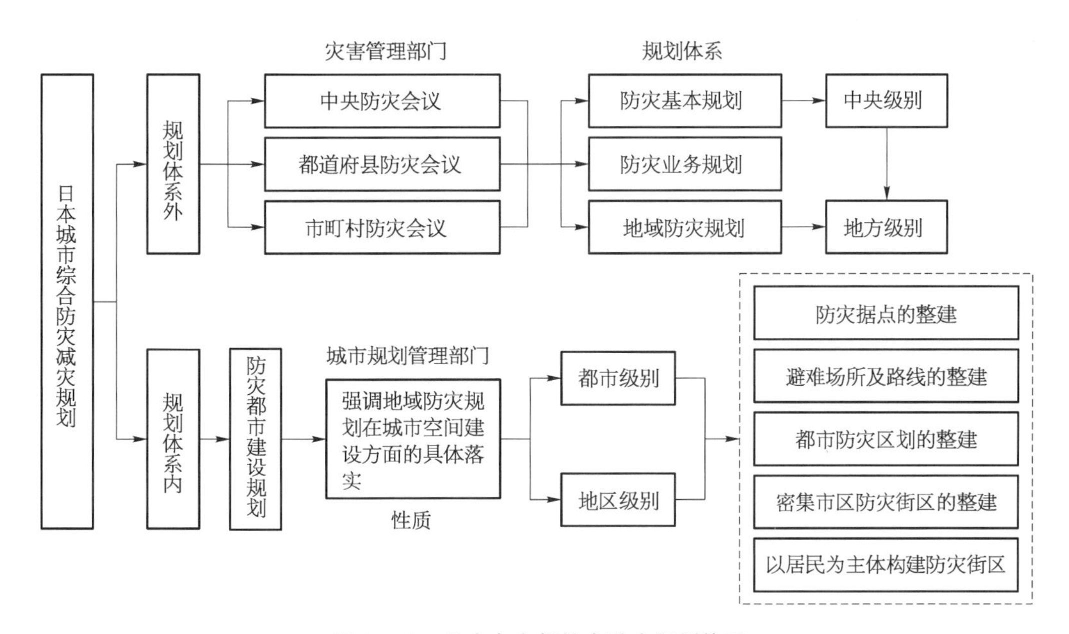

图3-10　日本东京都综合防灾规划体系

东京都的危机管理规划体系，基本上以原有的防灾规划为基础，有综合防灾规划、健康保健等专项部门规划，以及各部门规划中的防灾、安全、应急的规划等。根据日本国家的《灾害对策基本法》第40条第1项，东京都政府召开"东京都防灾会议"制定地方防灾规划，每年必须讨论规划内容，在必要的时候进行修改。规划的目的是：都政府、区市村町、指定地方行政机构、指定公共机关、指定地方公共机关等防灾机构发挥各自具有的全部功能，通过进行关于东京都地区发生的震灾、风灾、水灾等灾害的预防、实施应急对策和进行灾后恢复重建，来保护居民的生命和财产安全。东京都防灾规划在1963年制定，分为《震灾篇》和《火山与风灾水灾篇》。《火山与风灾水灾篇》不断被补充和细化，现有《风水灾害对策规划》《火山灾害对策规划》《大规模事故等对策规划》《原子能灾害对策规划》等。

1）东京都《震灾篇》修改重点

《震灾篇》于1973年5月从《火山与风灾水灾篇》分离出来的，到2003年5月经过了11次修改。2003年的修改重点主要是：

（1）作为促进携手合作和居民共同行动的措施，增添了确保志愿者活动基地的内容。

（2）作为促进区域合作，在临海地区建设“主干防灾基地”以及有效使用方法。

（3）作为危机管理和强化首次出动的机制，新增了包括设置危机管理总监、强化信息统管部门等在内的综合防灾部的改组内容。2002年《火山与风灾水灾篇》的修改重点主要是新增地下空间的进水对策和城市型水灾对策的内容。

（4）关于大规模事故等，修改原油泄漏事故对策和增加NBC恐怖对策。

（5）增加原子能灾害对策。《大规模事故等对策规划》有总则、灾害预防规划、灾害应急与灾后恢复三部分构成的。总则有规划的方针、市区等的概况、危险物设施的概况、交通等的现状；灾害预防规划包括火灾预防对策、危险品事故对策、大规模事故对策、训练以及防灾知识的普及、居民等防灾行动能力的提高。灾害应急与灾后恢复包括应急活动体制、信息的收集和传递、警备和交通管制、避难计划、救助和急救计划、救援和救护计划、安定民生的紧急计划、城市设施的恢复计划。

2）东京都震灾对策事业3年计划制定的基本方针

根据地区防灾基本规划，东京都还制定了具体落实行政业务和公共投资项目的计划——“东京都震灾对策事业3年计划”。该计划是2002年制定的，其目的是实现《东京构想2000》中明确指出的基本目标——“建设使居民能安心居住的城市”，保护居民以及聚集在东京的人们的生命、身体和财产，明确必须实践的防震抗灾对策的整体布局和各项政策措施的个体目标和方向。计划制定的基本方针是：

（1）吸取阪神大地震城市直下型地震的教训，综合总结迄今为止的防灾对策、科技信息发展以及社会经济的变化，与《东京构想2000》相整合。

（2）将危机管理作为重点，在警察、消防、自卫队等防灾机构的携手合作下，加强和完善政府首次出动机制。

（3）通过八都县市的区域合作促进相互支援体制的建设，将首都圈作为整体努力提高其防灾应对能力。

（4）根据紧急程度、重要性和实效性，明确项目实施的年度目标，成为一个更富有实践性的计划。

3）东京都健康医疗计划

在东京都健康医疗计划中提出了要加强健康危机管理体制，主要是：

（1）确保食品和饮用水的安全。

（2）对医药品的监视和指导以及健康食品对策。

（3）防止乱用药物对策和推进药品的适当使用。

（4）结合感染症对策。

(5) 健康危机发生时的应对等。

日本东京都区域主要是遵从“灾害评估—灾难预防规划—灾变危机应急体系”三位一体的循环危机管理模式来编制区域抗震防灾计划。其主要特色为以区域灾害综合风险评价为基础,区域空间防灾结构区划为平台,区域应急交通体系为骨干,构建多层次多方式保障救灾通道,支撑区域综合防御体系的“三位一体”救灾体系和区域不同类型的多等级应急避难疏散场所支撑体系;加强区域城镇多源、多方式应急供水体系建设和区域医疗卫生应急救助依托中心及医疗资源建设,强化区域多中心互为备用的多冗余应急电力、通信支撑体系,建设区域救援资源配置体系(如物资储备库、救灾设备的优化布局等)。不同等级的防灾分区在城市应对灾害的过程中具有不同的作用,在每一个等级的防灾分区中各种机能配套设施及空间包括避难、医疗、物资、消防和警察5大类,以维护区域内部的救援和避难要求(表3-3)。日本在这一方面具有完善的体系,而中国则处于起步阶段。

表3-3 日本各级防灾分区空间表现形式

类别	所属据点	日本*	中国某特大城市
三级防灾分区	避难	小学、邻里公园	紧急避难场所
	医疗	诊所、卫生所	社区医疗服务中心、诊所
	物资	全市层级支援	明确物资配合协作手段
	消防	地区层级支援	消防水池、消防栓、灭火器
	警察	派出所	派出所
二级防灾分区	避难	中学、社区性公园	固定避难场所
	医疗	地区医院	灾害发生的紧急医疗点、二三级医院
	物资	全市层级支援	明确物资储备用地
	消防	消防分队	消防站
	警察	警察分局	派出所
一级防灾分区	避难	学校、全市性公园	中心避难场所
	医疗	医学中心	巨灾下的紧急医疗用地、三级医院
	物资	批发仓储业	明确物资储备用地、物资运输和分发政策
	消防	消防队	消防站
	警察	警察局	公安局和公安分局

注:* 中国台湾地区的情况与日本基本一致。

3.2.2.2 东京都抗震防灾规划

日本地域防灾规划的主要内容一般由规划总则、灾害预防规划、灾害应急和恢复规划等方面组成。在东京都，还率先编制了灾后复兴规划。

1）地区危险度评估

（1）评估方法。

地区危险度调查覆盖了（东京）城市规划区内 5 099 个街区，主要根据每个街区在地震发生时所抵御火灾和建筑倒塌的能力这两项指标进行评级。该调查工作的方法是假设城市各地区在遭受地震时所受到的强度冲击一样的情况下，各地区内的建筑物抵御地震能力的情况。

调查工作首先对每一栋建筑，根据它们的建造年代、建筑结构和建筑层数进行分类统计。其次考虑每栋建筑的地基情况，并对它们进行分类（整个东京都地区内的地质主要分为山地、冲积低地、高原、低洼谷地四种），判断它们是属于哪一种地质条件，是否为液化土质地区，今后是否有大规模开发计划等。

在考虑了建筑与地基两个因素之后，分别对建筑物倒塌危险度和由地震引起的火灾蔓延度进行分级。每一个地区都会有一个从 1—5 的评价赋值，赋值越低表明该地区抗震性越高，赋值越高则表明该地区危险性越大。最后再对“建筑物倒塌危险度”和“火灾危险度”进行叠加，得出“综合危险度”评价图（图 3－11）。

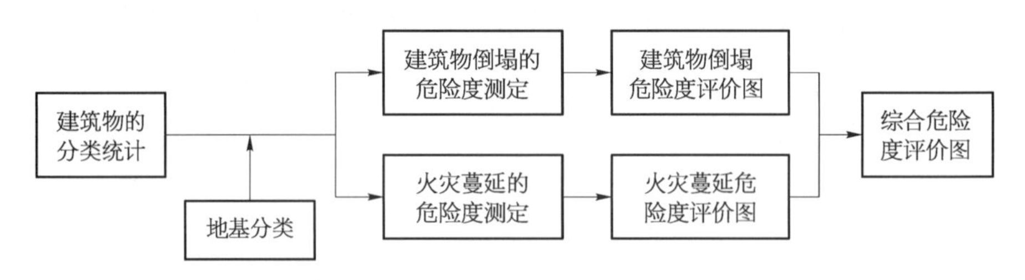

图 3－11 东京都地域危险度评价流程

（2）地震危险度测评的指标体系。

从指标体系来看，地区危险度评价共有一级指标 2 个，二级指标 4 个，三级指标 9 个。由于在日本火灾和建筑物倒塌是地震发生时造成伤亡和财产损失的两大主要因素，因此一级指标包括“火灾危险度”和“建筑物倒塌危险度”两大类。

① 火灾危险度。

从火灾发生的概率与蔓延程度来评定，当建筑物内引起火灾的电器数量少，街区内建筑密度低，建筑结构的耐火性高，道路宽敞、公园较多，则该地区遭受地震灾害的危险度较低，反之则较高。

② 建筑物倒塌危险度。

从建筑物本身的质量与建筑物所在场地的地基特性来考察，当一个街区内建筑数量较少，建筑结构抗震性较高，建筑多为新建，地基晃动幅度小，则该地区抵御地震的性能就较高，反之抗震性能则较弱。

地区危险度调查的最大特点即评价内容以东京都市町村的街区为单位，深入每一栋建筑，目前已经基本覆盖整个东京市域的范围（图 3－12～图 3－14）。同时，政府在做完评价报告后，还会及时在官方网站上公布，使每一位市民可以方便查找到自己住址所在街

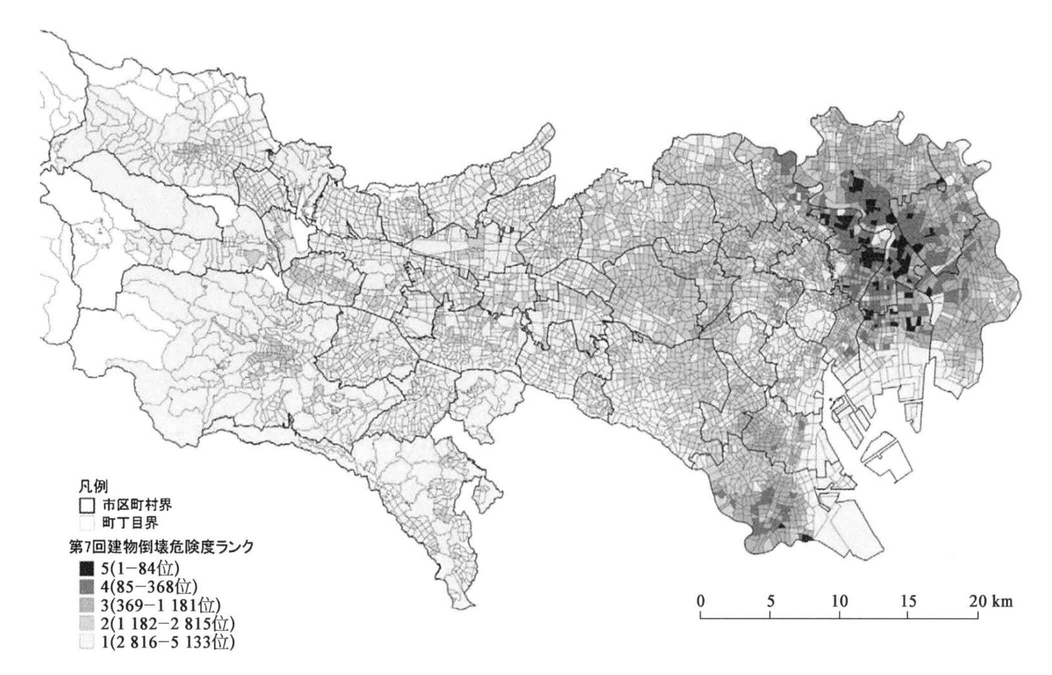

图 3－12　建筑倒塌危险度

图 3－13　火灾危险度

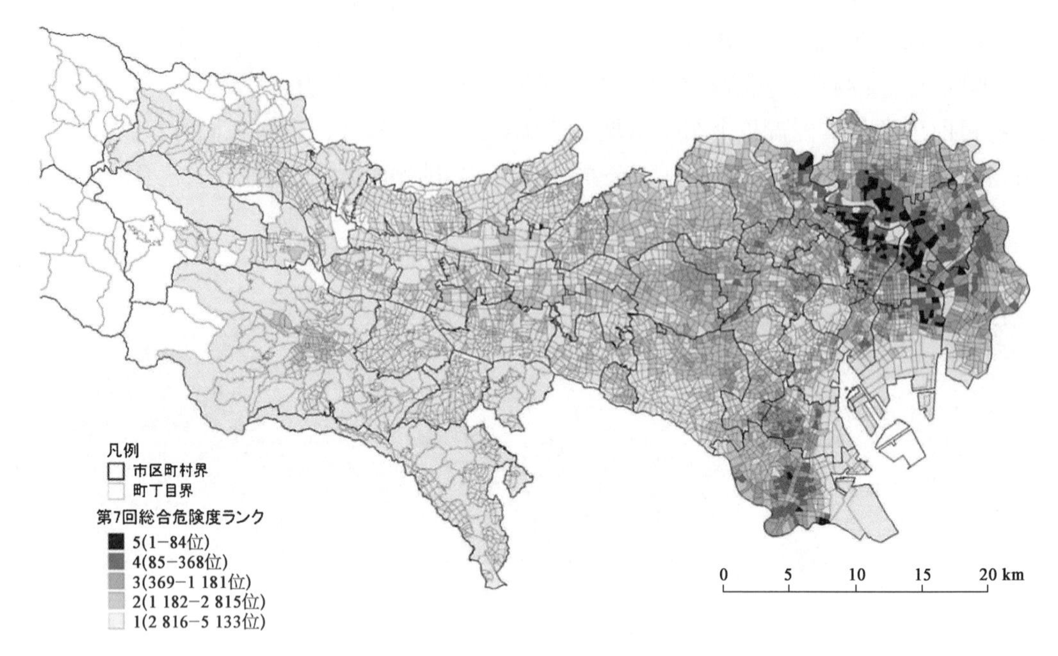

图 3-14 综合危险度

区的危险情况，做好相应的防灾准备。

2）地震灾害预防规划

（1）规划主要内容框架。

2009 年东京都政府对《东京都防灾城市建设促进规划》进行修编，2010 年 1 月颁布修编后的规划。规划针对东京都地区面临的地震、火灾等高风险灾害，从目标、措施、延烧隔离带规划、重点区域整治规划、应急避难场所规划等几个方面制定了细致可行的防灾促进方案。规划确定的基本思路包括建设防灾能力强的城市功能结构，加强地区防灾能力建设、提高建构筑物的抗震能力和防火能力，形成针对城市整体空间——重点地区、防灾薄弱地区——小区、建筑的规划整治体系。规划共包括八章，目录结构如下：

① 第一章：防灾都市建设目标及维护方针。

② 第二章：防灾都市建设措施。

③ 第三章：整治区域、重点整治区域确定。

④ 第四章：规划推进体制。

⑤ 第五章：延烧隔离带整治。

⑥ 第六章：紧急疏散道路功能保障。

⑦ 第七章：重点整治区域整治规划。

⑧ 第八章：应急避难场所整治。

（2）整治规划。

建设防灾能力强的城市功能结构，是为了防止大规模震灾时的市区火灾以及城市功能的下降，顺利实施避难、救援活动，推进城市基础设施的整治和形成防灾能力强的城市结构。从宏观上对作为城市防灾主网的主干防灾轴；火灾延烧隔离带(图 3－15)、避难救援通道(图 3－16)、避难场所(图 3－17)等进行整治。

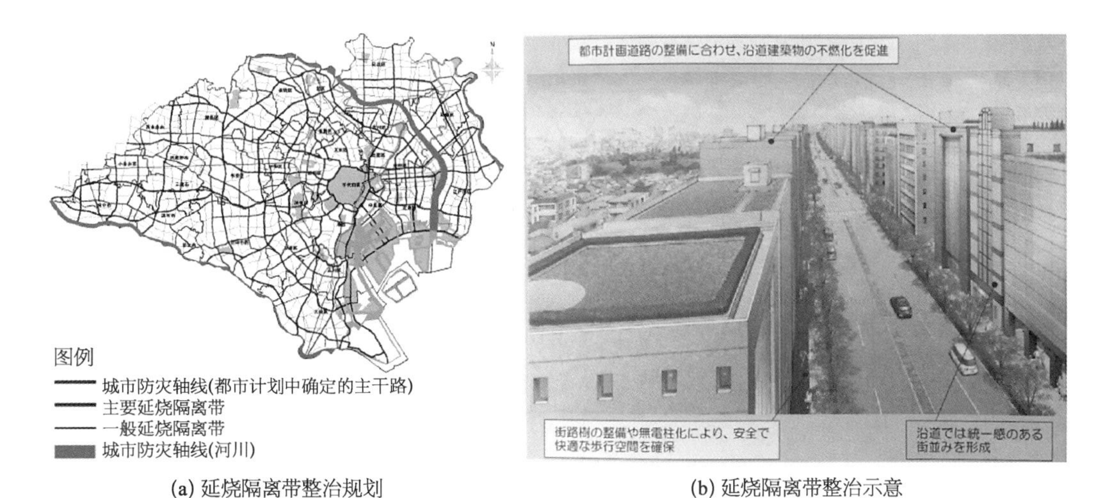

(a) 延烧隔离带整治规划　　(b) 延烧隔离带整治示意

图 3－15　延烧隔离带规划

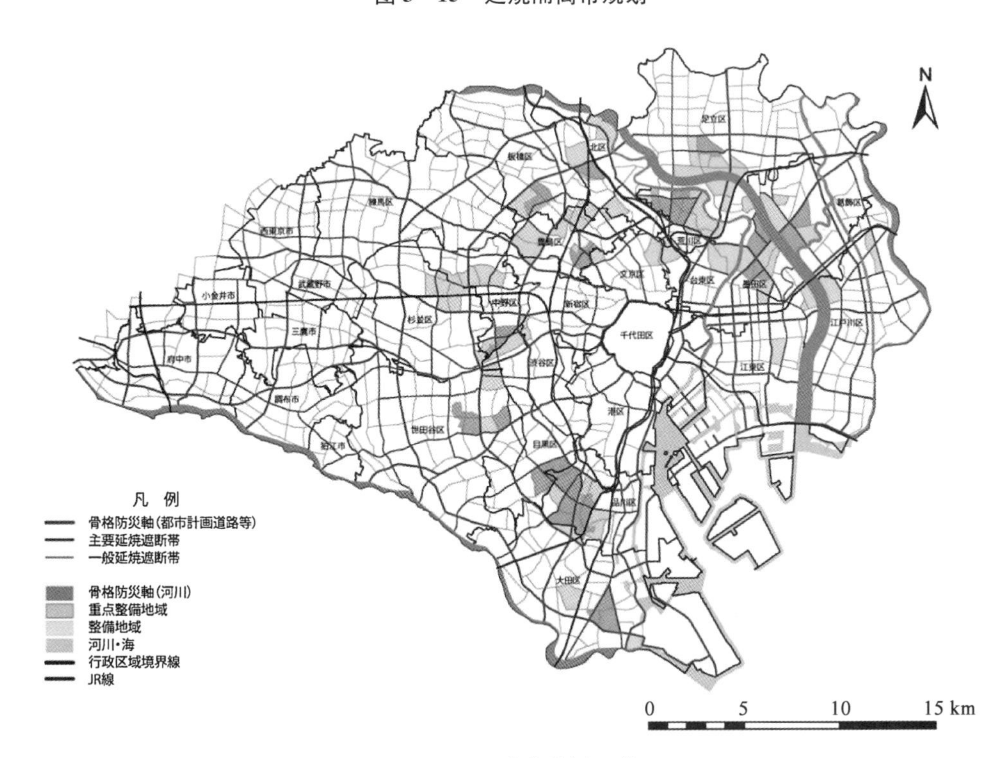

图 3－16　避难救援通道

为了保证地震时救援系统的畅通，预防规划制定了沿着城市水系和道路的延烧隔离带，并根据防灾的重要度划分了不同级别的隔离带(图 3－16)，主要分为三大类：

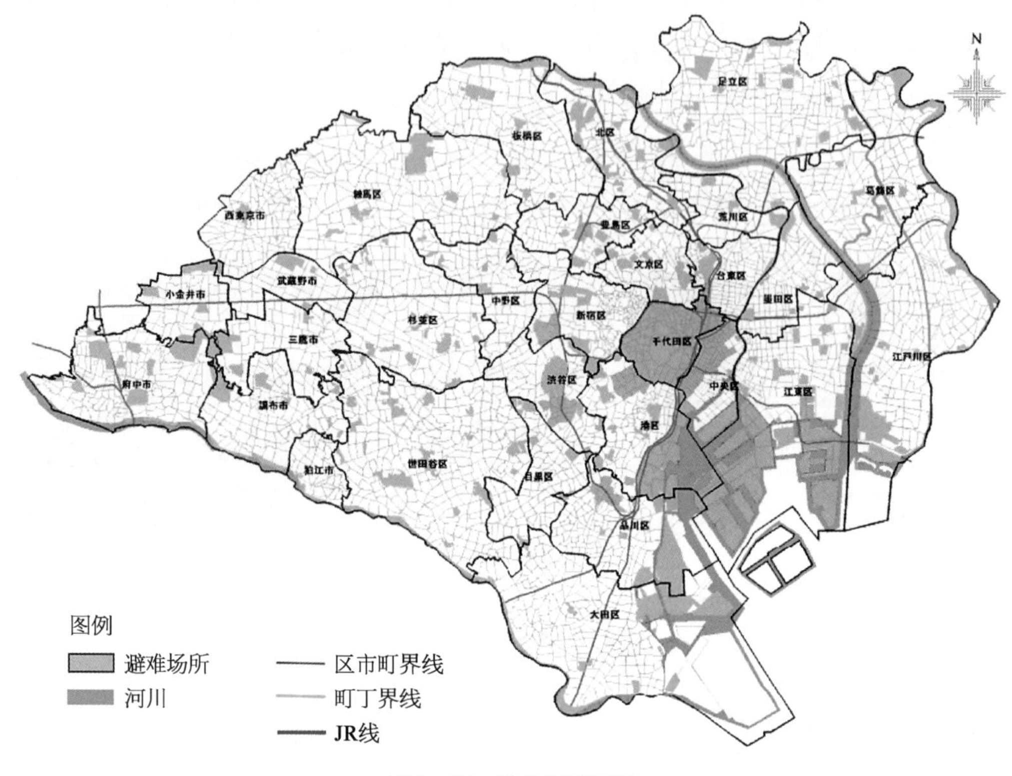

图 3-17　避难场所规划

① 城市防灾轴线主要是城市内各种河流水系和主要干线道路。

② 主要延烧隔离带主要是城市主干路和连接主要干线道路间的通道。

③ 一般延烧隔离带主要是防灾生活圈周围的道路，在这些隔离带两侧的建筑物必须达到一定的不燃率指标。

(3) 整治措施。

① 加强地区防灾能力建设。

为了实现无须逃离且能够安全安心居住的城市，有必要通过土地利用防灾规划、建筑物的更新，以及生活道路、基础设施整治和防灾活动据点整治等方面提升地区防灾能力。规划把包围在延烧隔离带中的防灾生活圈作为市区整治的基本单位，根据地区特性所采取适当措施的实施，来推进市区不燃化等各方面的整治。防灾生活圈是根据不起火、不蔓延的思路，将地区划分为小的区域而力求不将火灾蔓延到相邻的区域，用于在震灾时防止大规模市区火灾的划分方法。这些区域根据日常的生活范围，大致为一个小学学校大小的区域(图 3-18)。

该规划中确定了 28 处整治区域，其中 11 处为重点整治区(图 3-19)。规划对重点整治区域特点进行了详细分析和调查，并以此为基础分别制定了详细的整治方案及实施策略。

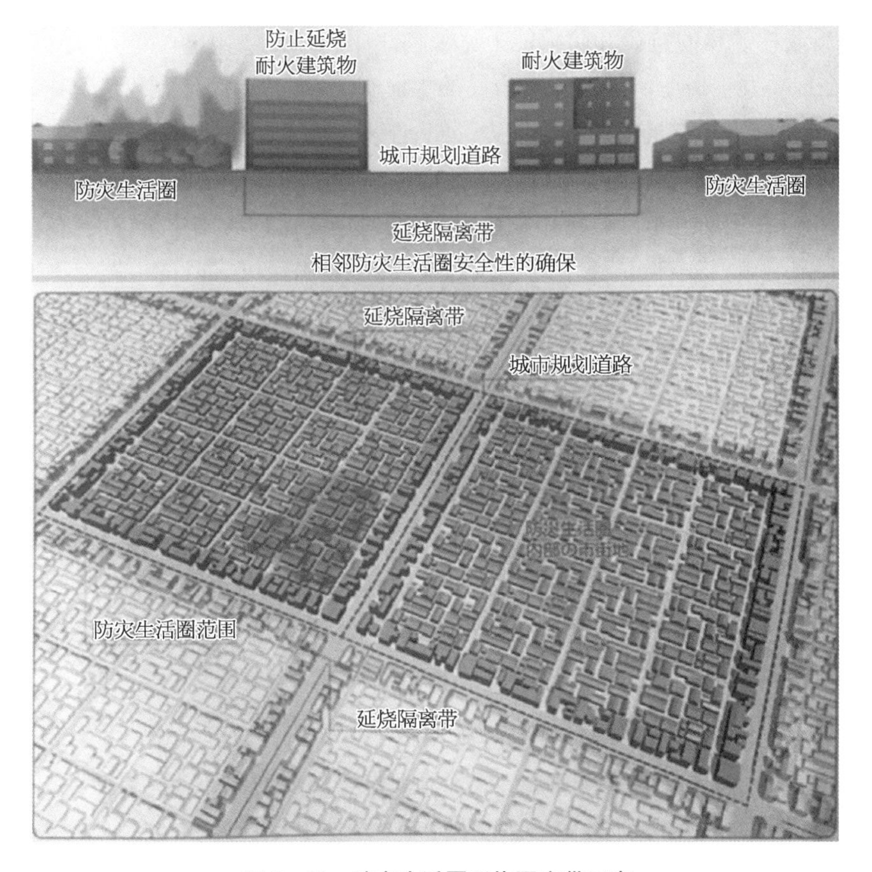

图 3－18　防灾生活圈延烧隔离带示意

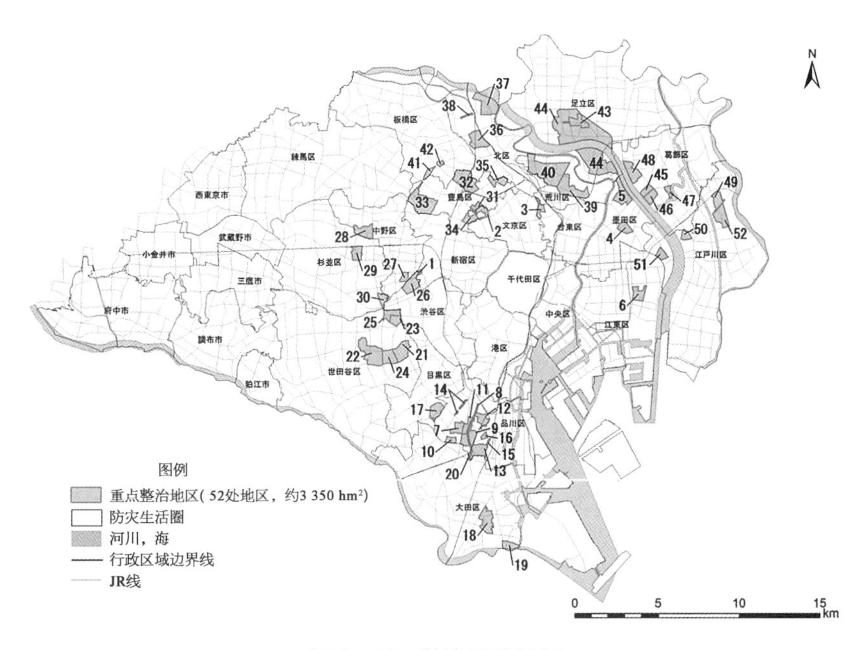

图 3－19　整治区域规划

② 提升建构筑物的抗震和防火能力。

为了在地震发生房屋倒塌时保护市民的生命安全，有必要提升公共建筑物、居民建筑物、城市基础设施等建构筑物的抗震能力、防火能力。图 3 - 20 是对区域内木结构住宅密集区分布的识别，图 3 - 21 为木结构建筑区内部场景。规划提出对居民个别建筑物的不燃化进行引导，并且纳入市区整治中积极推进，同时还要促进居民建筑物的抗震评估和抗震修复。制定对策，将疏散道路上的电线等铺设入地，确保灾害时的道路有效宽度，使消防急救活动顺利地进行(图 3 - 22)。

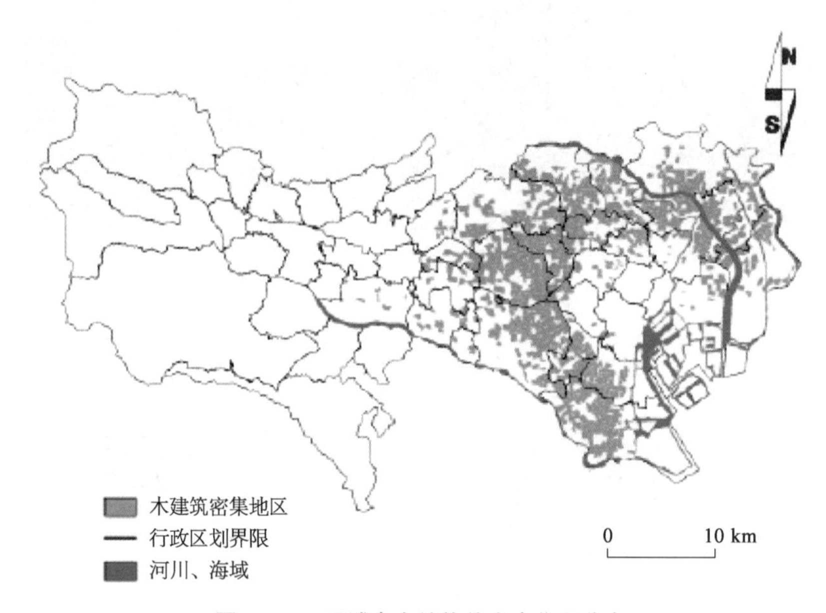

图 3 - 20　区域内木结构住宅密集区分布

图 3 - 21　木结构建筑区域内部场景

3）地震发生时的应急体系

防灾应急体系由两部分组成，一是对内的灾害应急措施，二是以首都圈为核心的区域协作应急体系。

图3-22　建构筑物整治规划示意

(1) 对内的灾害应急措施。

根据国家法律和地方条例，当发生大地震时，政府可以设立"东京都灾害对策本部"(即总指挥部)，知县为本总长，进行救灾活动。对策本部是地震发生时的最高指挥部，直接负责与各部门，如东京消防厅、区市町村灾害对策本部、警视厅、自卫队、总务省消防厅、厚生劳动省、气象厅的联络与协调，并安排从灾害启动到应急和恢复期内的一系列活动。根据《东京都地域防灾计划·震灾篇》中的规定，从灾害发生前的预报到灾后不同时间段内，防灾计划都清楚地确定了各部门应该执行的工作与任务。其中，在地震发生后的24 h内，主要是成立灾害对策本部，设立避难场所、派遣医疗救助，清除紧急运输通道上的障碍物，并对市政生命线采取应急和恢复措施；灾后24～48 h内，供应储备物品；灾后48～72 h内，供应生活必需品；灾后72 h，开始对遗体与废物进行处理，并发放灾害慰问金和灾害救援资金贷款，分配捐款物等。

(2) 区域协作应急体系。

东京都政府还非常重视与周边城市的区域协作关系，与首都圈周围的7个县市签订了相互救援的协定，当东京发生大规模灾害时，周边县市会在救灾物资提供、医疗队伍派遣、救援车辆供应、基础设施修复等方面提供援助。当城市整个系统瘫痪而无法与外界取得联系的时候，其他大城市可以自主出动救援。

3.3 城市综合防灾的规划范畴与规划体系

从内容上讲,综合防灾规划应是对其全过程所包括的所有项目的工程性措施与非工程性措施,是自然学科与社会学科等多种学科的立体化综合性研究。从性质上讲,又可以将其分为"软科学"与"硬技术"两大方面。"软科学"是人类在对传统灾害的认识和学习基础上,融入了现代防灾意识。"硬技术"包括城市工程建设等方面的内容。综合防灾规划是全方位、多灾种、多风险的全社会实施的过程,为贯彻落实各项空间设施,统筹协调各项城市防灾设施用地,构建由应急保障设施、应急服务设施和灾害防御设施相协调互补的网络防御体系,需要编制完善的防灾控制技术。

从体系范畴角度,城市综合防灾规划可以分为全方位的城市综合防灾规划和城市规划中的城市综合防灾规划两种类型,两者的规划内容和侧重点各有不同。全方位的城市综合防灾规划是城市范围内防灾工作的综合安排,一般由城市政府防灾应急管理部门为主体组织编制;城市规划中的城市综合防灾规划是城市规划领域内要考虑的城市防灾问题,一般由城市规划管理部门为主体组织编制。

城市规划中的城市综合防灾规划是城市规划与城市综合防灾规划的交集。它既是城市规划的组成部分,对城市土地使用中各个方面的工作提出防灾方面的要求,并为城市各个专项防灾规划提供接口;又是城市综合防灾规划的组成部分,为综合防灾体系中各个子系统的防灾设施留出用地,并进行空间布局上的整合(图 3-23)。

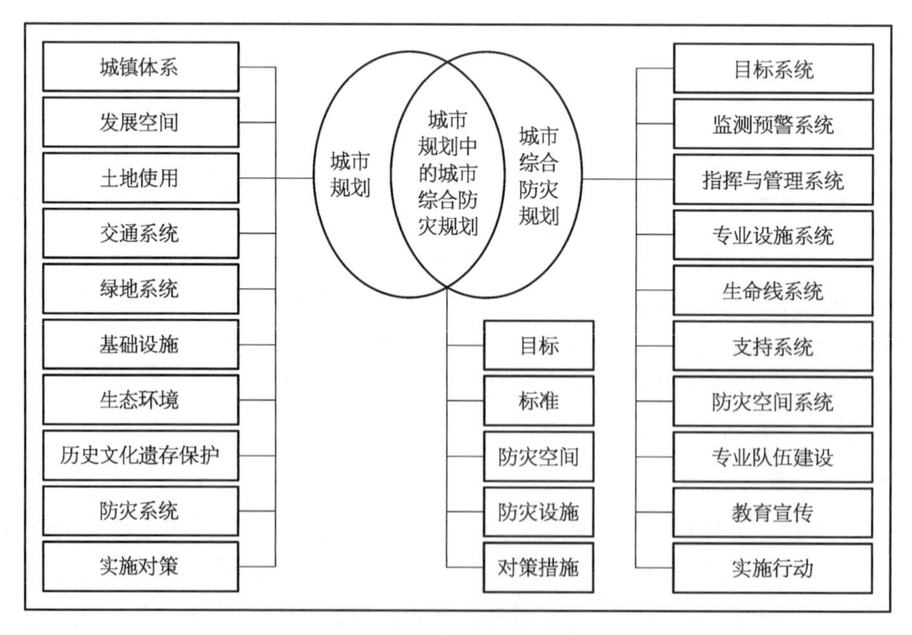

图 3-23 城市综合防灾规划与城市规划的关系

全方位的城市综合防灾规划的编制体系包括：目标系统、监测预警系统、指挥管理系统、专业设施系统、生命线系统、支持系统、防灾空间系统、专业队伍系统、教育宣传、实施行动等。从空间层面讲，全方位的城市综合防灾规划中的防灾空间系统又包括市域综合防灾规划、城市综合防灾规划、各企事业单位防灾业务规划、防灾空间与设施的紧急运营规划、防灾社区规划以及家庭防灾计划等。

城市规划中的城市综合防灾规划编制体系可以分为两个层次：总体规划层面和详细规划层面，即城市综合防灾总体规划和城市综合防灾详细规划，分别对应城市规划体系中的城市总体规划和城市详细规划。其中，城市综合防灾总体规划包括针对市域范围的综合防灾规划和针对中心城区范围的城市综合防灾规划；城市综合防灾详细规划包括城市综合防灾控制导引和防灾设施与空间规划设计（图 3－24）。

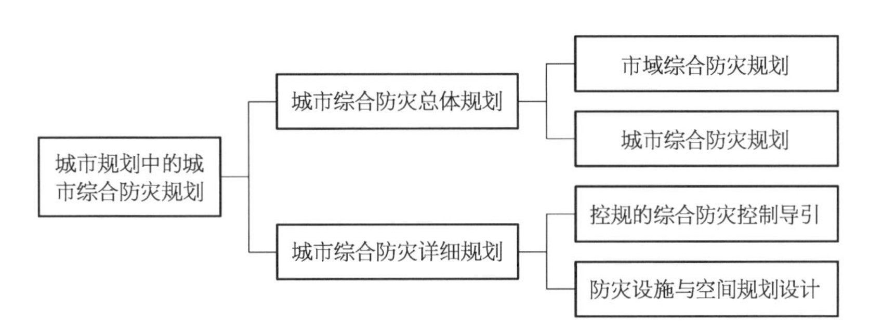

图 3－24　城市规划中城市综合防灾规划的编制体系构成

能否防止和减轻灾害的损失，取决于面对突如其来的灾害，有没有一套完备的灾害防御和应对体系。然而，灾害应对体系的建立首先依赖于一套完整的防灾规划体系。

3.3.1　灾害预防规划体系

灾害预防规划体系，是指政府在制定社会总体发展规划时，为建立一个防御灾害能力强的社会需要进行各种防灾事业而制定的规划。政府在制定灾害预防规划时，通过对所在地区可能存在的各种灾害进行预测，并就这些灾害对所在地区可能造成的危害和影响程度以及该地区的灾害防御能力进行科学预测和评估。在此基础上，针对不同种类的灾害制定详细的灾害预防规划，并按照灾害预防规划的要求推动相应的防灾事业的实施。各地区灾害特征各不相同，因此灾害预防规划的内容也会因地区的差异而不尽相同，但大致包含下列主要内容：

1）建筑物、基础设施的防灾性能加固规划

对于建（构）筑物、道路桥梁、通信设施、生命线工程等基础设施，制定抗震加固、防汛堤的加固规划方案，以提高规划地区的灾害防御能力。

2）避难场所和救灾物资储备规划

根据预测的可能发生的最大灾害，对灾害时灾区避难人数和避难时间、救灾物资的种类和数量进行科学的预测,制定出避难所和救灾物资储备等规划方案,并按规划要求建设好相应的避难场所,储备各种相应救灾物资。如日本东京都规划建设了约 3 000 处避难场所,可供大约 392 万灾民同时避难,并储备了能够确保全东京都 3 星期每人每天 3 L 的饮用水和 3 天用的食物。

3) 防灾教育和防灾训练规划

地区防灾能力的提高除了以上硬件的建设外,民众防灾意识的强弱、防灾教育程度、防灾演习的熟练程度等非工程性措施都将直接影响防灾减灾的效果。如国外一些国家就非常重视非工程性防洪减灾战略。

3.3.2 灾害应急规划体系

灾害应急规划体系是灾害管理部门根据预测的可能性灾害,事先制定出灾害发生时的紧急救灾对策,即灾害应急预案。政府在制定防灾规划中应就本地区可能发生的各种不同性质的灾害制定出相应的应急规划方案。当某一灾害发生时,可以立即启动相应的应急预案,有条不紊地进行应急指挥和救灾抢险,指挥避难、提供救灾物资,尽可能地将灾害的损失降到最低程度。灾害应急规划主要包含以下内容:

1) 灾害情报系统规划

灾害发生后,灾害情报的收集和汇总、灾情变化分析和判断是减轻灾害最重要手段之一。然而,灾害发生时,一般的通信和通信系统也有可能遭受不同程度的破坏。因此在灾害应急规划中,就灾害时灾害情报的收集和传输方法及灾害情报分析做出具体的规划,如采用卫星通信、直升机收集情报传输,在最短的时间内将灾害情报传送到灾害应急指挥中心及相关机关团体等。

2) 应急救灾指挥系统规划

灾害应急规划中应对灾害应急指挥中心设立场所、灾害应急指挥中心人员组成、指挥中心的责任和权力等做出具体的规定和规划,并事先按规划内容进行必要的训练和演习,以确保灾害发生后能立即启动灾害应急指挥体系,从而有效地指挥各部门和机关进行救灾抢险活动。

3) 避难场所管理和运营规划

为了确保灾民的基本生活,灾害应急规划中应事先制订灾害时避难场所的启用、运营以及救灾物资的分配、发放等规划方案。建立避难场所动态管理模型,就灾害发生时避难场所的优化利用、管理人员的调度等做出详细规划。

4) 应急住房规划

当有地震或洪水大灾害发生时,很多民用建筑可能遭到破坏,如果等灾害发生后,再去规划应急住宅势必对灾民的生活造成很大的影响,尤其灾害发生在冬季的时候,临时帐篷很难确保灾民的长期避难生活。因此,应在防灾规划中制定应急住房规划,包括应急住宅的类型、建设场所、周围设施(水电等)的提供,当灾害发生后,根据受灾情况确定应急住宅的建设方案，及时进行临时住房的建设，以确保灾民的基本生活。

5）灾害时道路交通管理规划

预测不同灾害对道路交通造成的损害，制定救灾用的道路利用方案和灾区交通管制方案，以确保灾害时救灾抢险用道路的畅通。规划中应制定多种临时道路的架设方案，便于大灾害发生时在道路交通瘫痪的情况下，可以快速架设临时道路，保证紧急救灾用道路。

3.3.3　灾后重建规划体系

防灾规划中应就灾后重建和复兴进行规划，建立灾后重建规划机制，并事先制定出灾后复兴规划的方针政策。灾害一旦发生，可以立即启动灾后重建规划机制，在原有重建规划的基础上，根据实际受灾状况，对灾后重建规划进行必要的调整，及早地从灾害应急转移到灾后重建工作上，避免灾害发生后，因急于重建而忽略很多本应纳入重建规划中的事项。如1995年日本阪神大地震后，因为此次地震灾害超出原有防灾规划的预测，使得住宅复兴规划无法按事先制定的地区防灾规划中的灾后住宅复兴规划进行，规划用地很难满足大量的永久性住宅集中建设的需要，不得不向偏远地区扩展和渗透，结果造成新建住宅与震灾前的街道之间缺乏连续性和协调性，这成为神户市城市规划中的一个很重要的问题。灾后重建规划一般包含以下内容：

1）制定灾后重建和复兴规划的基本方针

对于类似于地震多发或洪水泛滥等大灾害可能发生的地区，事先制定灾害发生后重建和复兴规划的基本方针，包括城市结构调整、产业转化等，从长远发展的角度制定地区的复兴规划。从根本上提高地区的防灾性能，避免同样灾害发生时再次遭受重大破坏。

2）制定重建规划方案

针对不同类型的灾害，制定相应的重建规划方案，便于灾害发生后根据受灾状况选择最为合适的方案，从而能迅速地进入灾后重建和复兴阶段，尽可能地缩短灾民的灾后避难生活到安定正常生活的过渡期。

3）制定灾害心理咨询规划

突如其来的灾害，不仅给受灾人员带来巨大的损失，同时灾害会在很长时间内给灾民甚至全体国民造成心理上的伤害。因此，应事先制定好灾后心理咨询和治疗规划，包括治疗专家的确定、治疗和咨询场所的分布和设定、心理咨询内容的准备等，便于灾害发生后，在加强灾后重建的同时，能够注重对灾民的心理咨询和治疗，帮助灾民尽快摆脱灾害的阴影，重新恢复正常的生活和生产活动。

4）制定灾民生活重建的支援规划

对生活困难的灾民实施一定的生活重建支援，可以帮助他们尽快地恢复生活。因此，灾后重建规划中，制定出灾民生活重建的支援方案、救灾物资的发放和灾民生活补助等具体的方针、政策以及规划方案，包括制定相应的灾害救助法律制度，确保灾民有能力尽快恢复生产,重建家园。

3.4 城市综合防灾规划与其他防灾规划的关系

3.4.1 编制综合防灾规划的必要性

城市综合防灾规划面临的第一个问题就是明确针对各主要灾种都已经编制有专项规划却还要进行综合规划编制的原因。从理论上讲,这是由城市灾害自身的特点决定的。城市灾害的特点包括高频度与群发性、强连锁性与高扩张性、高灾损性与难恢复性、强区域性、不可预测性、突发性等。城市中发生的各灾害类型,大多情况下都具有很强的连锁性,会引发很多次生灾害,而很多灾害损失是由次生灾害造成的。例如,1995 年日本阪神大地震引发了煤气管线爆炸,2011 年东日本大地震引发了巨大的海啸和核电站泄漏,1998 年中国汶川大地震引发了大量的山体滑坡、泥石流、堰塞湖等。

同时,城市是承灾体,城市空间的主要特征之一就是建筑设施和人口的高度集中,而由此带来的灾害损失也会很大。由于城市空间的复杂性,从而使灾害的情况变得更加复杂,避难疏散和救援工作开展困难。例如高层建筑越来越多,越来越高,越来越密;又如地下空间越来越深、面积越来越大,流线越来越繁复,地下空间与地上建筑的连接方式越来越复杂。依靠任何一项单灾种规划,都不能提供整体的解决方案,不能适应城市灾害的复杂性特点。因此,从全面预防城市灾害的角度出发,需要编制城市综合防灾规划。

3.4.2 城市综合防灾规划与城市总体规划的融合

从总体上看,城市综合防灾规划缺乏城市总体规划的指导,而城市总体规划也缺乏对城市综合防灾规划结论的吸收以及反馈,两者在规划编制方面缺乏同步性。很多城市的综合防灾规划在编制时间上都会比城市总体规划晚几年,这就导致综合防灾规划的反馈作用无法在城市总体规划中体现出来,在修编方面也不及时,大多沿用往年防灾规划内容。一方面,随着城市的发展,气象条件、地质条件、用地状况以及人口规模在不断变化,原有防灾规划内容无法有效指导城市防灾工作的展开;另一方面,城市综合防灾规划与单项防灾规划、用地规划、环保规划、住房规划等都是独立平行的,不同规划由不同部门完成,各部门之间权利以及责任的相互平行,极大地降低了各部门之间的协调性和衔接性。

进行城市综合防灾规划与城市总体规划融合,就要将防灾要素、防灾理念以及防灾策略都融入城市总体规划中。首先,应结合城市自身实际选择最为合理的城市发展形态,对城市特别是特大城市的人口规模和用地规模进行控制,防止无限制的扩张,避免城市单中心的发展,规划出未来城市土地利用图,使其与城市综合防灾规划图相吻合,保证城市土地合理的开发规模和密度,确定必要的公共安全用地空间,土地开发密度应适应于灾害应急疏散计划。其次,结合城市自身性质、水源现状以及其供应能力、环境承载能力等合理确定城市发展规模。例如，在环境方面，要保护自然生态系统的服务功能，致力保护湿地、河口沼泽地、洪泛平原这些具有防灾、减灾、容灾功能的生态用地；在公共服务设施方面，城市规模的扩大必将会带来建筑的密集和公共设施的膨胀，最终导致城市基础设施包括排水系统、交通系统、消防系统等灾害抵抗能力下降，可能会造成更大的影响。因此，对公共设施、市政设施以及重大基础设施的防灾进行科学合理规划是非常有必要的，应合理选址，考虑风向问题、安全距离问题等，合理布局其与城市综合防灾的关系，开启应急指挥功能，提升公共服务设施的防灾减灾能力。此外，还应将旧城区、历史保护地区、经济发展、住区、娱乐设施、开放场所、财政资助都纳入考虑中，确保城市综合防灾规划的全面性和针对性。

3.4.3 城市综合防灾规划与城市总体规划的关系

城市综合防灾规划与城市总体规划的关系十分紧密，城市总体规划是城市综合防灾规划的依据，并对城市综合防灾规划提出相关规划要求；城市综合防灾规划以城市总体规划为基础，分析城市安全风险，对城市总体规划进行反馈。具体来说，城市综合防灾规划基于多灾种风险评价的用地评定是城市总体规划用地调整的基础和依据；据此，城市总体规划对现状设施不合理的布局方式进行调整，并作为未来发展用地选择和设施布局的重要依据。城市综合防灾规划则是在反馈后的城市总体规划确定的总体空间结构布局的基础上，明确城市的防灾分区和防灾空间结构，对重要的防灾救灾空间和设施进行落实(图 3-25)。

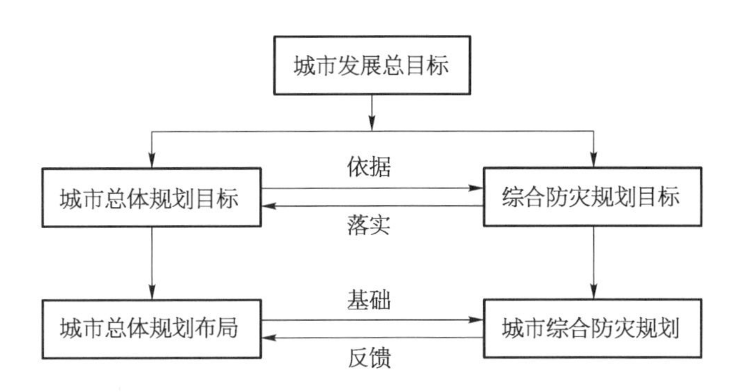

图 3-25 城市总体规划与城市综合防灾规划关系

3.4.4 城市综合防灾规划与单项防灾规划的关系

从系统辩证论的角度来看，城市综合防灾规划所面对的是城市灾害系统，而单项防灾规划所应对的是城市灾害系统中的某一灾种，两者是整体与局部的辩证关系。因此，各单项防灾规划的空间性对策应以不违反城市综合防灾规划为原则。从认识论角度来看，人类对灾害的认识和研究是由单一灾害向灾害链的过渡和发展，是从局部向整体的认知过程。城市综合防灾规划工作也是建立在单项防灾规划的基础上的。目前，我国部分城市已完成了消防专项规划、抗震防灾专项规划、防洪专项规划、人防专项规划等单项防灾规划的编制。城市综合防灾规划则是在此基础上进行的综合统筹。

因此，城市综合防灾规划与单项防灾规划的关系是一个动态变化的过程。目前，单项防灾规划是城市综合防灾规划的编制基础，为城市综合防灾规划提供各项资料及技术支撑，综合防灾规划则应根据已有单项防灾规划的基础，查缺补漏，更新资料，聚焦各单项规划的“交集”部分，统筹各单项防灾规划，协调矛盾。未来，随着城市发展条件变化，在单项防灾规划修编中，有关空间性的内容和措施需要与城市综合防灾规划相协调(图 3 - 26)。

图 3 - 26 城市综合防灾规划与单项防灾规划关系

3.5 城市综合防灾规划的相关理论与技术

3.5.1 城市灾害风险与防灾能力评估

城市灾害风险分为灾害分析、城市易损性分析和灾害风险三部分，如图 3 - 27 所示。

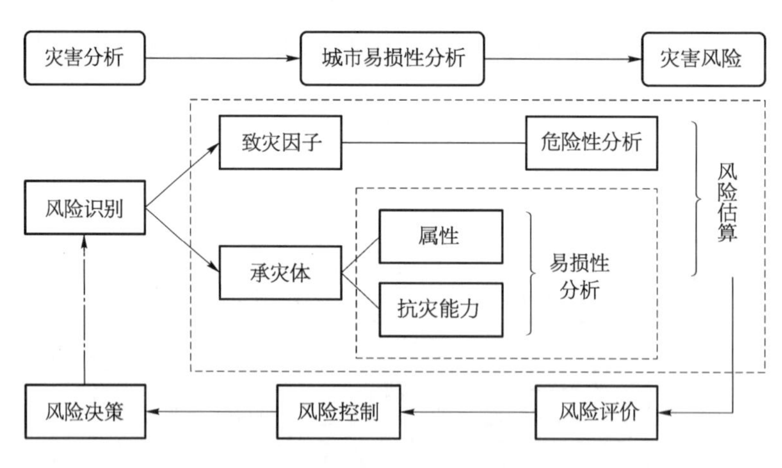

图 3 - 27 灾害风险分析流程

城市易损性与城市本身的属性以及城市的抗灾能力均相关。从城市的角度看，影响城市易损性的因素主要包括自然、社会和经济。自然因素主要包括城市的地质构造、地形地貌、物理化学条件等。例如，断裂不发育和岩体结构比较完整的地区，各种自然灾害相对较轻；地势起伏较小的平原、盆地，常是洪涝灾害、干旱、农作物病虫害等灾害多发地区；干燥气候环境下，发生森林火灾的可能性较大，其后果可能较为严重。

社会和经济因素主要包括承灾体的类型、数量、密度、价值、对自然灾害的抵抗能力、城市恢复能力等。一般情况下，在灾害危害区内承灾体的种类越多，密度越大，价值越高，则对自然灾害的抗御能力越差，被灾害损毁后的可恢复性越差，所造成的破坏损失越严重，即成灾程度越高。从更高层次分析，承灾体的类型、数量、价值等因素是一定社会经济的产物。在区域上，社会经济不发达的地区，一般人口稀少，各种工程设施密度低，产业及其他社会经济活动不发达，因此自然灾害所造成的破坏损失较小；相反，在社会经济发达地区，一般人口、城镇及各种工程设施密集，工业、农业、交通运输业等产业活动发达，自然灾害的破坏效应和危害范围广，所造成的破坏损失严重。同时，随着城市功能的逐渐完善以及人类对灾害的日益重视，社会经济发达地区对灾害的应对和恢复能力也日益增强。因此，在进行灾害风险评估时要综合考虑各方面的因素。

对于不同灾害，因为不同的自然条件有不同的影响，所以在对城市灾害易损性分析时，先从社会经济因素进行评估，其自然条件方面的影响，融合在总的灾害风险评估中予以体现。参考联合国人类发展报告中以及美洲计划(American Programme)的研究中指标计算方法，采用综合评价方法中的加权线性和法进行计算。结合现有的数据，分别按照社会、经济、社会-经济综合的因素，对城市易损性进行计算。

按照图3-27的思路，在对城市的灾害风险评估时，先对区域易损性和灾害等级划分等级，再进行综合评定，最后可得到城市各自的灾害风险等级大小。评价过程中采用的是归一化的数值，按照评价结果进行相对风险的比较。

3.5.2　城市综合防灾规划的技术手段

面对突发性的重大灾害，借助"3S"技术和三维可视化技术，建立以RS技术为快速信息获取手段，以GIS的空间扩展分析功能与MIS的辅助决策支持功能为核心的城市应急救援联动系统(urban emergency response system, UERS)，已成为国内外各大中城市解决安全与紧急救援难题的主要措施之一。

其中，凭借对灾害的实时监测以及对灾害损失快速评估，空间信息技术可为应急规划的编制提供一定的技术指导以及校核依据。如借助采用Visual C++的城市(镇)地面建筑工程图形与档案信息管理软件，可对建筑、场地、道路、桥梁、烟囱、水塔、电视塔、古塔、水库和堤防十大类地面工程建立图形与属性信息(档案)关系，在此基础上实现避震疏散非线性规划方案的优化建立、查询和模拟技术；借助"加权沃洛尼图(weighted voronoi diagram, WVD)"方法可划分出各等级避难场所的责任范围等。这些方法均可为特定情形下的应急设施的规划布局等提供科学的规划参考。

3.6　城市综合防灾规划的基本框架

城市综合防灾规划应该由两个部分构成，一个部分是综合减灾，另一个部分是应急管理。从结构层次上，可以将城市综合防灾规划体系分为"宏观""中观"和"微观"三个层次。

3.6.1 宏观层面

1）城市综合防灾机构与预警制度的建立

为了减少防灾设施的重复建设、协调各部门的防灾能力，首先应成立大中城市的应急事务城市综合防灾管理委员会或办公室，作为社会应急反应机制的执行机构，用于调动、协调各方面的力量进行防灾、救灾工作。

城市减灾管理机构，不是增加新机构，而是在高效、协调的统一系统思路下按新机制将城市抗震、水利、气象、事故及危险源、交通、消防、急救等防救灾机构重新组织起来，形成互补、快捷运转的现代化城市所必备的应急机构。其主要职能是灾害预警、灾情发布、灾害救援以及防灾、减灾资金的筹措与运作。

2）现代城市灾害风险分析

灾害风险分析是对风险区遭受不同强度自然灾害的可能性及其可能造成的后果进行定量分析和评估。风险分析系统包括灾种确定和灾害预测、致灾因子灾种风险分析、城市防灾能力评估、承害体易损性分析、潜在损失评估等内容。

（1）灾种确定和灾害预测。每个城市都处在各自特定的自然和地理环境下城市已有随历史形成的格局和现状。必须结合各自的特点来分析主要灾害种类和潜在的威胁，以便为深入规划打下基础。一是整理历史上曾经发生过的灾害数据，包括发生时间、地点、灾害类型、伤亡人数、倒塌房屋数量、经济损失等；二是需要考虑潜在灾害，包括灾害类型、发生的可能性、强度、潜在的影响等。

（2）致灾因子灾源风险分析。根据城市所在区域与功能性质，研究给定区域内各种强度的自然灾害发生的概率或重现期。确定各种可能的人为灾害和潜在风险源的风险等级。

（3）城市防灾能力评估。对灾情现状的研究分析是防灾规划所必需的，只有清楚城市政府目前拥有的防灾资源、防灾工作中的问题与不足，才有可能对症下药，制定切实可行的规划对策。中国目前的城市防灾规划中，也存在防灾工作中内容具备，但深度不够的问题，这方面可以借鉴美国的经验，将城市政府的防灾资源与限制条件一并列出进行研究分析。例如在分析限制条件时，应考虑的有：司法限制、经济限制、预算限制、规划信息的敏感度、房屋和法规限制、文化要求和障碍等。例如，因为费用问题，所以其他部门和人员对规划编制的参与和帮助将会受到限制。又如，因为安全问题保密信息不能对公众公开，如何合法地利用这些信息，完成规划要求等。

（4）承灾体易损性分析。主要任务是分析研究灾害发生时对城市及其建筑物、构筑物的影响范围、程度，包括风险区确定研究一定强度自然灾害发生时的受灾范围、等级；风险区特性评价：对风险区主要建筑物、其他固定设备和建筑内部财产，风险区内的人口数量、分布和经济发展水平等进行分析和评价；抗灾性能分析：对风险区的财产进行综合性能分析。

（5）潜在损失评估。评估风险区一定时段内可能发生的一系列不同强度的灾害给风险区造成的可能后果。事实上，致灾因子是导致自然灾害风险的要素之一，易损性和社会经济特性决定了是否成灾。灾情评估是对灾害后果进行评估，提出量化的灾情报告，作为防灾标准制定的依据。

3.6.2 中观层面

中观层面上，主要是城市综合防灾空间布局。

城市总体布局必须符合城市综合防灾的要求，合理的城市布局是减少甚至是消除城市灾害的重要途径。在城市总体布局规划中，要根据城市致灾因子灾源风险分析的结论，协调优化城市布局，必要时要对城市布局做出重大调整。

大多数防灾设施都有服务半径、服务范围的要求。因此，防灾体系空间布局的合理性是其发挥作用的重要保障。经验表明，多数灾害发生时都需要一定的人口疏散、隔离空间，因此以城市公园、绿地、广场、生态绿化用地为主的开敞空间成为城市综合防灾的主要空间载体。借鉴日本防灾公园的经验，我国的大中城市应建立以城市公共开敞空间为主体，以其他防灾救援站点、网线为网络的综合性立体防灾空间体系。

从城市安全角度出发，城市防灾空间的规划和建设应打破城市规划在不同层级和范围上的界定，并且将城市与建筑防灾空间进行系统性梳理，才能对城市空间的防灾有深刻的认识。城市防灾空间体系规划是通过城市规划或城市设计手段，使城市具备承载防灾减灾功能的空间结构以及能够充分发挥整体防灾能力的城市空间布局。防灾空间体系规划应该着重调整、布局“防灾”和“空间”的关系，无论城市总体规划还是详细规划，城市的防灾空间体系规划都必须与之紧密结合，在其构建过程中体现出安全、有序、协调、高效、人性化的设计理念，不仅要将自然环境利用和开发引入城市之中，还要将城市其他功能融入可防护的空间之中。一个城市的防灾空间体系规划，既要体现防灾空间要素的规划，还要切实地实现各功能要素的合理配置，体现出要素与布局的统筹协调。

在城市规划与城市防灾工程系统规划上结合相应标准，进行城市救灾设施的系统划分和层级划分，保障防灾救灾的时效性和可达性，实现防灾救灾资源的合理分配。从城市规划建设与防灾空间需求上进行梳理，可将城市中的避难场所、消防系统、医疗系统、物资供应、治安防控、环卫系统以及交通网络纳入城市防灾空间体系之中，并结合城市自身特点，对城市中的功能空间进行标准化配置，从而实现城市防灾空间体系规划的合理性、科学性。具体见表3-4。

表3-4 城市防灾空间系统相关设施与标准

救灾设施	设施名称	简要规划标准	层级
避难场所	邻近道路、公园等	距离居民区500 m左右，面积0.7 m^2/人	紧急
	学校、公园、广场、体育、停车场、绿地等	有防火隔离，面积>5 000 m^2	过渡

（续表）

救灾设施	设 施 名 称	简要规划标准	层 级
交通网络	紧急救灾、消防通道	道路两旁不应有危险源，桥涵具有足够抗震能力	救灾
	辅助性避难道路		避难
消防系统	政府、消防局	范围涵盖市区 5 min 消防时间，1 000～2 000 个居民/消防员	指挥
	消防支队、消防站		基层执行
医疗系统	卫生局、防疫站、急救中心	范围涵盖市区 4 min 急救时间，1 000～2 000 个居民/医生	高级
	社区医院、诊所		低级
物资供应	指定的过渡性避难场所	设置于避难场所附近	发放
	车站、码头、停车场等	通往发放地点交通便利	接收
治安防控	政府办公、公安局	范围涵盖市区 5 min 治安时间，1 000～2 000 个居民/警察	指挥
	派出所、武警		基层执行
环卫系统	填埋场、污水处理厂	服务范围涵盖市区，满足灾时紧急清除障碍物要求	处理
	垃圾桶、中转站		收集

3.6.3 微观层面

微观层面主要是防灾工程规划，也是城市综合防灾标准、原则的具体落实。如建筑物、构筑物的设防等级、标准，疏散通道的设置、防灾救护站点的建设标准等。以往建设中对基础设施的防灾功能建设重视不够，存在侥幸心理，或只考虑了平时的一些基本需要，没有和防灾需求联系在一起。然而事实上，防灾公园及避难场所的建设、疏散通道、供水、供电、通信、能源等生命线系统的建设和自身的安全至关重要，都与城市公共安全息息相关。城市规划要在基础设施的功能建设方面发挥作用，包括生命线系统的合理布局、功能的发挥、鉴定与更新等，避免次生灾害的产生。此外，从工程防灾角度，包括工程设施建设的防灾，基础设施的规划布局和建设防灾减灾要求，建成区（特别是高易损性和人员密集地区建筑）的改造与加固，重要建筑的布局、间距和外部通道的防灾。

3.7 《城市综合防灾规划标准》(GB/T 51327—2018)的主要内容

《城市综合防灾规划标准》主要包括总则、术语、基本规定、综合防灾评估、城市防灾安全布局、应急保障基础设施、应急服务设施等七部分内容。

3.7.1 基本规定

1）规划方针和原则

城市综合防灾规划应贯彻“预防为主，防、抗、避、救相结合”的方针，坚持以人为本、保障安全、因地制宜、平灾结合，并应符合下列规定：

（1）城市综合防灾规划应科学地评估城市灾害风险，落实防灾安全底线，优化城市防灾安全布局，建立和完善具备多道防线的城市防灾体系。

（2）城市综合防灾规划宜以主要灾害防御为主线，综合考虑其他灾害和突发事件影响。

（3）城市综合防灾规划应以工程抗灾和各专业的防灾规划为基础，遵照常态功能和防灾功能协调共用、多灾种防灾功能综合共享的原则，统筹防灾设施，整合防灾资源。

2）城市规划的综合防灾内容

城市总体规划的防灾规划应包括城市防灾体系建设规划目标、防灾设施建设标准、重大防灾设施空间布局要求、重点防御灾害的规划对策和措施，以及涉及城市发展全局安全的防灾设施用地控制界线、防灾管控措施等内容。

城市综合防灾专项规划除应包括上述内容外，还应包括城市综合防灾评估、设定防御标准和灾害防御指引、城市防灾安全布局、城市应急保障基础设施和应急服务设施规划、近期实施的防灾设施及其他重点防灾建设项目。

城市各专业的防灾规划应按照灾害综合防御的要求，结合应急保障和服务设施的安全防护，确定灾害防御设施的防御目标、设防标准、规划布局，提出防灾措施和减灾对策。

城市综合防灾规划应以各专业防灾规划为基础，依据综合防灾评估，以设定最大灾害效应为基准，根据城市灾害综合防御目标、灾害影响分布，分析城市防灾需求及安全防护和应急保障服务要求，确定城市防灾安全布局及防灾设施的规模与安排。

对于城市灾害高风险片区、应急保障服务能力薄弱片区的防灾规划策略，应坚持抗灾能力改善、风险排查与监控、风险源整治和防灾设施部署等综合防治对策，并考虑规划的分期应对措施。

3）规划目标

城市综合防灾规划应确定城市灾害综合防御目标，明确城市防灾体系建设规划目标，并符合下列规定：

（1）城市防灾体系建设规划目标应明确规划期内城市重大工程抗灾设防、抗灾能力改善、灾害风险控制、防灾安全布局和防灾设施部署的基本战略，以及具体规划指标。

（2）城市防灾体系建设规划目标应达到：当遭受相当于工程抗灾设防标准的灾害影响时，城市应能够全面应对灾害，无重大人员伤亡；当遭受相当于设定防御标准的灾害影响时，城市不应发生特大灾害效应，无特大人员伤亡，并应能满足救灾和避难生活的基本需求。

4）强制性内容

在城市规划中的下述要求，应列为强制性内容：

（1）设定防御标准、抗灾设防标准。

（2）限制建设和不宜建设的用地范围，限制使用要求和用地防灾管控措施。

（3）重大危险源、灾害高风险区、应急保障服务薄弱片区、可能造成特大灾难性后果设施和地区的规划措施。

（4）防灾设施布局、规划用地控制要求。

（5）城市重要应急保障对象的防灾设施配置要求和空间安全保障的规划控制要求。

（6）防灾规划管控要求和措施。

3.7.2 综合防灾评估

（1）城市综合防灾评估，应依据城市各类基础资料和防灾规划成果，在相关专业部门工作的基础上，进行城市防灾、减灾和应急措施现状分析，开展灾害风险评估、用地安全评估、应急保障和服务能力评估，并应确定防御灾种及重点内容。

（2）综合防灾评估，可划分为各个评估单元，应重点识别灾害高风险区、有条件适宜地段及不适宜地段、可能发生特大灾难性事故影响的设施与地区、应急保障服务能力薄弱区等城市防灾主要问题。

（3）综合防灾评估的结果宜包括如下两方面：① 城市灾害危险性和抗灾能力分析的结论，城市灾害风险程度及空间分布；② 城市抗灾设防、防灾设施和应急救灾体系存在的主要问题。

（4）灾害风险评估，应分析各类灾害可能发生的频度与规模，确定预防的重点灾害种类，分析灾害的成因、影响程度、空间分布及特征、与次生灾害叠加时的耦合效应，评估城市防灾体系效能，分析确定灾害防御重点内容、设定防御标准和最大灾害效应。灾害风险评估应重点从灾害危险性、工程抗灾能力、人口与经济分布、后果严重程度、风险控制和减缓能力等方面辨识灾害高风险片区。

（5）用地安全评估应包括用地布局安全评估和用地防灾适宜性评估，确定用地安全影响要素和影响范围。用地布局安全评估，应分析城市重大危险源、重点灾害和次生灾害影响及特大灾难性事故防范状况，确定灾害高风险片区。用地防灾适宜性评估，应根据地形、地貌、地质等适宜性特征和潜在灾害影响，按照本标准附录 A 的规定将用地划分为适宜、较适宜、有条件适宜和不适宜四类，并应符合现行国家标准《城乡用地评定标准》(CJJ 132—2009)的规定。地质灾害危险地段可综合有关基础资料按本标准附录 B 进行识别，必要时应开展专门研究。

（6）应急保障和服务能力评估，应统筹考虑灾害影响和各类防灾要求，对城市应急保障基础设施和应急服务设施的抗灾能力和状态水平进行分析。应急保障基础设施和应急服务设施抗灾能力评估，应综合分析其重要建筑工程和关键环节的抗灾性能及防灾措施，梳理薄弱环节，确定需要改造的范围和规模。应急保障和服务状态水平评估，应对应急保障基础设施和应急服务设施资源开展调查和统计，进行应急保障基础设施和应急服务设施规模评估，并重点从应急保障基础设施和应急服务设施不足及疏散困难程度等方面辨识应急保障服务薄弱的片区。

3.7.3　城市防灾安全布局

(1) 城市防灾安全布局应以用地安全使用为原则，以形成有利于增强城市防灾能力、提高城市安全水平、可有效应对重大或特大灾害的城市防灾体系为目标，并应符合下列规定：

① 城市防灾安全布局应提出重要地区和重大设施空间布局的灾害防御要求，灾害防御重点规划措施和减灾对策，分析确定规划控制要求和技术指标，指引并协调城市建设用地和防灾设施建设用地。

② 城市防灾安全布局应优化城市用地和防灾设施布局，对防灾设施、灾害高风险片区、防灾有条件适宜地段和不适宜地段、可能造成特大灾难性后果的设施及地区、应急保障服务薄弱片区等提出规划管控要求及防灾措施和减灾对策。

③ 城市防灾安全布局应合理划分防灾分区，配置防灾资源，构建有效的防灾设施体系。

(2) 城市应急保障基础设施和应急服务设施体系的构建应分析评估城市要害系统、重要工程设施、关键空间节点、防灾分区划分和应急保障服务需求，形成点、线、面相互结合和相互支撑的城市防灾体系。

(3) 用地安全布局应划定灾害高风险片区、有条件适宜地段和不适宜地段、可能造成特大灾难性事故的设施和地区，并应确定相应的规划管控要求和防灾措施。城市用地安全布局宜确定重点防灾管控对象，采取分类制定管控要求、划定规划风险控制区、防灾控制界线等方式，制定规划管控措施，促进风险的有效控制和逐步减缓，持续提升和改善抗灾能力。

(4) 城市防灾分区应与城市的用地功能布局相协调，宜根据城市规模、结构形态、灾害影响场特征等因素合理分级与划定，并应针对高风险控制、防灾设施配置制定规划控制内容及防灾措施和减灾对策。

(5) 城市应急交通应考虑主要灾害源分布和区域救援情况，分散设置多个疏散救援出入口，综合利用水、陆、空等交通方式，规划设置相互衔接的应急通道，采取有效的应急保障措施，提出应急通道防灾管控措施和建设要求。

(6) 城市应急供水保障基础设施规模应按照基本生活用水和救灾用水需要进行核算，按照市政应急供水为主、应急储水或取水保障为补充的原则进行布局，对各应急供水保障对象采取有效的保障措施。

(7) 应急服务设施的规模应考虑建筑工程可能破坏和潜在次生灾害影响因素,按满足其服务范围内设定最大灾害效应下核算需要提供应急服务的人口来确定。

(8) 城市综合防灾规划应考虑对城市重大危险源、应急保障基础设施、应急服务设施和城市重要公共设施的安全防护要求,统筹协调防洪排涝工程、消防工程、防灾隔离带、地质灾害防治工程等灾害防御设施。

3.7.4 应急保障基础设施

(1) 城市综合防灾规划应结合城市基础设施建设情况及相关专业的规划,提出规划布局和防灾措施,并应符合下列规定:① 规划时应分析城市需要提供应急功能保障的各类设施等应急功能保障对象,确定应急供水、供电、通信等设施的保障规模和布局,明确应急功能保障级别、灾害设防标准和防灾措施。② 规划时应确定城市疏散救援出入口、应急通道布局和防灾空间整治措施。③ 规划时应提出防灾适宜性差异地段应急保障基础设施的限制建设条件和保障对策。④ 规划时应明确应急保障基础设施中需要加强安全的重要建筑工程,并针对其薄弱环节,提出规划和建设改造要求。

(2) 城市应急交通、供水、供电、通信等应急保障基础设施的应急功能保障级别应划分为Ⅰ级、Ⅱ级和Ⅲ级,并应符合下列规定:① Ⅰ级:为区域和城市应急指挥、医疗卫生、供水、物资储备、消防等特别重大应急救援活动所必需的设施以及涉及国家、区域公共安全的设施提供应急保障,受灾时功能不能中断或灾后需要立即启用的应急保障基础设施。② Ⅱ级:为大规模受灾人群的集中避难和重大应急救援活动提供应急保障,受灾时功能基本不能中断或灾后需要迅速恢复的应急保障基础设施。③ Ⅲ级:除Ⅰ、Ⅱ级之外,为避难生活和应急救援提供应急保障和服务,受灾时需要尽快设置或短期内恢复的其他应急保障基础设施。

(3) 按设定防御标准进行抗震设防的Ⅰ级应急保障基础设施的主要建筑工程抗震防灾要求应按高于重点设防类确定;Ⅱ级应急保障基础设施的主要建筑工程应按不低于重点设防类确定;Ⅲ级应急保障基础设施的主要建筑工程应按不低于标准设防类确定。

3.7.5 应急服务设施

(1) 城市综合防灾规划应确定应急指挥、避难、医疗卫生、物资保障等应急服务设施的服务范围和布局,分析确定其建设规模、建设指标、灾害设防标准和防灾措施,进行建设改造安排,提出消防规划建设指引,制定可能影响应急服务设施功能发挥的周边设施和用地空间的规划控制要求,提出避难指引标识系统的建设要求。

(2) 城市应急服务设施应根据应急功能保障级别,按设定最大灾害效应确定灾害作用、抗灾措施等抗灾设防要求,并满足防洪和内涝防治的要求。

(3) 承担城市防洪疏散避难场所的设定防洪标准应高于城市防洪标准,且避洪场地的应急避难区的地面标高宜按该地区历史最大洪水水位考虑，其安全超高不宜低于0.5 m。

(4) 城市应急服务设施应分类分级进行规划，与应急交通、供水等应急保障基础设施共同协调布局，确定其建设、维护和管理要求与防灾措施，并应符合下列规定：

① 应急医疗卫生设施规划应满足危重伤员救治、应急医疗救援、外来应急医疗支援保障等功能布局的要求，可按应急保障医院、临时应急医疗卫生场所和其他应急医疗卫生设施分类安排，并应确定需进行卫生防疫的重点场所和地区。临时医疗卫生场所宜与避难场所合并设置，其他应急医疗卫生设施、卫生防疫临时场地宜结合避难场所及人员密集区安排。

② 消防设施配置宜考虑综合救援和次生灾害防御的要求，对消防站布局、消防道路、消防供水和消防通信等提出规划指引。

③ 防灾避难场所宜按照紧急、固定和中心避难场所三种类型分别规划安排，并应划分避难场所服务责任区。避难场所规模和布局尚应满足现行国家标准《城市抗震防灾规划标准》的有关规定。

④ 应急物资储备分发设施可按照救灾物资储备库和大型救灾备用地、市区级应急物资储备分发设施、避难场所应急物资储备分发设施，应分类进行安排。

⑤ 大城市、特大城市和超大城市的消防指挥中心、特勤消防站、Ⅰ级应急保障医院和大型避难建筑宜按特殊设防类抗震要求制定规划控制措施。

(5) 市、区级临时应急指挥机构、应急医疗救护、专业救灾队伍驻扎等功能应优先安排在中心避难场所，其次安排在长期固定避难场所。

第4章 城市综合防灾减灾对策

4.1 国内外防灾减灾策略

4.1.1 国外防灾减灾策略

4.1.1.1 美国

美国“防灾型社区”：以社区为基础进行防灾减灾，提高社区成员对社区事务的参与度，增强社区防灾救灾能力。建立防灾型社区，必须满足五个条件：一是公共部门的支持；二是培养和增强社区意识；三是推动社区居民进行配合，建立社区同舟共济的观念；四是重视社区灾害教育，培训防灾减灾救灾技能；五是提高社区居民、组织的参与度，加强灾害信息交流。此外，还要建立相关的社区灾害信息数据库，通过相应的数据分析预估灾害规模，在灾前做出相关损害评估，让社区做好减灾的充分准备，适时发现并处理问题。

构建防灾型社区的一般步骤为：一是建立社区伙伴关系，即社区减灾不仅依靠某个组织的推动，更多是来自民间的灾害救助团体，因为民间团体熟知社区环境特性，是社区与政府间沟通的媒介，还可以帮助社区进行灾后居民心理辅导和咨询。二是社区内灾害评估。一般分两步，第一步是确定社区易受灾的地点及环境；第二步是确认灾害发生源及其影响的范围，找出易发生灾害的建筑或区域，并制作社区地图，标注出社区受灾时的薄弱环节。三是制定社区减灾计划。在分析和排定灾害所造成损失大小顺序的基础上，参照社区内灾害评估鉴定，制定各项社区风险减灾计划。四是注重社区防灾、救灾功能建设，成立社区紧急反应队伍，提升社区防灾、救灾的应变能力。

4.1.1.2 英国

英国政府通过公共服务一体化网站，将如何预防灾害、灾后如何向保险公司寻求赔偿以及帮助社区居民了解一般性灾害的紧急求助电话等信息集成化，在理念上推动形成了“社区自救”的应急能力。为提升社区恢复力，英国政府还建立了“社区防灾数据库”和“社区应急方案模板”，推广好的社区防灾减灾经验和做法。“社区防灾数据库”针对社区在减灾救灾中的成功案例，分析总结经验，帮助社区形成应对灾害的成熟预案，并依据成功案例开展应急培训与演练，提升社区防灾能力和快速应对自然灾害的能力；“社区应急方案模板”对社区通用的防灾减灾能力进行了规定，包括社区风险评估、社区资源和技能评估、应急避难场所地址选取、应急联系人员、沟通联系方式“树状图”、社区可提供服务的组织机构名称、应急响应机制、社区应急小组会议地点、联络中断的备用方案等。

英国防灾减灾体系：首先英国居民自身的抗灾自救能力较强，一方面，政府的定期演习和知识普及让居民在灾难发生时可以沉着应对，在专业救援人员到来之前可以第一时间发现灾难并利用社区资源有效自救；另一方面，非政府组织的规范发展为志愿者组织和社区提供了救灾的成熟经验，在政府的支持下，非政府组织不断发展壮大，成为防灾减灾救灾体系中重要的组成部分，与政府机构伙伴式的合作方式有效弥补了政府机构的不足。在非政府组织的配合下，政府迅速启动应急机制，派应急人员快速到达灾区，第一时间开通热线电话，利用媒体及时向公众公布灾情，让民众及时了解进展，指导民众救人和自救，增强受灾居民安全感。其次英国在灾难的预测和识别方面具有前瞻性。将防灾减灾救灾上升到战略高度，各部门作为一个整体在应急管理中相互协调，有效提高了风险管理的一致性，实现了应急管理各个部分之间的响应、关联和配合，充分体现了各部分间的完整性、科学性和连续性，从而增强了国家抵御风险的整体能力。最后，英国在中央层面建立三级响应机制，根据灾难的程度采取不同等级的应急方式，可以让有限的资源得到最大限度的利用。当重大灾难发生时，英国会启动处理灾难事务的最高机构——内阁紧急应变小组，这一决策机制在符合应急工作属地管理原则的同时，强化了中央对重大突发事件的指挥和协调能力，提升了各部门的协调能力，建立了良好的沟通机制，提高了工作效率。

4.1.1.3 澳大利亚

澳大利亚防灾减灾规划者和管理者都把社区看作是国家防灾减灾的基本力量。社区作为国家应急体系的基础，在地方政府的指导下自主开展灾害应急工作。澳大利亚减灾型社区建设的最大特点就是专门从社区层面对应急管理做出了规定，指导社区编制应急预案，使社区的应急预案和当地政府的应急预案对接，保证救援行动的一致性。澳大利亚为社区应急管理部门制定了专门的《社区应急预案编制指南》，指导社区灾害应急管理。

4.1.1.4 印度尼西亚

印度尼西亚由于经常遭受洪水侵袭，亚洲减灾中心与印尼国家灾害管理部门及万隆科技学会于2000年在首都万隆选取了2个社区合作开展“社区洪水减灾方案”，该方案主要包括以下五个方面的内容：一是收集社区洪涝灾害历史灾情，调查过去发生的水灾事件及受灾地点与所造成的影响，掌握社区的洪涝灾害历史灾情；二是制作社区日历，掌握社区季节性灾害的活动情况与问题，了解社区的生活作息、生产生活模式以及社区活动的周期性；三是绘制社区灾害风险地图，了解当地河川、溪流的危险性，发现社区里潜在的灾害风险；四是标绘洪涝灾害易发地点，帮助居民更好地了解社区洪涝灾害易发地的各项信息；五是制定减灾对策，针对社区洪涝灾害风险，考虑社区实际状况，制定减灾对策，进行未来的活动计划。

4.1.1.5 日本

日本一直强调防灾减灾要立足于社区。在日本，社区居民个人、社区团体组织和社区内的企业共同组成志愿者队伍，建立社区居民互救机制。社区团体组织，如社区自治会、妇女会、老人俱乐部等之间积极互动合作，开展防灾救灾知识的宣传教育，推动社区综合减灾组织的建立健全和顺利运作；社区内的企业也会以多种方式参与社区减灾工作。社区企业不仅要加强自身防灾体系建设，制定防灾规划和应急手册，定期开展防灾演练，还要积极参加社区防灾减灾活动，对社区组织提供人、财、物等支持，共同提高社区综合减灾水平。同时，日本将社区公园纳入应急避难场所的建设，被称为“防灾公园”项目，该项目对不同规模公园的应急避难功能进行了具体的规定。

应对气候变化，对世界来说都是一项巨大而长期的挑战，事关人类生存环境和各国发展前途，国际社会已经采取了很多积极的措施应对气候变化以及它带来的各种自然灾害可能。国外应对气候变化的措施见表 4－1。

表 4－1 国外应对气候变化的措施

项　目	主　要　措　施
经济方面	财政激励；巨灾保险与债券；水资源定价；小额信贷；现金转移；灾害意外基金
法律法规	土地分区法；建筑标准和实践；水法规和协议；支持减灾的法律；鼓励购买保险的法律
国家政策	国家和区域的适应气候变化的方案；经济多样化；城市改造计划；城市水管理计划；防灾规划和备灾；综合水资源管理；综合海岸带管理；生态系统的管理；基于社区的适应
教育方面	增强意识教育；教育中的性别平等；推广服务；分享当地传统和地方知识；参与性的行动研究和社会学习；知识分享和学习平台
灾害管理	建立预警系统；灾害和脆弱性制图；管理多样化的水资源；改善排水；建立洪水和气旋灾害避难所；风暴和废水管理；改善运输及道路基础设施

在应对气候变化的防灾减灾法律法规体系建设方面，美国、日本、澳大利亚以及加拿大等国家经过较长时间的完善，防灾减灾法律法规已经相当健全，不仅制定了基于国家层面的防灾减灾基本法，而且制定了单灾种联合区域性防灾法律。国外的防灾减灾法律法规及相关政策见表 4－2。

表 4－2 国外的防灾减灾法律法规及相关政策

国　别	法律法规及相关政策示例
英　国	《国内紧急状态法》《国内紧急状态法案执行规章草案》
法　国	《风险预防规划》

（续表）

国　别	法律法规及相关政策示例
俄罗斯	《俄罗斯联邦紧急状态法》
挪　威	《自然灾害损失法案》《自然灾害保险法案》
瑞　典	《瑞典民防法》
美　国	《联邦灾害紧急救援法案》
加拿大	《突发事件管理法》《应急管理法令》
日　本	《灾害对策基本法》
韩　国	《灾害与安全管理基本法》
印　度	《国家突发事件行动计划》《全国危机管理框架》
澳大利亚	《应急管理系列手册》

4.1.2 国内防灾减灾策略

我国应对气候变化所采取的积极的措施：第一，加强防灾减灾与适应气候变化的有机融合。第二，加强应对气候变化法律体系的前瞻性与可操作性，具体包括以下几个方面：充分考虑国际条约的原则和内容；确立国家应对气候变化的体制、机制及权责；明确地方政府与非政府组织、社会与个人的责任；制定国家应对气候变化的防灾减灾战略与规划；确立应对气候变化防灾减灾的制度措施。第三，加强我国灾害管理体制和机制的改革，深化灾害管理体制改革，优化灾害管理运行机制。第四，加强综合灾害风险管理水平，目前风险管理主要面向风险爆发后的应对和恢复，同时也应加强风险管理的能力建设，加强地方综合减灾能力，面对当前形势应建立针对主要自然灾害及其脆弱性监测、信息存储和发布系统；实现主要自然灾害预警系统对社区层面的覆盖与服务；完成针对不同自然灾害类型及重点行业的灾害风险评估工作。第五，加强防灾减灾科学和支撑技术的研究，借鉴国外的经验，构建以数值预报为基础，以人机交互智能系统为平台，在现有气象现代化基础上，建设关系国家安全的极端天气气候事件预警系统和应急反应体系，研究自然灾害的预测、预警、灾情分析、救援、调查处置和指挥决策等关键技术，加大防御自然灾害、维护公共安全的支持力度，建设多部门预警防御协调体系，组建重大天气自然灾害应急实体，为全面提高气象灾害预警能力提供科技支持，进而提升我国各级、各地应对气候变化的快速反应能力。

4.1.2.1 城市综合防灾对策的推进途径

（1）提高认识，把城市防灾减灾工作列入城市领导议事日程，并认真抓好。

(2) 要编制综合的城市防灾对策和城市综合防灾规划。濒临江河的城市还要编制防洪规划;位于产生滑坡塌方的城市要做好工程地质调查,防止滑坡、塌陷等地质灾害发生。当然,每个城市都应有自己的消防区规划。这些专业规划都要在城市总体规划统筹安排下进行协调,使之相互配合以形成由多种专业规划构成的城市综合防灾规划,在规划中要根据用地功能,建立统一的交通运输网络,对地面绿化隔离带和开阔地进行统筹安排,尤其要强化城市生命线工程的防灾能力,保证受灾时供电、通信、供水等基础设施具有较强的适应性。

(3) 无论灾害预测、预报是否及时准确,防灾措施最终都必须体现于工程上。新建工程的全过程都要严格按抗震、防洪、防火标准的要求进行选址、规划、设计、施工、质量监督、竣工验收。对现有不符合各类标准的工程要分期分批进行加固改造。这些防灾的标准都是强制目标,应建立防灾设计审查制度,健全必要的机构,并进一步完善工程施工质量监督验收制度。

(4) 开展城市综合防灾研究,提高综合防灾水平。要大力开发、拓宽防灾新产品、新技术,开展省际、国际间的科技合作与交流,提高城市防灾技术水平。

(5) 增加城市综合防灾的投入。城市综合防灾需要相应投入,而且应提前投入。

(6) 加快城市综合防灾的行政与技术法规建设。城市防灾、减灾的立法工作是搞好城市综合防灾的重要保证,建议国家抓紧制定《城市防灾法》《抗震防灾法》等法律,并制定和完善城市防灾工程结构及设施的抗震、防火和防风等配套的防灾设计标准。

(7) 加强城市综合防灾的领导和管理,关键是加强城市政府对综合防灾的领导和管理,市政府要把建设、水利、地震、公安消防、气象、民政等有关方面的力量组织协调起来,以规划和计划为龙头,统筹规划、协调行动。

对于加强城市综合防灾工作的领导和管理,各级政府和管理部门,一方面要在提高对城市综合防灾减灾工作重要性认识的基础上,建立起与城市经济建设相适应的城市灾害综合防治体系,运用工程技术以及法律、行政、经济、教育等多种手段,来提高城市的综合防灾能力。另一方面要加强城市综合防灾减灾技术的科学研究。通过加强领导,并积极开展上述研究工作及推广应用,将城市综合防灾管理工作及综合防灾减灾对策和技术措施,贯穿到城市规划、城市建设及人居环境发展的全过程,从而使我国的城市环境整治、生命线工程和居住建筑的综合防灾减灾管理和技术水平步入国际先进行列。

4.1.2.2 积极开展社会公众防灾科普教育

随着我国经济社会发展和公民科学文化素质的逐步提高,公民需求呈现多样化、个性化趋势,掌握防震减灾的科学知识和救助方法成为公民必备的基本素质。

做好防震减灾工作首先要认识自然、尊重自然规律。针对自然灾害发生的规律和特点,不断从抵御各种自然灾害的实践中吸取教训、总结经验、掌握方法。面对地震灾害,防的意识、抗的措施和救的能力要兼而有之,而防抗救的前提是要对地震灾害做到知己知彼,防患于未然。在加强防震减灾科学研究,提高综合防灾减灾能力的同时,增强公民的防震减灾风险防范意识，切实提升应急避险和自救互救能力。

公众对地震和防震减灾知识的了解程度直接决定防震减灾工作的效果。以移动互联网为代表的新媒体，改变了公民获取信息和知识的方式，手机成为最普遍的媒介，借助手机和各类媒体平台，运用贴近群众生活的语言和喜闻乐见的方式开展地震科普，让群众成为防震减灾的参与者，在灾害发生前能科学防范，灾害发生后能够及时自救和互救，才能彻底改变我国防震减灾工作在公众参与方面的困局。

学校是公民教育的基础和关键，是学生日常活动的主要场所，在课程设置上增加防震减灾知识和技能教育，既能激发学习兴趣，培养防灾意识，普及防震减灾知识，又能使他们懂得防震、避险和震后自救互救基本知识和科学方法，从而达到“教育一个学生，带动一个家庭，影响整个社会”的效果。在社区和农村，也应该增加防震减灾知识讲座、逃生及自救互救方法传授，加强演习和经常性演练，防患于未然。

4.1.2.3　展望

回顾我国综合防灾减灾救灾的发展历程，围绕现综合防灾减灾目标的实现，展望未来的发展方向：

（1）在灾害风险科学研究将更关注多尺度、多因素、多过程的灾害风险复杂性特征。

（2）减灾理念将更偏向趋利避害与生态文明建设。

（3）灾害管理将更关注综合防灾减灾救灾的体制、机制、法制建设。

（4）减灾业务实践将更关注灾害与风险防范的效力与效益。

（5）灾害风险管理国际合作更关注生产链、供应链、物联网和生态系统等全面风险管理。

（6）城市减灾将更关注韧性城市与协同可持续发展，乡村减灾将注重灾害设防水平的加强。

4.2　城市防灾的基本对策

在城市的发展中，城市综合防灾减灾是一项重要的课题。近年来，自然灾害频发，而城市防灾减灾能力不足，缺乏综合防灾管理，以及政府对城市防灾的资金投入长期不足。面对现阶段城市防灾的严峻形势，城市综合防灾减灾的规划设计工作则刻不容缓。要正视集突发事件预防与应急准备、监测与预警、处置与救援为一体的应急产业发展策略的启动机制研究等。只有通过精细化管理才能做到备灾防灾精细化、应急响应与救援精细化、灾害风险辨识预警精细化，在灾害应对中重视薄弱环节及脆弱人群等。

4.2.1　灾前防御与预警

首先开展抗震风险排查与改造：摸清抗震危房底数，重点针对城市抗震未设防房屋、抗震设防标准过低房屋（设防烈度相差 1°以上）等抗震危房、抗震能力严重不足的公共建筑和市政公用设施，以及重大次生灾害源等，根据其排查出的薄弱环节进行加固与改造，降低既有建筑和市政公用设施地震易损性，从而提高其地震灾后的稳定性。其次强化政府的防灾减灾责任意识：完善政府部门、社会组织和新闻媒体等合作建立防灾减灾宣传教育的工作机制，增强社会各界的韧性抗震防灾意识和文化素养，把防灾减灾纳入国民教育体系，逐步增强全民防灾意识和预防为主的防灾理念，提升自救、互救能力，经常性开展疏散逃生和自救互救演练，提升公众自然灾害应对能力。最后推动防灾设施建设：同步开展防灾设施的建设，增强城市系统的冗余性，不断完善城市防灾应急避难场所的设施，提供应急保障的交通、供电、供水、通信等基础设施，提供应急服务的指挥、医疗、物资、消防、环卫等公共设施。

1）建立健全防震减灾法制体系

第一，推进抗震设防管理，开展地震安全民居试点，广泛开展防震减灾科普示范学校、示范社区创建，将其纳入学校教育，提高全民防震减灾素质。第二，大力加强地方立法，进一步健全完善防震减灾地方法规规章体系，加强各类建设工程抗震设防行政监管，特别是重大工程的地震安全性评估工作。第三，掌握地震重点危险区防震薄弱环节，动态把握震灾风险，制定抗震救灾专项方案，做好地震应对准备。推广地震安全民居建设，大力加强农村土坯房、城市老旧建筑、城中村改造，学校、医院等人员密集场所抗震加固。第四，做好病险水库、重要堤防、道路桥梁、次生灾害源等地震安全隐患排查治理，对查明的地质灾害隐患点落实监测预警、避让搬迁和工程治理等措施。持续开展对重点危险区和重点行业地震应急准备工作的检查。第五，加强应急救援队伍专业化、规范化、标准化建设，指导基层应急队伍和志愿者队伍开展常态化演练。

2）做好兼顾全局性与操作性的城市抗震防灾规划的编制

第一，城市抗震防灾规划应把城市防震减灾布局与城市总体规划结合起来，在城市规划中，必须充分考虑市、区级避震通道及避震疏散场地（如绿地、广场等）和避难场所（如学校、体育馆等）的设置。第二，生命线系统、消防、供油网络、医疗等重要设施的规划布局应符合防灾救援要求，逐步提高城市综合抗震能力，达到“预防为主，防、抗、避、救相结合”的规划目标。第三，提高各类建筑的抗震能力，一方面是包括设防烈度较低的城市在内的所有城市切不可放松抗震设防的要求，必须严格按照国家颁布的抗震设计规范进行建筑物的设计与施工，特别是提高学校等具有避难功能的建筑场所的抗震能力；另一方面是对于我国城市中早期建造的很多抗震设防标准达不到现行标准的已有建筑、古旧建筑，要做好此类建筑的抗震能力评价和加固工作，重点关注生命线工程的维护和加固以减少次生灾害；第四，继续加强抗震减震建筑技术的研究，推广耗能减震的新结构、新技术和新材料的应用；第五，加强地震预报研究工作，通过对地震发震机制、发震过程以及地震前兆的研究，充分利用各种先进方式进行监测、加强分析，然后对地震发生的时间、地点、震级进行判定。

对于台风、暴雨及洪涝等气象灾害，从韧性城市建设的角度，提倡冗余设计，提高高风险区的市政、交通基础设施和各类防灾减灾设施的设计标准，对其进行重点保护，加强适应性，推进"海绵城市"建设，保护河流、湖泊及湿地等水生态敏感区，提高城市防洪排涝能力。对于地震、地质灾害等自然灾害，应进一步完善监测预警体系，搭建高风险区域的生命线系统和提高各类建筑的设计标准，严格控制人为诱发灾害。对于重大火灾、重大危险源事故等，在优化城市安全布局基础上，进一步完善消防基础设施，增强城市抵御火灾，尤其是抵御重(特)大火灾的能力。还应加强防灾宣传教育，开展"防灾进社区、进校园、进企业"等活动，增强最基层的社区居民、广大中小学生和企业员工的防灾减灾意识，掌握基本的避灾、自救和互救技能，达到防灾目的。

日本的灾前防御对策：防御对策又分为防灾计划的制定和实施、防灾设备完善、规制土地的利用和开发及教育训练等。进行防灾性环境管理，规制、指导与灾害危险的扩大化相关的土地利用和开发；监督和取缔违法建筑和违法停车等危险行为；努力进行防灾设施和设备的保养检查，使其在紧急时刻能有效地发挥机能；积极引导民间力量在防灾中发挥作用；致力社区的建设，使社区在紧急时刻能够发挥相互扶助的机能；同时建立完善消防、救急无线和防灾行政无线、信息联络体制是十分重要的；此外，防灾社区的形成是非常有必要的，因为要结合地域实情并将其尽可能地反映在对策上。这需要详细调查地域的灾害历史，总结其中的教训，并将自古流传的传统性防灾技法加以应用。然而，使这一切成为可能的途径就是成立自主防灾组织和建设防灾社区。在制定防灾减灾对策时，要尽可能使其应用范围小规模化。不管是进行灾害评估，还是收集防灾信息，最理想的就是在社区级别上开展。

4.2.2　灾时应急与处置

灾时应急预案包括建立紧急协调指挥部、紧急疏散系统、快速救援系统、快速抢修系统和次生灾害防御系统。

首先，在应急救援方面，加强各级抗震救灾指挥机构建设，健全部门间、军地间、区域间协调联动机制，健全地震应急预案体系，扩建地震专业救援队伍，建设城市应急避难场所，组织应急检查和演练，建立区域应急联动机制。其次，加强对地震次生灾害、衍生灾害应急处置系统化管理，在次生灾害的处置中运用系统思维，及时有效地推行链式防控、清除危险源、阻断灾害链，最大限度地防范和减少灾害损失。最后，进一步探索正确引导群众参与抗震救灾活动的新思路，有效组织群众自救互救，加强志愿者队伍管理，打击趁灾不法活动。加强地震现场科普宣传队伍建设，做好灾情报道、引导舆论导向。做好灾民过渡安置工作，保障住所、食品、物资、水源等生活基本条件，做好灾民心理疏导，加强对特殊人群的照顾与抚慰。

加强地震灾害管理和应急救援工作，首先要制定城市防灾减灾基本法，设置专门的防灾减灾机构；其次，地震发生后要有快速的应急能力，能够控制灾情，包括排查次生灾害发生的隐患、通过专业化救灾队伍及普通民众实施救援、强力维护稳定的社会秩序等，特别指出的是，当前城市化水平较高的城市震后救援工作，仅靠普通人力是难以应付的，必须加强具备专业技能和专业装备的专业化救援队伍的建设。我国应通过在部分军队与武警部队中训练相关救援职能以及由各个城市着手组建相关的专业化救援队伍等多种方式来提高专业救援化水平。

完善应急预案体系和专项应急预案，解决部分行业领域预案管理缺失的问题；完善重(特)大突发事件现场处置的部门预案，提升现场处置效率；完善各区应急预案体系，提高各辖区的响应效率；加强巨灾应对体系建设，包括制度建设、应对极端气候变化的能力、巨灾监测、灾情信息处理和灾情评估能力、与全球合作防范环境风险的能力及防巨灾物资储备系统建设等方面，以提升巨灾应对的能力。

物联网技术在应急救援现场的应用：应急指挥车到达突发事件救援现场安全位置后，立即启动通信保障(涉及机动专网通信覆盖、北斗定位差分数据广播、时间同步数据广播、电磁频谱监测与干扰)，环境保障(多光谱视频监测与扫描、雷达监测、九要素微型气象与环境监测、辐射与有害气体监测、地表震动监测及定向)、信息保障(大数据检索与共享、应急预案、现场地图与图纸及其他询问信息录入)，并对现场进行五类管控(人员、装备、物资、器材、频谱)。即救援人员佩戴有肩挂智能终端、装备有物联网运行状态监测、物资有无源射频标签、器材有物联网标签、频谱有管控与定向干扰、实现各类管控。应急指挥车内专业座席迅速对各终端及传感器获得的数据与相关预案进行数据融合，并在多维态势可视化系统形成各种专业图层。现场指挥员根据多维态势可视化系统大屏幕展示迅速形成现场战斗决心图，并向专业座席下达指挥命令，并通过语音短信及实时对讲下达到对应肩挂单兵终端。多维态势可视化系统使用物联网实时数据、大数据与数据模型进行人工智能分析，对救援现场动态形成严重危险区域、危险区域、安全区域专业图层和对单兵位置及作业过程进行动态标绘。

地震应急救灾的时序性可以概括为三个步骤：

1) 救人

地震发生后，迅速组织抢救被埋压人员是抗震救灾的第一要务，震后第一时间首先到达灾区开展救灾工作的是灾区周边及当地的军队、武警、消防队、地震救援队、矿山危化救援队等专业救援队伍，他们是抢救被埋压人员的主力队伍。

2) 救治伤员

医疗救护是抢救生命的关键性措施。地震发生后，有关的各级抗震救灾指挥机构迅速组织卫生、医疗和其他有关部门和单位，实施紧急医疗救护，协调伤员转移、接受、救治，尽最大努力减少伤亡、减轻伤情。训练有素、机动性强的卫生应急救援队可以在第一时间在灾区现场全面开展医疗救援工作，这对提高抢救成功率、降低病残死亡率具有非常重要的意义。

3) 生活安置

震后解决灾民吃饭、饮水、居住、衣物及卫生防疫等问题，满足灾民最基本生活需要，适时恢复家庭伙食、居住等生活活动，搭建能长期居住的半永久性住房，解决地震遗留的民政问题，保障人民长期生活。

4.2.3　灾后恢复与重建

灾后恢复重建，不能只是简单地原地恢复重建，而是要从长远考虑，不仅要考虑灾区未来防震减灾的目标，而且还要对地震灾区今后的发展条件进行评价。灾后重建的目标包括以下几个方面：

1）安居是民生之(住)所

居民通过自建、助建、互建等方式修复加固受损房屋和新建房屋，确保无房户和危房户获得安全实用卫生的基本住所(包括租赁房)。

2）就业是民生之本

通过本地创造就业、异地安排就业等多渠道、多形式，普遍增加就业岗位，实现充分就业，使城乡劳动力就业率及劳务收入高于灾前。

3）促进居民收入增长

城镇居民人均可支配收入和农村居民人均纯收入超过灾前。

4）确保基本公共服务

教育、卫生、文化、体育、广播电视、社会福利等公共服务设施水平以及公共服务人口覆盖率超过震前。

5）经济全面振兴

投资(特别是住宅、基础设施投资)、消费(特别是居民消费、政府公共服务支出)的增长速度超过震前，生产力布局及产业结构进一步优化，实现地区生产总值增长速度超过震前。

6）基础设施全面恢复

交通、通信、能源、水利等基础设施达到或超过震前水平。

7）生态环境初步恢复

生态修复机制开始形成，生态功能区得到保护；主要污染物明显减少，环境质量有所改善；防灾减灾能力明显增强，人民生命财产安全受到保障。

达成以上目标需要全方位的努力，首先要建立完善灾后应急处置和恢复重建体系，加强震后抢险抢修和安全应急评估的人才和物资储备。做好抢险抢修和应急鉴定队伍建设及物资准备；建立抢险救灾投入补偿机制，保证分散在城市中的大型设备能够在抢险救灾中及时到位，并通过培训、演练，提高抢险抢修和应急鉴定队伍的快速反应能力和技术水平。

在地震恢复重建工作中还应该更加重视地震科普宣传工作的重要性。提高城市居民应对突发震灾的能力，加强城防震减灾宣传教育，特别是预防、避险、自救、互救、防灾等方面的教育与演练，增强人们对地震的心理承受能力和防灾自救能力。通过修建以地震为主题的科普馆、纪念馆等，在缅怀的同时向公众宣传和展示地震科普知识。同时，政府和有关部门应该进一步加强地震相关科普馆、科技馆、展览馆的建设，多建的同时还要加强管理,增加各类地震科普展馆的活力,让其真正地成为面向公众的科普宣传阵地。在灾后充分调动社会资源,利用公共教育平台,拓宽防震减灾的宣传渠道。在中小学公共安全教育中突出防震减灾内容,对少数民族、残疾人、农村留守老人儿童和城市棚户区居民等特殊群体开展针对性的防震减灾知识普及与宣传。积极利用国家防灾减灾日和国内外发生地震灾害等时点,组织开展防震减灾科普宣传教育。加大经费投入,增加产品研发,制作更多科技含量高、互动性和趣味性强的宣传作品,提高宣传实效。建立与媒体、公众的有效沟通平台和机制,强化地震突发事件的舆论引导和风险应对,及时主动回应社会关切问题,切实维护社会稳定。

我国特重大自然灾害灾后恢复重建模式比较见表 4-3。

表 4-3 我国特重大自然灾害灾后恢复重建模式比较

事 件	恢复重建模式	对口援助	特殊政策
唐山地震(1967 年)	罕遇巨灾、中央统筹、举国合力	全国各地支援	—
汶川地震(2008 年)	罕遇巨灾、中央统筹、举国合力(举国动员模式)	沿海省市横向对口援助为主、中央部门系统纵向对口援助、省内横向对口援助为辅	民族政策、西部大开发政策
玉树地震(2010 年)	大灾中灾、中央支持、地方负责(国有企业参与模式)	北京、辽宁横向援助、国有大企业单向援助	民族政策、西部大开发政策
芦山地震(2013 年)	大灾中灾、中央支持、地方负责。 【芦山新路】“中央统筹指导、地方作为主体、灾区群众广泛参与”的灾后恢复重建新路(地方为主体负责制模式)	省内其他城市横向对口援助为主、省内部门纵向对口援助为辅	西部大开发政策、生态文明建设政策、美丽幸福新农村建设政策、新型城镇化建设政策、民族政策等
九寨沟地震(2017 年)	【九寨沟模式】坚持和发展芦山新路、探索世界自然遗产抢救修复、恢复保护、发展提升的新模式(地方自筹自建模式)	省内省财政统筹中央和省级相关资金给予州县包干补助。在原有规划和实施的工程项目中深化	西部大开发政策、生态文明建设政策、脱贫攻坚政策、乡村振兴政策、民族政策、世界自然文化遗产保护政策等

基于城市恢复力的灾后重建规划:城市恢复力是一种过程量,反映了灾情已经存在的情况下,城市系统如何自我调节而消融间接损失并尽快恢复到正常的能力(即恢复力是以灾情为起始点来发挥其作用的)。因此,将城市恢复力的理论原则用于灾后恢复重建规划中(如找出恢复力建设的薄弱环节及灾后高效恢复的措施和途径),既可以作为一种途径,也可以作为一种衡量标准。三大灾后重建案例概况见表 4-4。

表4-4 三大灾后重建案例概况

城市恢复力原则	日本阪神-淡路大地震灾后重建规划	美国新奥尔良飓风灾后重建规划	中国汶川大地震灾后重建规划(北川新县城)
严密的反馈环路	1999年,神户市进行了第一个五年"神户复兴规划"运行效果评估,并在次年提出了促进项目以解决评估得出的遗留问题,为"编制—实施—反馈"的动态反馈提供了一定的经验	规划编制阶段公众参与比较突出,但是实施评估、反馈方面内容较少	规划过程中有广泛的参与,物质规划的重建效果比较明显,但没有对规划实施后的综合发展的反馈等
内置反应机制	设立防灾大臣,有健全的内阁应急反应机制及专门的防灾机构	美国政府的三级治理和地方自治方式在新奥尔良重建中显得滞后、紊乱	中国自上而下的集中治理结构能在较短的时间内调动大量资源和采取一致行动。但是指挥部临时组成,不及日本防灾反应机制的成熟
可脱离性	形成以市政府为主体的防灾生活圈情报网络,其中近邻生活圈可以展开各种以当地居民为主体的防灾抗灾活动(如防灾据点存储防灾物资等)	方案实施取决于外部融资,而未来融资具有很大不确定性,可脱离性较弱	重建采取对口援建的方式,由于体制原因,虽然具有依赖性,但相对确定
动态重组	建立防灾绿轴,平时作为城市绿地,灾害发生时可以城市道路共同重组为疏散通道	在整体重建框架下归纳重建项目,并根据融资情况重组项目优先事项等	在道路交通规划中提出了"高密度、窄道路"的网络模式,注重道路的复合功能
多样性	多样的产业经济、文化等	基于混合邻里的多样化规划	内生型、嵌入式工业结合的产业发展等
模块化	对应居民生活活动范围形成防灾生活圈(每个由"近邻生活圈"、"生活文化圈"、"区文化圈"三个圈构成)	基于因特网的房地产GIS数据库	提出了县城外围乡村地区重建的相关模式
简单性(目标或者组织机制更明确)	以更具抗灾性的城市为首要目标组织规划	以重建需求来组织优先项目	相比前两个重建规划,北川新县城重建规划与一般的城市规划更为接近,目标更为综合,反而削弱了其重建规划的色彩
恰当的聚集性	将"市区复兴"作为重要独立的内容提出来,以"紧凑城市"为目标	通过"十七个优先发展项目"带动周边地区重建	在公共服务设施的布局中采取"相对集中、适当分散"的原则

4.3 信息化技术在城市防灾中的应用

我国城市区域灾害发生形势总体是稳定的，但自然灾害、事故灾难、公共卫生事件和社会安全事件等各类突发事件的突发性、不确定性和关联性越来越强，导致次生、衍生事件发生或成为各种事件的耦合。城市区域人口密集、信息传播速度较快，灾害事件如果处理不及时，处理方式不正确，极有可能变成区域性甚至更大范围的灾害事件及社会危机。因此，城镇灾难一旦发生，不仅会带来生命和财产的巨大损失，而且会严重地影响到整个社会的稳定和可持续发展，对于城市区域各类突发事件，如何在事件发生后快速、准确地进行应急处置显得尤为重要。

自 2003 年抗击“非典型肺炎”成功以来，我国应急管理体系日趋完善，应急管理信息化技术与产品不断成熟，信息化技术在城市区域突发事件应急处置方面也得到了初步应用。一旦灾害发生，利用信息化技术能够辅助和支持相关部门单位在应对突发事件时，快速、全面、动态地掌握和监控现场信息，为科学决策提供数据和知识库，从而达到快速响应的目的，极大提高应急指挥效率，对避免和减少各类突发事件带来的损失具有重要意义。例如，甘肃舟曲特大泥石流灾害、四川汶川地震等自然灾害发生时，信息化技术在预警提醒、辅助决策、灾后重建等方面提供了重要技术支持。

本书以城市区域常见的突发事件为基础，介绍基于 GIS 的城镇灾害应急救援系统、城镇典型突发事件趋势分析与应急决策支持系统等信息化技术。

4.3.1 基于 GIS 的城镇灾害应急救援系统

城市区域灾害应急救援是一个系统工程，需要多方面的协同配合。目前，应急救援系统侧重于数据和信息的传输，主要解决现场视频传输和通信等方面的问题，强调信息的传递速度，但对应急事故处理反应的速度比较慢。该系统利用 GIS 技术构建应急指挥平台，将应急资源信息采集、信息发布、动态监测、分析、管理、决策与空间信息管理融为一体，整合城市区域各种应急救援力量及市政服务资源，实现互联互通与资源共享；同时结合远程可视化技术、视频会议技术及管理信息化等构建多网合一的统一信息平台，通过与应急演练、应急指挥相结合，提高应急响应速度及应急救援效率。

该系统基于 GIS 及远程可视化技术，构建视频监控、通信调度、应急管理、辅助决策相结合的应急指挥平台，通过进行应急预案的结构化设计，提高城市区域突发事件应急救援过程中的快速辅助决策能力，对城市区域突发事件的科学指挥、救援、处置具有重要作用。

基于 GIS 的城镇灾害应急救援系统能够整合各级安全生产应急资源，充分运用物联网技术，构建一个协调联动、及时高效的应急管理及救援指挥中心。系统按照“平战结合”的原则进行设计，既能满足日常的应急管理工作需要，又能满足“战时”的应急救援工作需求。在“平时”，应急平台主要完成应急的日常综合业务管理和对资源数据、预案等信息的维护管理，实现对重大危险源的监管和对安全生产事故的综合预测预警，并通过模拟演练提升应急能力。在“战时”，应急平台能够结合GIS、GPS、大屏幕等手段，综合调用各类数据库的应急资源信息，进行辅助决策（现场事故模拟分析等）、调度指挥（最佳救援路径、最佳撤退路径等）和总结评估，实现安全生产应急管理和协调指挥工作的信息化和智能化。

该系统主要包括现场视频监控分析子系统、应急演练培训子系统、应急预案管理子系统、应急决策支持子系统和应急协调指挥子系统。

4.3.1.1 **现场视频监控分析子系统**

当发生灾害事件时，能够实现对灾害监测区域进行联动视频监控，不仅可以对指挥中心部门判断灾情报警提供翔实的依据，而且可以为灾害救援单位提供现场的视频图像，使救援单位更有效、明确的开展灾害救援工作。同时，也可以对日常灾害区域进行智能网上巡查，极大地提高相关的工作效率。

救援现场的视频监控系统的监控源主要包括两类：固定视频监控和移动视频监控。其中，固定视频监控一般采用基于吸盘或三脚架式的摄像机。移动视频监控根据其移动的载体可分为移动车载视频和单兵背负系统。

救援现场的视频监控系统组成结构如图4-1所示。

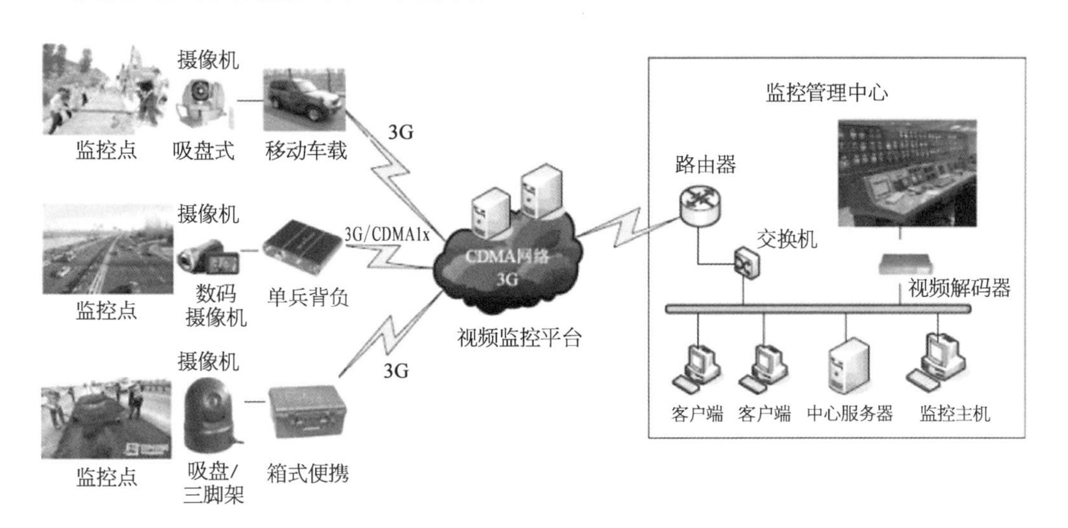

图4-1 救援现场的视频监控系统组成结构

基于前端不同的视频监控方式，通过3G/4G/现场无线局域网等无线传输方式，可以将现场的视频监控信号传输到现场的视频监控平台，并根据远程监控指挥中心的需要，保持与中心的联通。

采用B/S架构的网络视频软件技术（能够实现和已有DVR、NVR等无缝对接，实现视频采集，而不增加硬件重复投入）实现，能支持节点的自由接入，实现对远程视频的实时监控和管理。

现场视频监控分析子系统主要功能包括实时图像监控、图像监控轮巡、自动图像存储、语音对讲和广播、云台镜头控制、网络 Web 浏览。

1）实时图像监控

可实现对系统内任意监控点图像实时浏览和历史图像调用，可以单画面或多画面的方式进行浏览和实时监控，能够远程接入和调阅现场的视频信号，并且能够方便地切换任一路指定的视频信号，对视频信号进行图像抓拍或录制保存（录制时间可灵活设置），其实时图像监控画面如图 4－2 所示。

图 4－2　实时图像监控画面

2）图像监控轮巡

实现对系统轮巡方式的灵活设置，能够对所有接入的现场进行视频自动轮巡，包括对多画面轮巡、单画面轮巡及各个画面轮巡的摄像机数目的设置，满足对现场的网上远程巡查工作需要；巡查模式可设置为手工模式和自动模式；同时巡查频率可根据用户自身需求进行设置。此外，设定画面切换间隔的时间，对巡查过程中发现的现场隐患可以自动保存现场视频信息，并可用于执法依据。

3）自动图像存储

满足接入企业监控视频及气体监测数据信号的存储，提供导出录像功能，把重要的录像文件，按录像类型、日期时间、摄像机编号、摄像机名称等条件导出，转储（备份）到硬盘、光盘等储存介质。能够根据工作需要，灵活设置对现场的任一路视频信号进行图像存储，存储方式及时间可以灵活设置，并且能够对存储图像进行灵活检索及回放。

4）语音对讲和广播

能够实现政府监测中心和现场的语音双向对讲及语音广播，保证在应急救援的过程中参与救援的各方力量能够保持实时的音频通话，便于信息的及时传播及政府对企业进行工作沟通和调度。

5）云台镜头控制

能够远程操作或控制现场的摄像头，并进行云台远程控制，并对其他可控外部设备进行操作控制，灵活地对现场视频点进行定位和聚焦。

6）网络 Web 浏览

能够实现现场的视频信号通过 IE 达到 Web 访问浏览的功能，而实现一处安装，随时访问的目的，并要求 Web 访问控件能够和 GIS 进行无缝集成，实现基于 GIS 上的视频监控点的地图查询与视频调阅。

4.3.1.2　应急演练培训子系统

结合应急预案的应急响应和处置等流程内容，建立应急演练的脚本，通过模拟演练等方式，提高应急救援人员的应急处置能力。

应急演练培训子系统主要功能包括演练计划管理、演练过程管理、演练过程记录、演练总结评估。其功能框架如图 4－3 所示。

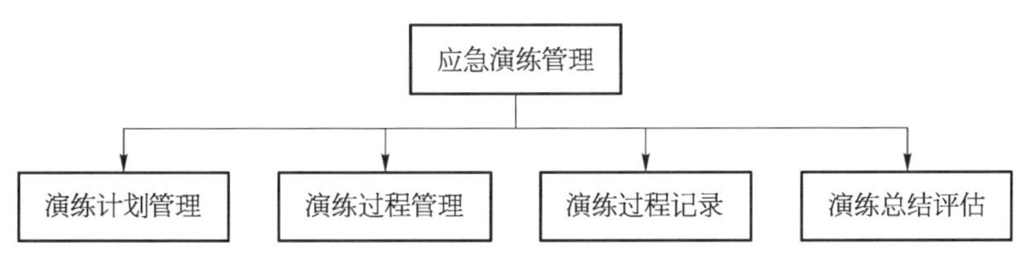

图 4－3　应急演练功能构架

1）演练计划管理

演练计划管理是应急模拟演练的开始阶段，通过对演练计划的编制、修改、查询等功能，实现对应急模拟演练方案的总体控制管理。其主要功能包括在规范化模板的基础上进行演练计划的编制，对计划进行修改，并对已完成的演练计划进行查询。其主要内容包括演练名称、演练时间、演练目的和演练内容等信息。

（1）计划编制。计划编制是整个模拟演练系统的开始阶段。利用规范化的模板进行演练计划的编制，包括时间、地点、参加单位等信息；并按演练阶段的不同编制分阶段或分部门的详细演练计划，最终生成可视化的模拟演练计划。支持演练参与单位的自动通知。

（2）计划修改。调整已编制的演练计划，实现对时间、地点、参加单位等演练技术的要素信息进行调整。支持演练计划的重新通知。

（3）计划查询。对已制定的演练计划，按照不同的关键词进行查询，显示查询结果，并支持保存查询条件、选择查询结果显示模式。演练计划查询界面如图 4－4 所示。

2）演练过程管理

通过对演练场景的模拟、演练指令的管理以及对演练全过程进行监控，推动和管理演练进程，并能够根据监控结果，对演练进程进行调整优化，使进程更加合理化，主要包括场景模拟、指令管理、流程跟踪管理、过程调整四个模块。

图 4-4　演练计划查询界面

（1）场景模拟。根据各种演练模拟信息构建模拟场景，并根据演练过程的调整即时更新演练场景。

（2）指令管理。针对演练中发生的各种突发事件，下达指令并做出相应的处理，推进演练过程的进行。

（3）流程跟踪管理。对演练过程实现全程可视化跟踪，演练指挥人员可以全程监控整个演练流程，掌握演练情况。

（4）过程调整。根据对演练流程的监控所掌握的情况，随时对演练流程进行分析调整，包括对场景、进度等的调整。

3）演练过程记录

通过运用文本、图像、音视频等结构化或非结构化的多媒体形式记录演练全过程信息，实现记录的录入或自动获取，并能对演练记录进行修改、分类、汇总等维护操作，为演练过程回放、演练效果评估储存资料。

（1）过程跟踪记录。对演练全过程进行及时的记录，包括对时间、地点、指令内容、响应速度、场景、进程的文字及视频、图像等。

（2）过程记录维护。实现对演练记录的修改、分类、汇总等功能，并能进行动态维护。

4）演练总结评估

通过演练过程的查询、回放、讨论，对演练过程、效率、效果进行评估，并最终形成总体评估报告，总结成功经验、失败教训、建议意见，为成功实战提供有价值的信息。评估结果是能够进行查询的，由过程回放、评估报告编制、评估结果查询、评估结果分析组成。

（1）过程回放。

可通过关键词查找，选择需要回放的演练记录，进行演练过程的回放观看，对重点环节和过程进行反复观看。

（2）评估报告编制。

根据对演练过程的分析讨论，得出对演练效果效率的总体评估，总结成功经验、吸取失败教训，并通过报告模板辅助生成标准化的评估报告。

（3）评估结果查询。

按照类别、时间等不同关键词，对演练评估结果进行查询，并对查询结果进行显示输出。支持保存查询条件、选择查询结果显示模式。

(4) 评估结果分析。

对演练记录进行汇总分析,提供检索和查询功能,如图 4 - 5 所示。

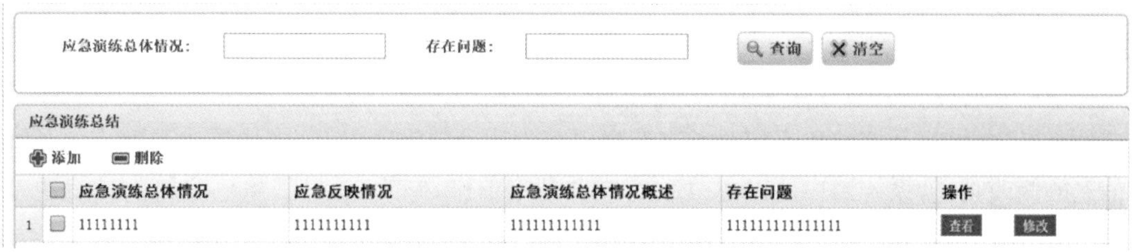

图 4 - 5　演练记录分析界面

4.3.1.3　应急预案管理子系统

应急预案是根据各类可能发生的事故类型预先制定好的应急救援处置方案,也是突发事件发生时,能够顺利进行应急救援的重要基础资料。根据城市区域各类灾害的特点,进行分析梳理和归类,实现应急预案的分类数字化管理,并建立与之对应的应急演练和备案系统。

将传统基于文本的纸质预案经过数字化抽象,利用信息化手段对各类应急预案进行采集、分类、备案、查询检索及打印,对预案进行动态管理。根据有关应急预案,利用生产安全事故的研判结果,通过应急平台对有关法律法规、政策、安全规程规范、救援技术要求以及处理类似事故的案例等进行智能检索和分析,并咨询专家意见,提供应对生产安全事故的措施和应急救援方案。根据应急救援过程不同阶段处置效果的反馈,在应急平台上实现对应急救援方案的动态调整和优化。

应急预案管理子系统存储和管理政府各类应急预案基本信息,包括政府应急预案和企业应急预案。当一起事故发生后,根据现场情况,确定预案级别,并启动相关预案,当预案启动后,根据相关情况确定应急响应的流程。实现对政府和企业的应急预案的动态管理,为后期开展危化品应急处置提供技术支持。应急预案管理将对各安全生产相关部门的综合应急预案、专项应急预案、现场处置方案,进行采集、分类、备案、查询检索,对预案进行动态管理。同时,可实现文本预案数字化的要求,遵循分级管理、属地为主的原则,建设“横向到边、纵向到底、科学有效”的应急预案管理体系。根据有关应急预案,利用生产安全事故的研判结果,通过应急平台对有关法律法规、政策、安全规程规范、救援技术要求以及处理类似事故的案例等进行智能检索,提供应对生产安全事故的措施和应急救援方案。根据应急救援过程不同阶段处置效果的反馈,在应急平台上实现对应急救援方案的动态调整和优化。

应急预案管理子系统的主要功能包括预案收录管理、预案辅助编制、预案查询统计。

1）预案收录管理

对各安全生产相关部门的总体应急预案、专项应急预案、部门应急预案进行采集，实现对应急预案的动态管理；制定预案结构化模板，根据模板对采集的预案进行结构化处理，以提高应急管理中预案的自动化处理能力。预案收录管理分为政府应急预案管理、企业应急预案管理和应急预案模板管理三个模块。

（1）政府应急预案管理模块能够提供政府应急预案信息的录入界面，系统用户手工完成信息录入后，将新增的政府应急预案信息提交到后台数据库中；该模块提供政府应急预案信息的修改功能，系统用户可以更改政府应急预案信息，修改完成后，将已修订的信息更新到后台数据库中；模块能够提供对政府应急预案信息的删除功能，当某项政府应急预案信息不再需要对其进行管理时，用户可以从数据库中删除该项信息，系统能够提供单一记录删除和批量删除两种模式；模块能够提供对政府应急预案信息的查询功能，用户可以从数据库中查询满足某种条件的政府应急预案信息；系统可根据数据库数据对应急预案信息进行统计分析。

（2）企业应急预案管理模块能够提供企业应急预案信息的录入界面，系统用户手工完成信息录入后，将新增的企业应急预案信息提交到后台数据库中。

（3）应急预案模板管理模块能够提供不同类型和不同级别的数字化应急预案模板的录入维护管理界面。系统用户手工完成信息录入后，将新增的应急预案模板信息提交到后台数据库中，企业应急预案管理模块能够提供企业应急预案信息的修改界面，系统用户可以更改企业应急预案信息，修改完成后，将已修订的信息更新到后台数据库中；模块能够提供对企业应急预案信息的删除功能，当某项企业应急预案信息不再需要对其进行管理时，用户可以从数据库中删除该项信息，系统能够提供单记录删除和批量删除两种模式；模块能够提供对企业应急预案信息的查询功能，用户可以从数据库中查询满足某种条件的企业应急预案信息；系统可根据数据库数据对应急预案信息进行统计分析。查询模式包括单条件查询、模糊查询、组合条件查询等。

预案录入和编辑模块中，政府和企业人员可对自身的应急预案进行录入和维护功能，从而保证预案的准确性和实时性。

2）预案辅助编制

对各单位的总体应急预案、专项应急预案、部门应急预案进行采集，实现对应急预案的动态管理；制定预案结构化模板，根据模板对采集的预案进行结构化处理，以提高应急管理中预案的自动化处理能力。实现应急预案的辅助编制功能，能够结构化地编制专项预案，基于事件的性质特点、对事件的综合预测以及相关案例经验知识等，编制针对某类事件应急处置的工作组配置、成员、流程、资源配置等方案。

3）预案查询统计

能够按预案类别、名称、编制单位、适用范围等不同标准对预案进行查询、浏览、统计，并能够将查询结果以 HTML、EXCEL、PDF 等常用格式进行输出、打印，并支持打印预览、设置。按事故类型查询预案如图 4－6 所示。

图 4－6　按事故类型查询预案

4.3.1.4　应急决策支持子系统

事故发生时，结合事故发展情况，对事故影响范围、影响方式、持续时间和危害程度等进行综合研判。在应急救援决策和行动中，能够针对当前灾情，采集相应的资源数据、地理信息、历史处置方案，通过征求专家库相应专家的意见，对信息综合集成、分析、处理、评估，研究制定相应方案和措施，对救援过程中遇到的技术难题为前线指挥者提出解决方案，提高应急救援的科学性和准确性，实现对应急救援过程中的辅助决策支持。

应急救援智能辅助决策系统主要包括：事故后果模拟分析、预案启动决策支持、资源最佳调配方案、GIS 路径分析计算、应急决策信息支持和现场图像远程调阅。

1）事故后果模拟分析

系统支持安全生产突发事件信息的接收和报送，可对事件信息进行管理，从而提高应急救援的科学性和准确性。其主要包括：事故接警、值守信息查看、事故信息通知、综合研判和重大事故模拟数学模型。

（1）事故接警。

信息接收的主要途径是手工录入，值守人员将事故信息录入系统中，主要包括事发单位名称、事发时间、事发危险源、事发地点等信息，支持事件的 GIS 标注，事故接警界面如图 4－7 所示。

点击事故接报，可直接查看以往事故接报信息；事故发生之后，值守人员进入系统，对事故相关信息进行录入。

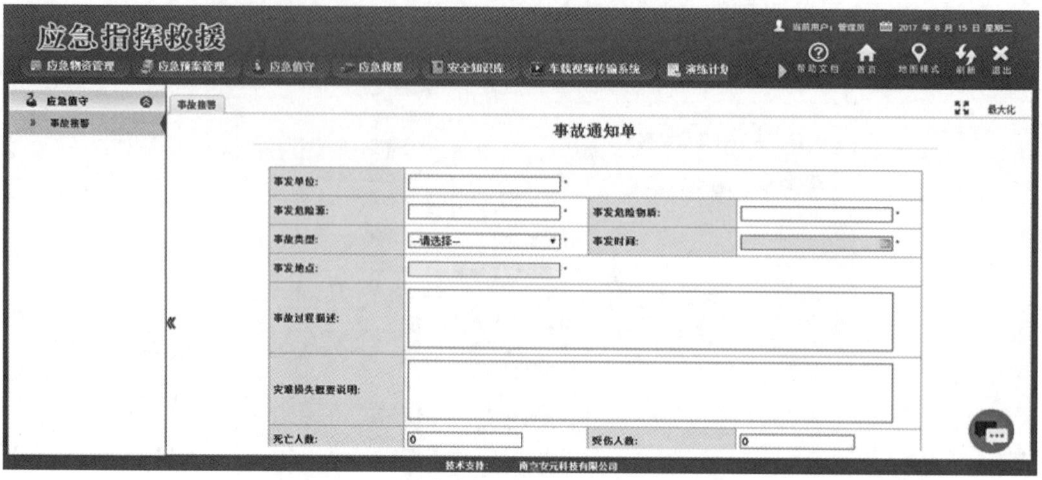

图 4－7　事故接警界面

(2) 值守信息查看。

救援人员可通过系统直接查看本次事故的具体信息，包括事发企业名称、位置、事发危险源、事发危险物质等。

通过 GIS 地图可直接对事发企业进行定位，用户只须点击定位按钮即可执行该操作，方便快捷，通过该操作可帮助救援人员直观了解事发点的大体位置，为后续的救援工作提供支撑作用。

(3) 事故信息通知。

发生事故时，需要在第一时间将事故的具体信息告知相关部门领导。用户可在系统中对事故信息进行自定义编辑，根据实际工作需求，可在系统中添加和查询相关人员信息，如姓名和联系方式等；系统支持对通信录的分类管理功能，如专家通信录、单位通信录等。系统支持单一信息发送和批量信息发送功能。

(4) 综合研判。

事发单位信息，即事故发生之后，救援人员可以直接在应急平台中调阅事发企业的基本信息，了解企业基本情况，包括企业基本信息、应急预案、企业应急资源等信息，为后续应急救援指挥工作提供支撑。

事发点周边资源，前期已实现对应急资源的管理，在发生事故之后，系统能够获取事故现场周边任意半径内的应急救援物资等信息，并在地图上实现可视化展示，如图 4－8 所示。

通过 GIS 地图，系统可搜索事发时企业周边可调用的应急资源，输入搜索半径，系统可展示在搜索半径内的所有应急救援队伍、救援车辆、救援专家、救援物资、避难场所、医疗机构等信息。

当事故发生时(或者假设发生时)，要求实现根据事发现场的气象条件和事发装置及

图 4-8　事发点周边资源界面

物质的特性，利用重大事故模拟动态的数学模型，分析出火灾、爆炸、毒气泄漏等重大事故导致的危害影响范围，能够帮助科学地划定事故警戒和疏散范围，并判断和提示应启动的对应预案级别。

系统能够提供对重大火灾、爆炸及毒气泄漏事故的破坏情况及人员伤亡情况进行定量模拟计算分析，自动地根据现场实时气象信息(风速风向等)进行动态模拟分析，并在地图上标绘出事故的影响范围及可能危害的目标(如政府机关、学校、医院等)。例如有毒有害气体发生泄漏时，事故扩散模拟能够根据风速风向模拟出有毒有害气体扩散速度及扩散范围，并对事态发展和可能事故后果进行地图动态展示，以便为救援指挥能够提供依据。

同时，系统能够提供基于GIS的人员疏散范围计算功能。通过毒气扩散模拟、火灾、爆炸计算的结果，结合GIS中的人员伤亡情况分布和建筑物分布情况，得出需要进行人员疏散所涉及单位名称，并给出需要进行人员疏散的单位和部门名称、负责人姓名、联系电话列表。

(5) 重大事故模拟数学模型。

① 有毒气体扩散事故模拟。输入泄漏物质的名称、释放量、事故地点、扩散时间、物质质量、气体体积、裂口面积、裂口形状、泄漏源高度、爆炸下限、平均风速、介质温度、环境温度等相关参数，系统自动匹配化学品的相对密度等信息，并结合当前气象和地理信息，如大气稳定度、风向、风速、空气湿度、绿化隔离带、地面粗糙度等相关参数，计算并输出结果，其结果包括泄漏速度、下风向中毒危害距离、下风向可燃爆距离、危害距离内的最大浓度值，以及达到此浓度值的时间等。同时，可以在GIS地图上根据事故现场环境的风向，动态直观地显示泄漏扩散的整体扩散分析图及覆盖面积，为救援人员后续救援指挥工作提供科学支撑。

② 蒸气云爆炸事故模拟。系统中内嵌蒸汽云爆炸分析模型，用户根据现场实际情

况，输入事故发生地点、物质名称、环境大气压、室内人员密度、室外人员密度、建筑物占地百分比、物质总质量、物质燃烧热等参数，可以自动匹配化学品的燃烧热等信息，并结合当前气象和地理信息，如大气压力、室内外人员密度等相关参数，计算并输出结果，其包括死亡半径、死亡人数、重伤半径、重伤人数等。

③ 沸腾液体扩展蒸气爆炸事故模拟。输入事故发生地点、危险物质名称和总储量、物质存储方式等信息，可以自动匹配化学品的燃烧热等信息，并结合当前气象和地理信息，如大气温度、人员密度等相关参数，能够自动计算并输出结果，其包括死亡半径、预计死亡人数、重伤半径、重伤人数等。

④ 池火灾事故模拟。输入事故发生地点、危险物质名称、池液质量等信息，可以自动匹配化学品的燃烧热等信息，并自动结合当前气象和地理信息，自动计算并输出结果，其包括死亡半径、死亡人数、重伤半径、重伤人数等。

2）预案启动决策支持

根据系统中前期所存储的预案和现场专家的建议，实现对应急救援方案的完善，使得能够在最短时间内生成针对本次事故的最佳救援方案，并能将应急救援方案通过短信等方式进行信息发送，实现资源的及时调配。其包括救援物资、救援队伍、救援专家、救援车辆等的调度距离、GIS 分布位置、联系方式和资源情况等信息。

（1）启动应急救援方案。模块自动显示针对本次事故类型的应急救援预案，用户可以根据实际情况对预案进行选择。

（2）应急资源推荐。系统能够提供周边物资、指挥机构人员、救援专家等信息，用户可对相关信息进行动态管理，如添加和删除等。

（3）救援方案生成。根据系统中前期所存储的预案和现场专家的建议，实现对应急救援方案的完善，使得能够在最短时间内生成针对本次事故的最佳救援方案。

3）资源最佳调配方案

该模块能够获取事故现场周边任意半径内的应急救援物资等信息，在地图上实现可视化展示，并根据实际情况自动生成应急资源调度最佳方案及调度路线，同时能将结果在电子地图上以报表及标绘等方式显示。还能将应急救援方案中的应急资源通过短信、自动传真等手段通知到相关救援指挥人员。最佳救援路径界面如图 4－9 所示。

4）GIS 路径分析计算

系统根据模拟分析结果，自动对周边的应急避难等场所进行路径分析，得出最佳疏散路径，并将结果在电子地图上以醒目的方式显示。给出相关救援力量的救援方案以及事故现场人员的疏散方案（包括疏散路径地图标绘、安全集结点设置等），并将结果在 GIS 电子地图上以醒目的方式显示。

（1）最佳救援路径分析。根据事故点周边应急物资、应急机构等信息，集合 GIS 地图进行分析并显示应急资源和事发点之间的最佳线路，为事故应急救援提供决策支持，如图 4－10 所示。

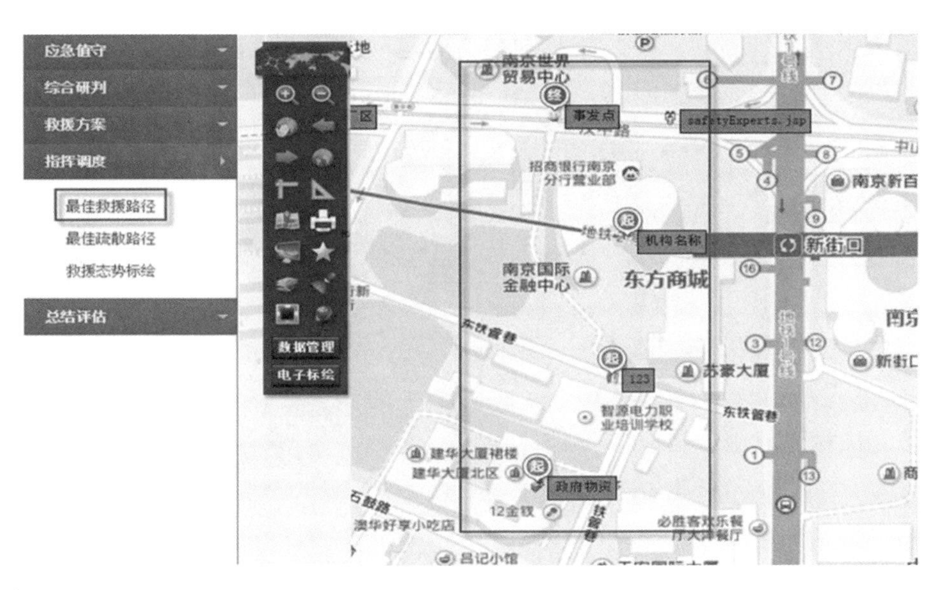

图4-9 最佳救援路径界面

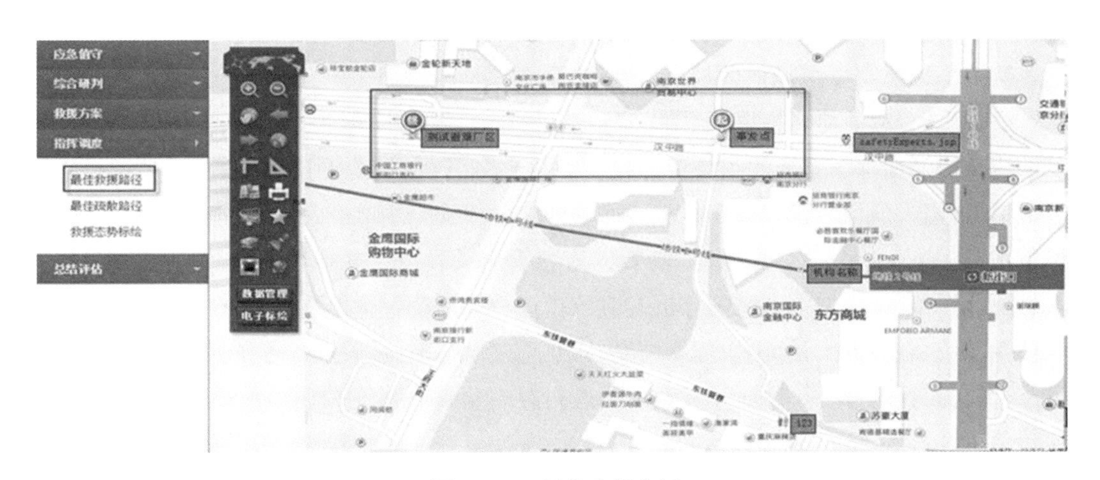

图4-10 最佳路径分析

(2) 最短疏散路径分析。

根据事故点避难场所信息,集合GIS地图进行分析并显示避难场所和事发点之间的最佳线路,为事故应急救援提供决策支持,如图4-11所示。

5) 应急决策信息支持

自动调阅事故现场的装置信息(基本情况及平面图、装置图、关键部位图等)、危化品[化学品安全技术说明书(material safety data sheet, MSDS)]信息、应急知识信息等。

6) 现场图像远程调阅

安全生产应急指挥中心能够提供与公安、交通、重点企业等部门视频图像的接入接

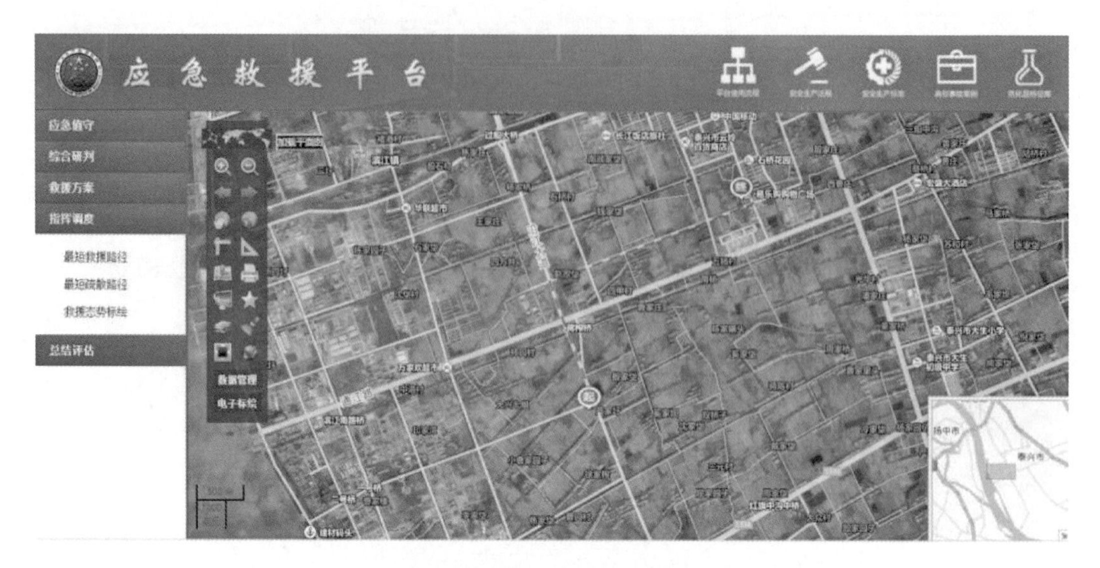

图 4-11　最短疏散路径分析

口。一旦事故发生时,能够将事故现场的视频图像切换到指挥中心的大屏幕上。应急指挥人员可以通过 GIS 上标注的视频监控点,选择需要显示的视频流;应急指挥人员也可以通过查询 GIS 上某一区域的监控点,选择需要显示的视频流。

4.3.1.5　应急协调指挥子系统

应急协调指挥子系统的主要功能包括救援任务管理、资源调度跟踪、救援情况监控、事故情况报告、通信和视频系统集成。通过整合各级安全生产应急资源,能充分运用物联网技术,构建一个协同联动、及时、高效的应急管理及救援指挥中心;能根据应用场景、用户情况、运行环境等进行完整的分析。应急指挥救援系统包括但不限于应急值守系统、综合研判系统、救援方案系统、指挥调度系统、应急能力总结评估系统等子系统,通过 GIS、GPS、物联网、移动计算、数据分析等技术进行综合集成,为统一指挥调度、救援行动提供决策信息和技术支持。

1) 救援任务管理

救援任务管理包括根据相关预案及方案生成具体的救援任务,基于系统实现对应急救援任何的动态管理,从而实现对救援任务的审核、分发及调整。

救援任务管理由任务生成、任务审核、任务分发、任务调整 4 个子模块组成,其功能设计如图 4-12 所示。

(1) 任务生成:事件发生时,根据预测预警信息调集相关预案,结合系统辅助生成的方案,制定应急救援计划,并按部门、地区生成具体的救援任务。

(2) 任务审核:将生成的具体任务报领导审批,并在系统中录入领导的批示信息。

(3) 任务分发:将经过审核批准的具体任务下发到相关的责任单位执行。

(4) 任务调整:根据事件进展和应急救援方案的调整,动态调整具体救援任务。

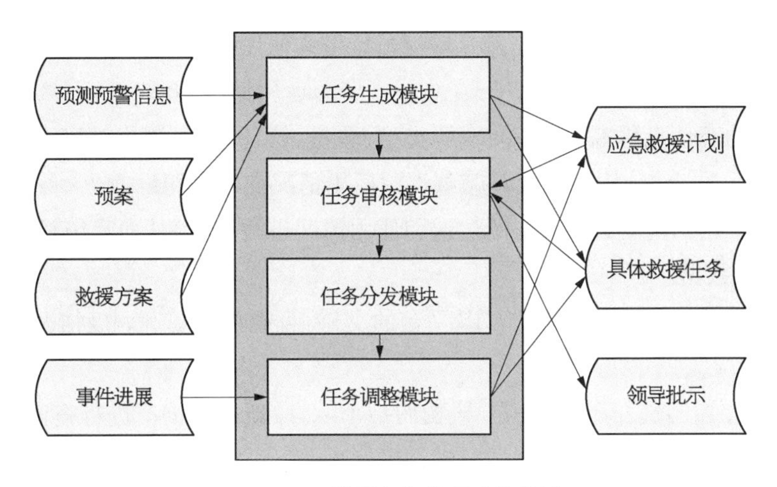

图4-12 救援任务管理功能设计

2）资源调度跟踪

资源调度跟踪包括对救援资源资产调用进行调度指挥，通过动态跟踪，掌握资源运用情况、使用效率等信息，并实现基于GIS的直观展示。

资源调度跟踪由资源调度指挥、资源运用情况反馈、资源动态信息跟踪、资源运用情况统计、资源跟踪综合展现5个子模块构成，其功能设计如图4-13所示。

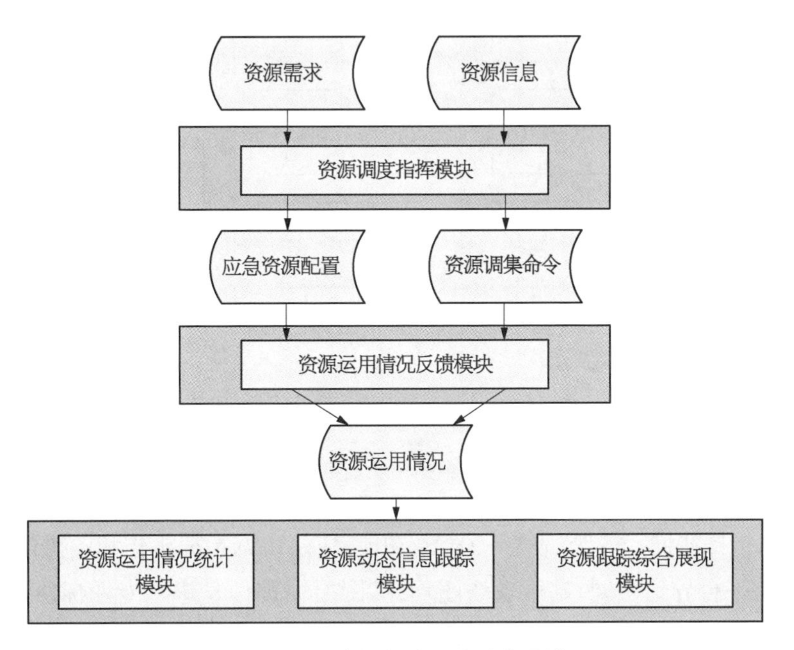

图4-13 资源调度跟踪功能设计

（1）资源调度指挥：根据救援方案及分析得出的资源需求，结合资源保障系统提供的资源信息，进行应急资源配置。能够下达资源调配命令，指挥调集的时间、种类、数量、运送路线等具体事项。

(2) 资源运用情况反馈：根据各方对资源运送和使用情况的反馈，对应急资源属性和状态进行修改并显示。支持应急各方在线录入资源运用情况，并能进行系统自动更新。

(3) 资源动态信息跟踪：支持对资源类型、数量、储备地点、调集时间、当前地点、使用情况等动态信息的查询，从而实现对应急资源运用情况的动态跟踪。

(4) 资源运用情况统计：对资源运送和使用情况进行统计，从而得出目前资源的运送效率、使用率等数据。

(5) 资源跟踪综合展现：结合 GIS 平台的支持，直观显示资源调度情况。

3) 救援情况监控

救援情况监控实现发布救援领导机构的指令，对最新救援情况进行查询，收集、汇总、分析反馈信息，并结合 GIS 对救援情况进行展示。

救援情况监控由应急指挥协同、救援情况反馈、指令指示传达、救援情况查询、救援情况汇总、救援情况综合展示 6 个子模块构成，其功能设计如图 4-14 所示。

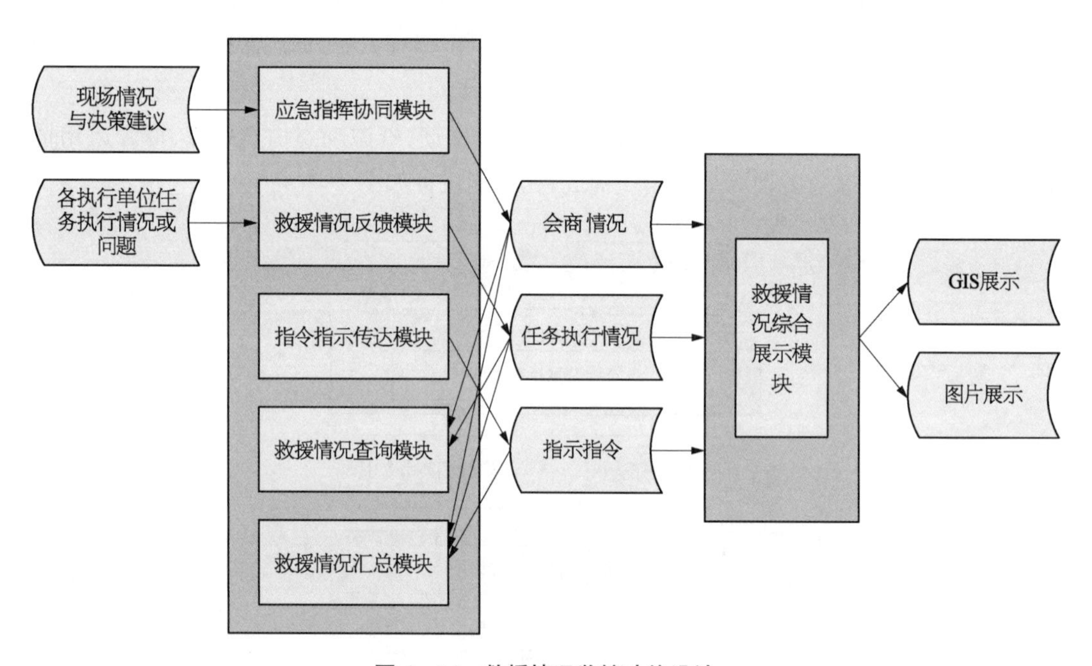

图 4-14　救援情况监控功能设计

(1) 应急指挥协同：实现“应急一张图”功能，应急协调指挥机构和各执行单位可通过该模块实现跨平台异地协同，基于现场图片、多图层地理信息进行专业标绘，提供即时文字传送和文件共享，对在线会商提供支撑。

(2) 救援情况反馈：任务执行过程中，各执行单位可以通过救援情况反馈功能，及时向协调指挥机构反映任务执行情况或遇到的问题。

(3) 指令指示传达：应急协调指挥机构可将最新的决策、指令和领导指示传达给相关的执行单位。

（4）救援情况查询：负责协调指挥的应急机构在任务分发后可以通过救援跟踪功能动态跟踪任务的执行情况，查阅当前正在执行的任务及其相关信息，掌握救援最新动态，为后续的任务生成及决策提供依据。

（5）救援情况汇总：对当前任务涉及的指示指令、反馈信息等进行汇总，可按时间、单位、任务类型等不同字段进行统计。

（6）救援情况综合展现：结合 GIS 平台的支持，能直观地显示救援情况；同时支持现场图片的展示，显示会商情况。

4）事故情况报告

事故情况报告能够接收相关机构的救援情况报告，辅助生成本级救援机构的阶段性及整体救援情况报告，并对报告进行管理和分发。

事故情况报告由情况报告接收、情况报告辅助生成、情况报告管理、情况报告分发 4 个子模块构成，其功能设计如图 4－15 所示。

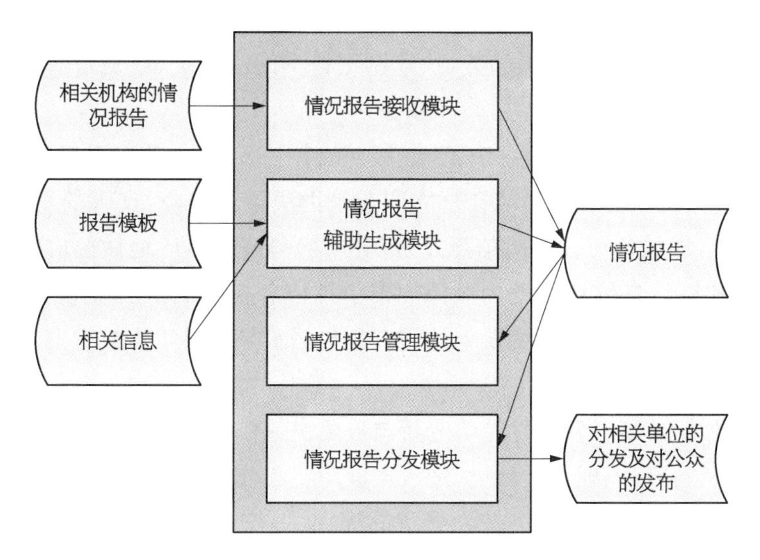

图 4－15　事故情况报告功能设计

（1）情况报告接收：接收下级单位或其他相关机构报送的情况报告。

（2）情况报告辅助生成：支持应急指挥人员在事件处置过程中对事态进展和处置情况进行阶段性总结，在事件处置结束后对整个事件处置的全过程进行总结和评估。系统提供报告模板以及相关的事件接报信息、预测预警信息、资源保障计划、任务列表、应急流程、实施措施、当前事件处置状况等，辅助生成情况报告。

（3）情况报告管理：对各阶段的阶段性报告、总结报告进行汇总管理，并能够依据不同的关键词对报告进行查询、关键字标识、分类归档等。

（4）情况报告分发：实现已生成的救援情况报告的发布管理，包括对相关单位的分发及对公众的发布。

5）通信和视频系统集成

通信和视频系统集成依靠通信和信息设备、大屏幕显示、专家视频会商、图像传输控制、电子地图 GIS 管理等，完成对事故救援过程的协调指挥、信息管理以及跟踪监测。通过相关接口，实现对移动应急平台传输数据的接收和指令下达。

通信和视频系统集成由通信系统集成、视频系统集成两个子模块构成。

（1）通信系统集成：实现通信信息系统的软件接口。在非常态下，借助现代通信系统，完成对事故救援协调指挥过程的全程协调指挥、监测跟踪管理和信息发布。

（2）视频系统集成：实现大屏幕显示、视频会议、图像传输控制、GIS 显示等系统的集成，完成对事故救援协调指挥过程的全程综合显示、协调指挥和跟踪管理。

4.3.2 城镇典型突发事件趋势分析与应急决策支持系统

城市区域突发事件及事故是一个动态系统的运行过程，突发灾害及事故发生后，应急决策需要解决的问题通常是无序的、突变性的，应急人员需要在短时间内做出高质量决策。如何准确地预测事故的发展趋势，快速制定科学的应急决策，是有效应对突发事故、提高应急处置能力所必须面对的主要问题之一。

城镇突发事件趋势分析与应急决策支持系统利用 3S 技术、数据库技术和应急辅助决策等技术与各类灾害分析模型相结合建立应急辅助决策系统，对灾害的发展态势做出准确的预测。同时，加强各灾害部门信息及资源的共享，高效最优地做出应对处置，提高了应急信息共享化水平，能够更好地为城镇突发事件应急指挥机构提供应急指挥和救援处置的信息化手段，并提升了城镇突发事件的应急救援水平和科学施救能力，避免事故灾害造成的巨大经济损失。

4.3.2.1 城镇典型突发事件趋势分析与应急决策模型

结合我国城镇特殊地理人文环境、经济发展环境和公共安全管理的现状，以在发生频次较高、造成人民生命和财产损失较为严重的火灾、爆炸、危化品泄漏等事故灾难类典型事件为对象，提出在城镇突发公共安全事件管理与应急处置过程中，对城镇突发事件发展趋势分析以及辅助决策支持的一般性需求。

以事故灾害链研究结论为基础，针对典型突发事件建立使用方便、操作简单的城镇突发事件趋势分析工程模型，并进行事故发展趋势模拟分析结果与实测数据的比对，通过对比不断修正趋势分析模型。采用优化后的工程模型对突发事件的发展趋势进行快速模拟、定量分析。结合突发事件案例对突发事件发展趋势进行综合预判，减少趋势分析过程中的人工操作干预环节，建立自动化程度较高的城镇突发事件动态趋势分析模型。

针对典型危化品事故构建智能化应急决策模型。确定应急决策系统的决策目标、决策流程、系统实现构思和决策方案的生成要求；对危化品火灾、爆炸、泄漏事故中现有模型进行了优化，确定并实现火灾事故救援力量、泄漏疏散半径、爆炸事故物资调配路径优化方案的自动生成。

1）火灾事件发展趋势分析模型

城市区域石化行业中，绝大多数用来储存原油、汽油、苯等可燃液体的容器为立式储罐。立式储罐的罐顶发生全表面失效火灾时，暴露在空气中的可燃性液体会发生蒸发，此时罐顶火表面的火源会触发可燃液体蒸发产生的可燃蒸气进行燃烧，其燃烧产生巨量的热辐射，还有浓重的黑烟，且会连续燃烧很长时间。燃烧的蒸气又使可燃液体的蒸发速率急剧加速，即引发更剧烈的燃烧。立式储罐罐顶火灾是石化行业中最常见也是最危险的灾害。

模型以立式储罐罐顶火灾模型（罐顶火模型）为对象。依据储罐内存储的物质性质、储罐的尺寸和气象参数，预测火焰高度、燃烧时间、灾害影响范围和程度等定量信息。针对单个储罐，计算得到任意一点接收热辐射量和预计暴露时间，将储罐火灾发生后热辐射的时空发展趋势展示在 GIS 上。针对多个储罐，模型通过计算已经燃烧的储罐对周围未燃烧的储罐造成的热辐射危害，分析预测火情的蔓延趋势。模型还可以结合预测的定量数据提出个体防护建议、分析潜在危害、提出处置建议、预测消防用灭火剂、消防车等配置，为火灾事故现场疏散、救援等工作提供指导建议。其主要模型算法流程有以下几点（图 4－16）：

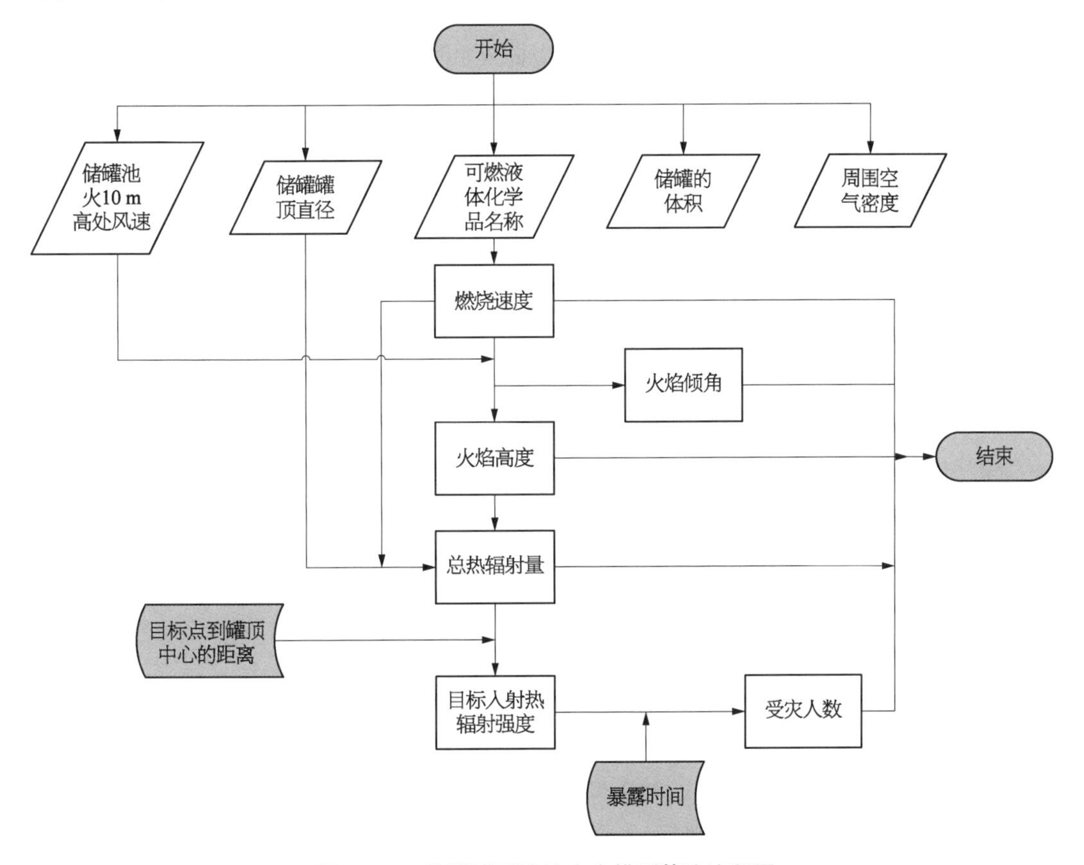

图 4－16　储罐罐顶液池火灾模型算法流程图

(1) 储罐火的动力学模型计算机理采用一般液体的液池火灾机理,对火焰燃烧的速度、火焰高度、热辐射强度等进行预测。

(2) 根据热辐射对人员的伤害程度和死亡及烧伤概率关系计算罐顶火热辐射对人员的伤害,并在GIS地图上,以储罐罐顶中心为圆心,死亡、重伤、轻伤范围为半径做圆,分别表示出死亡区域、重伤区域和轻伤区域。死亡范围、重伤范围、轻伤范围对应相应的文本框,介绍范围内人员可能受到的伤害类型、程度及死亡人数。

(3) 根据热辐射计算已发生火灾事故的储罐对周围储罐的危害,如对某个尚未发生池火灾事故储罐的失效影响概率。

(4) 计算罐顶火燃尽时间。

(5) 根据(1)～(4)模型计算结果匹配消防、方案建议,包括泡沫灭火剂选择、泡沫供给强度、泡沫混合液、泡沫量、消防水需求和消防车、消防炮配置等。

(6) 根据(1)～(5)模型计算结果匹配救援需求建议,如救护车需求数量、床位需求数量、医护人员需求数量等。

(7) 根据(1)～(6)模型计算结果匹配处置建议。

2) 火灾事故应急决策分析模型

模型包括扩散导致的池火及罐顶着火等火灾类型,生成包括泡沫灭火剂选型方案,满足用量计算及消防车,生成消防炮配置。为指挥人员快速调配救援资源、确定消防救援队伍、确定消防力量提供决策支持。

模型充分考虑液池的形状、溢出事故的持续性或间歇性特征,根据储罐内的物质(可根据实际工作需求增删物质类型)进行储罐火灾分析,并充分考虑储罐储量、泄漏量、动态输入量、环境参数,可对独立罐体进行分析,也可对储罐区内的多个储罐进行综合分析。根据输入相关事故现场数据,通过算法确定应急辅助决策支持方案,包括选择泡沫灭火剂选型、分析泡沫混合液类型、泡沫量、消防水需求、计算消防车、消防炮配置等,为救援提供依据。

4.3.2.2 爆炸事件发展趋势分析与应急决策模型

爆炸事件发展趋势分析模型以蒸气云爆炸模型为对象,分析爆炸事故发生后事故发展趋势;爆炸事故应急物资调配决策分析模型包括几类典型爆炸事故及需要应急救援物质配送的事件类型,生成应急救援物质配送最优化路径。为指挥人员快速资源调配,提高应急救援效率提供决策支持。

1) 爆炸事件发展趋势分析模型

针对爆炸性气体液态储存泄漏后,或气态储存的可燃气体直接扩散到空气中遇到延迟点火,将发生蒸气云爆炸的事故,对爆炸产生的爆炸能量、TNT当量和损伤半径等进行预测,并结合预测的定量数据确定爆炸事故的伤亡范围、受灾人数等数据,提出个体防护建议、分析潜在危害、提出处置建议,为爆炸事故现场疏散、救援等工作提供指导建议。其主要模型算法流程(图4-17)有以下几点:

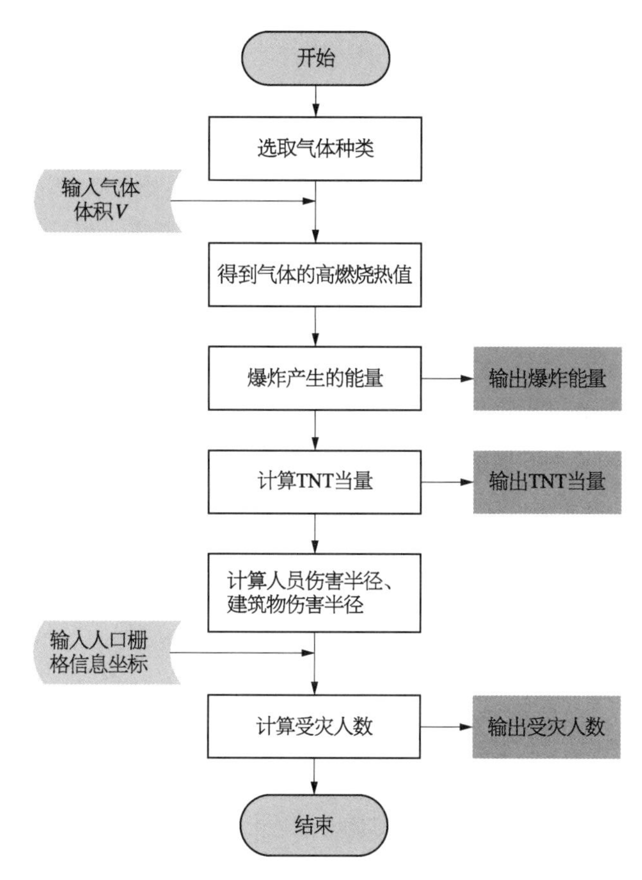

图 4-17　蒸气云爆炸模型算法流程图

(1) 计算并预测蒸气云爆炸的能量值、距离爆炸重心处的冲击波超压、蒸气云爆炸对人体及建筑物造成损害的半径。

(2) 根据蒸气云爆炸冲击波超压及对人体承压范围，计算得出死亡区域、重伤区域和轻伤区域半径，并在 GIS 地图上，以爆炸重心为圆心，死亡、重伤、轻伤范围为半径作圆，分别表示出死亡区域、重伤区域和轻伤区域。死亡范围、重伤范围、轻伤范围对应相应的文本框介绍范围内人员可能受到的伤害类型、程度及死亡人数。

(3) 同理可得，如门窗损毁区域、木砖结构倒塌区域和钢混结构倒塌区域等建筑物的损伤范围，须以文本框的形式展示不同范围内何种建筑受到何种伤害。

(4) 根据模型计算结果匹配救援需求建议，如救护车需求数量、床位需求数量、医护人员需求数量等。

(5) 根据(1)～(6)模型计算结果匹配处置建议。

2) 爆炸事故应急物资调配决策分析模型

应急救援物资配送的优化目标包括时间和成本：

(1) 应急救援物资配送的总时间。

为快速挽救生命、减少灾民损失，对受灾地区进行应急救援物资的配送必须强调及时性，做到快速高效。即要求救援工作要在最短的时间将应急救援物资准确地分配、输送到受灾地区。

(2) 总成本。

虽然在应急救援的过程中强调以人为本，还有及时性、弱经济性，但为了避免盲目救援、不计成本的浪费，以及降低经济损耗，人们越来越重视救援决策、组织管理的科学合理性，在快速高效的同时兼顾经济成本。

以总的救援物资运输时间最小为目标，建立数学优化模型，研究了一种新的应急救援物资车辆路径优化方案。基于GIS的危化品爆炸事故现场情况及周边应急资源基础数据收集，首先采用K-均值聚类算法进行聚类得到多个集群的配送点及其配送范围内的受灾点，然后在各个集群的受灾区域采用粒子群优化算法设计最优的救援物资车辆配送路径，从而有效地解决应急救援物资的车辆路径优化问题，争取救援时间，提高应急救援效率。

4.3.2.3 危化品泄漏事件发展趋势分析与应急决策模型

1) 危化品泄漏事件发展趋势分析模型

以危化品连续泄漏扩散模型为对象，在模型中考虑天气、日照等条件对扩散系数的影响，提高了泄漏物位置、浓度计算的准确度。在模型中引入对实时更新数据的输入，将事件现场情势变化因素的影响纳入模型分析考虑范围内。

在此模型中还包括多种辅助决策模型，改进受灾人数算法，提高了计算精度。引入的多种辅助决策模型，在其中加入了救援物资的配置模型和救援队选择的方法，为辅助决策提供了定量的详细灾损信息和灾害处置必要信息。其主要模型算法流程有以下几点：

(1) 计算危化品连续泄漏的扩散系数，通过给定泄漏位置，计算泄漏物质的浓度或给定泄漏物的浓度，求解泄漏位置。

(2) 危化品泄漏扩散现场安全分析模型。针对一氧化碳、氯气、氨气、硫化氢、二氧化硫、氟化氢等有毒有害气体泄漏扩散事故，提出个体防护、急救措施建议。

(3) 危化品泄漏扩散潜在危害分析及泄漏处置意见模型。针对一氧化碳、氯气、氨气、硫化氢、二氧化硫、氟化氢等有毒有害气体泄漏扩散事故，分析潜在危害并提出泄漏处置建议。

(4) 危化品泄漏扩散疏散分析模型。针对一氧化碳、氯气、氨气、硫化氢、二氧化硫、氟化氢等有毒有害气体连续泄漏扩散事故，确定初始隔离距离和下风向防护距离。

(5) 危化品连续泄漏扩散灾害灾损分析模型。

① 连续泄漏扩散事故造成的人员受影响区域。针对一氧化碳、氯气、氨气、硫化氢、二氧化硫、氟化氢等有毒有害气体连续泄漏扩散事故对人员受影响区域、交通中断区域和死亡人数进行预测分析。计算连续泄漏扩散事故中的人员伤害阈值及造成的人员受影响区域。

② 连续泄漏扩散事故造成的交通中断区域。计算暴露于连续泄漏扩散事故环境中一段时间造成的交通中断区域阈值及造成的交通中断区域。

③ 死亡人数。划定扩散区域并计算危化品大气中扩散造成轻伤人数、重伤人数、死亡人数和受影响人数。

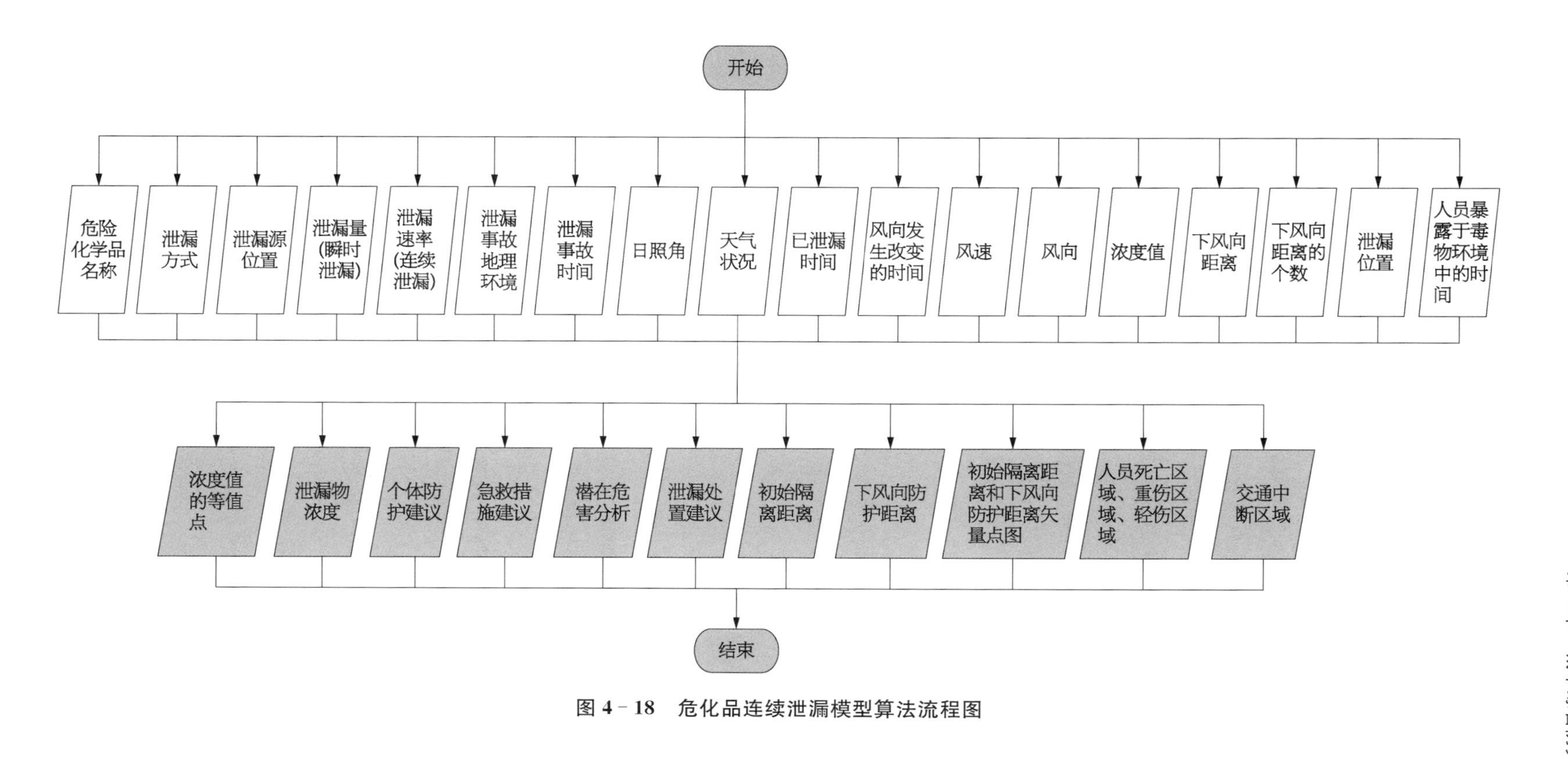

图4-18　危化品连续泄漏模型算法流程图

2）危化品泄漏扩散资源配置模型

针对一氧化碳、氯气、氨气、硫化氢、二氧化硫、氟化氢等有毒有害气体泄漏扩散事故，提出救援资源配置建议，例如计算危化品泄漏事故的危险等级、进行危化品救援分类资源配置、提出应急救援人员个体防护装备配置建议及救援队推荐等。

3）危化品泄漏事故决策分析模型

模型针对几类典型危化品泄漏事故类型，通过危化品泄漏事故现场信息事故等级的警戒范围、泄漏事故发生地风速、泄漏事故发生地环境、储罐的泄漏孔径确定预测人员警戒范围，为事故发生后应急决策中警戒范围的确定提供科学支撑。

模型采集并使用实时气象数据及现场气体浓度数据，实时进行气体及颗粒物的扩散计算。应急过程中尽量减少人为操作，并在 10 min 内收集到所需的现场信息。模型对实时数据的采集至少要达到 30 s 一个数据的频率，并且能自动记录保存动态数据，能利用已发生的数据进行实时计算并具备自动更新计算的功能，更新时间和频率可自定义设置。

动态更新计算结果，并实时在 GIS 中输出可视化结果，应急人员可根据地图输出结果，直观判断如何配置救援物资而进行及时有效的救援，如何疏散撤离人群、是否需要关闭公路交通等，从而达到有效救援和控制伤害范围的目的。

模型在利用现场获取气体浓度数据及气象数据情况下，具备泄漏源的查找定位功能，协助救援人员在覆盖广、化学品错综复杂的环境下快速找到事故源，从而达到快速堵漏、降低伤害的目的。

4.3.2.4 模型应用示例

以液态苯的储罐火灾事故为例，模型应用展示如下：

1）趋势分析

趋势分析由三部分功能组成：

(1) 储罐火热辐射时空趋势预测。根据模型运算结果在 GIS 地图上展示储罐中心的位置和直径，即储罐火的中心和直径。在地图上标示人员受到热辐射伤害范围和建筑物财产损失范围，便于决策者快速了解灾害发生地点、伤害范围，对应 GIS 地图观察是否有人员密集的区域需要重点救援和疏散，如图 4-19 所示。

(2) 周围未着火储罐的失效风险预测。根据模型算法计算展示未着火储罐的位置和救援时间对未着火储罐的失效风险，预测不同位置的储罐的失效风险趋势，如图 4-20 所示。

(3) 储罐火燃尽趋势预测。根据模型计算结果，每 30 s 计算一次罐顶火燃尽时间，以文本框的形式动态展示，为决策者提供火灾的时间发展辅助决策信息。

2）决策支持

决策支持主要由模型的定量计算结果支持。

例如模型输入数据：化学品名称——“苯”、储罐直径——“19.6 m”、储罐体积——“2 957 m^3”、暴露时间——“10 s”，可以得到如下结果：

图 4 - 19　储罐火热辐射损伤范围图例

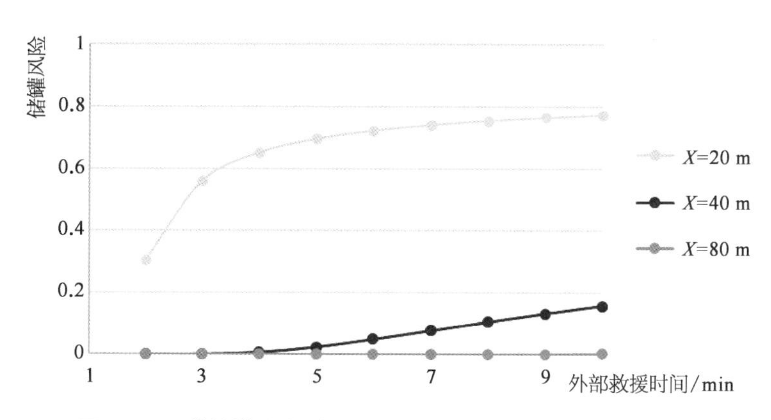

图 4 - 20　苯储罐燃烧对不同位置未着火储罐的失效影响概率

(1) 灾损分析。

人员伤亡范围见表 4 - 5。

表 4 - 5　人员伤亡范围

<table>
<tr><th>伤亡范围等级</th><th>伤亡半径/m</th><th>伤亡人数/人</th><th>救护车需求数量</th><th>床位需求数量</th><th>医生需求数量</th><th>护士需求数量</th><th>其他医护人员需求数量</th></tr>
<tr><td>死亡</td><td>486</td><td>3</td><td rowspan="3">2 辆</td><td rowspan="3">12 张</td><td rowspan="3">2 人</td><td rowspan="3">2 人</td><td rowspan="3">2 人</td></tr>
<tr><td>重伤</td><td>557</td><td>7</td></tr>
<tr><td>轻伤</td><td>846</td><td>13</td></tr>
</table>

(2) 消防方案。

① 灭火剂选择：蛋白泡沫 P(3%、6%)、氟蛋白泡沫 FP(3%、6%)、成膜氟蛋白泡沫 FFFP(3%、6%)、合成泡沫 S(3%、6%)。

② 泡沫供给强度：$\mu = 6.5$ L/min/m^2。

③ 泡沫混合液总需求量 Q 混合。

④ Q 混合 $=58.8$ t。

a. 泡沫混合液 60%冗余需求量 Q60%冗余，混合：Q60%冗余，混合$=94.1$ t。

b. 3%泡沫液需求量 Q 泡沫，3%：Q 泡沫，3%$=0.864$ t。

c. 3%泡沫液的 60%冗余需求量 Q60%冗余，泡沫，3%：Q60%冗余，泡沫，3%$=$ 2.823 t。

d. 6%泡沫液需求量 Q 泡沫，6%：Q 泡沫，6%$=3.528$ t。

e. 6%泡沫液的 60%冗余需求量 Q60%冗余，泡沫，6%：Q60%冗余，泡沫，6%$=5.646$ t。

⑤ 消防车、消防炮配置。

a. 6 000 L/min 消防车数量 $N_1=1$。

b. 10 000 L/min 消防车数量 $N_2=1$。

c. 250 L/s 消防炮 $N_3=1$。

d. 400 L/s 消防炮 $N_4=1$。

e. 750 L/s 消防炮 $N_5=1$。

3) 潜在危害性分析

(1) 燃烧和爆炸危险性。蒸气与空气能形成爆炸性混合物，高度易燃，遇明火、高热能引起燃烧爆炸。蒸气比空气重，能在较低处扩散到相当远的地方，遇到火源会着火回燃和爆炸。

(2) 健康危害。吸入高浓度苯对中枢神经系统有麻醉作用，引起急性中毒；长期接触苯会对造血系统有损害，引起白细胞和血小板减少，重者导致再生障碍性贫血，可引起白血病，还具有生殖毒性。皮肤损害有脱脂、干燥、皲裂、皮炎。职业接触限值：PC-TWA(时间加权平均容许浓度)(mg/m^3)：6(皮)；PC-STEL(短时间接触容许浓度)(mg/m^3)：10(皮)；国际癌症研究所(International Agency for Research on Cancer，IARC)确认其为人类致癌物。

4) 处置措施建议

(1) 急救措施。

① 吸入：迅速脱离现场至空气新鲜处，保持呼吸道通畅。如呼吸困难，给氧；如呼吸停止，立即进行人工呼吸，就医。

② 食入：饮足量温水，催吐，就医。

③ 皮肤接触：脱去污染的衣着，用肥皂水或清水彻底冲洗皮肤。

④ 眼睛接触：提起眼睑，用流动清水或生理盐水冲洗，就医。

(2) 灭火方法。

① 喷水冷却容器：尽可能将容器从火场移至空旷处。处在火场中的容器若已变色或从安全泄压装置中产生声音，必须马上撤离。

② 灭火剂：泡沫、干粉、二氧化碳、砂土，用水灭火无效。

4.3.3 城镇突发事件趋势分析与应急决策支持系统

基于城镇突发事件趋势分析及应急智能决策分析模型，整理制作城镇突发事件数据库、预案库、知识库、决策库和案例库，完成数据内容加工和入库，为城镇典型事件趋势分析系统及应急决策支持系统提供丰富的数据支撑。采用云计算技术架构，设计面向服务的体系结构，在各数据库、实时监测数据基础上搭建模型管理、算子管理、数据管理、智能辅助决策和问题操作管理、用户交互管理等服务管理内容，提供趋势分析模型服务和智能辅助决策服务两大应用服务；并提供系统外部应急管理信息支撑环境和用户应用交互集成环境，整合接入快速风险分析与预警发布平台、物联网动态监控平台等相关安全与应急管理信息系统数据。

对危险化学品泄漏、火灾、爆炸等典型突发事件的发展进行快速模拟，动态生成预测结果，结合典型案例进行事故趋势综合分析研判，并以应急预案、事故案例等为基础，结合决策支持模型实现辅助决策分析等功能。为城镇突发事件管理与应急决策者提供快速、直观、科学、合理的建议，辅助决策。

4.3.3.1 城镇突发事件趋势分析系统

在城镇突发事件趋势分析模型基础上，构建城镇突发事件趋势分析系统。包括城镇突发事件趋势分析模型的数据库、工具模型库（包括数学工具库、预测模型库、数据挖掘模型库以及其他工具软件等）、系统总体架构、用户界面、部署及应用模式等。

1) 数据库

分析模型的实体包括模型、模型输入参数、模型输出参数。“模型”实体与“模型输入参数”“模型输出参数”实体之间是一对多联系。分析模型 E－R 图如图 4－21 所示。

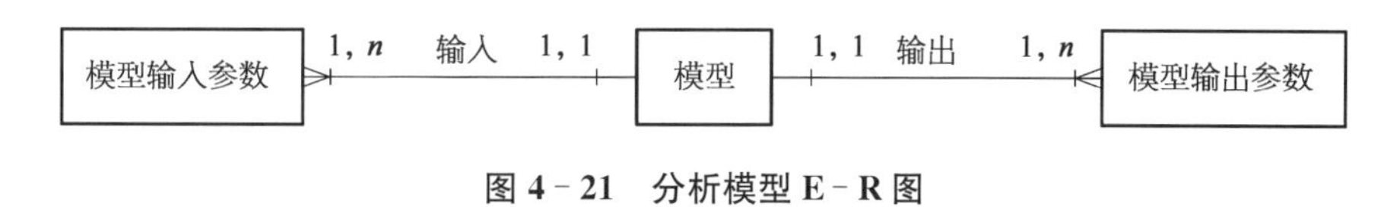

图 4－21　分析模型 E－R 图

(1) 模型基本数据表描述模型的基本信息，包括模型名称、适用事件类型、接口方式、运算速度等。

(2) 模型附件表用来描述模型的附件信息，包括图片、文本等数据。

(3) 模型输入参数基本数据表用来描述模型的输入参数信息，包括参数类型、参数格式等。模型输入参数附件表用来描述模型输入参数的附件信息，包括图片、文本等数据。

(4) 模型输出参数基本数据表用来描述模型的输出参数信息,包括参数格式、结果可信度等。模型输出参数附件表用来描述模型输出参数的附件信息,包括图片、文本等数据。

2) 工具模型库

(1) 数学工具库。

数据工具库主要采用开源的现场软件,完成有限元分析、数值计算、三维建模、仿真分析等计算任务。统一采用C/C++数学计算库。主要涉及以下几个:

① 计算几何算法库CGAL。CGAL是一个大型C++库的几何数据结构和算法,如Delaunay三角网,网格生成,布尔运算的多边形,以及各种几何处理算法。CGAL应用于各个领域,包括计算机图形学、科学可视化、计算机辅助设计与建模、GIS、分子生物学、医学影像学、机器人学、运动规划和数值方法。

② 数学软件包Octave。Octave是一个类似MATLAB和Scilab的数学软件包,可以进行各种运算、编程。它还有丰富的C++接口可以让用户编程时调用。

③ 有限元分析软件OpenFEM。有限元分析,即使用有限元方法来分析静态、动态的物体或系统。在这种方法中,一个物体或系统被分解为由多个相互联结、简单、独立的点组成的几何模型,而这些独立的点的数量是有限的,因此被称为有限元。根据实际的物理模型推导出来的平衡方程式被使用到每个点上,由此产生一个方程组,这个方程组可以用线性代数的方法来求解。有限元分析的精确度无法无限提高。元的数目达到一定高度后解的精确度不再提高,只有计算时间不断提高。

④ C++自身的计算函数。这些数学工具库在后台工作,一般不通过人机交互界面工作,而是通过接口调用的形式进行工作。

(2) 预测模型库。

预测模型库主要包括火灾事件发展趋势分析模型、爆炸事件发展趋势模型、危化品泄漏事件发展趋势模型。

① 火灾事件发展趋势分析模型包括地面燃烧属性处理模型、火灾蔓延模型;

② 爆炸事件发展趋势模型,主要包括蒸汽云爆炸模型。

③ 危化品泄漏事件发展趋势模型包括瞬间泄漏模型和持续泄漏模型。

(3) 数据挖掘模型库。

在城镇突发事件趋势分析中使用的数据挖掘模型主要是预测模型。预测模型包括分类模型和回归模型,两者的区别在于前者是对离散值进行预测,而后者是对连续值进行预测。同时,在与时间有关的预测模型中,是根据历史的状态预测将来一段时间内的状态,如设备故障预测等。常用的算法包括自回归积分滑动平均模型(auto-regressive moving average model, ARIMA)、灰度预测模型、循环神经网络以及深度学习模型等。使用分类、回归模型对灾害演化进行预测以便在灾害发生后或前预先判断,以便对灾害的时间、影响范围等因素进行预测。

（4）其他模型库。

① 数据预处理工具，用于处理地表和环境参数。

② 特殊格式文件处理库，用于快速处理中间的临时计算结果。

3）系统总体架构

系统不仅把各模型进行纵向分割，而且在各模型内部按统一的层次实现，如图 4－22 所示。

模型展示			
危化品泄漏展示	火灾展示	爆炸展示	统计决策展示
统计图	统计表	地图叠加	动态时序

模型计算服务			
危化品泄漏模型	火灾模型	爆炸模型	决策分析
输入输出标准化	计算与资源监控	模型管理	并行计算框架

数据服务		
空间数据	非空间数据	动态数据（时序）

图 4－22　系统总体架构设计

把数据服务、模型计算服务和模型展示进行了分离，便于系统的研发和改进，突出了软件结构的层次性和模块化。

（1）数据服务中，根据模型分析的特点，突出了动态时序数据的设计。

（2）模型计算服务，引入了并行计算框架，不同的模型可以并行分析，对于同一个模型，如果模型本身算法可以并行化，也支持单个模型的并行运行；模型计算服务规范了所有模型的输入输出描述，从结构上统一，实现了通用解析。

（3）模型展示设计通用的统计图、统计表、地图叠加和动态时序展示，可用于所有的模型。

4）用户界面

（1）火灾事件发展趋势分析模型。其输入参数界面和影响范围界面分别如图 4－23、图 4－24 所示。

（2）爆炸事件发展趋势模型。其输入参数界面和影响范围界面分别如图 4－25、图 4－26 所示。

（3）危化品泄漏事件发展趋势模型。其输入参数界面和影响范围界面分别如图 4－27、图 4－28 所示。

图 4－23　火灾事件发展趋势分析模型输入参数界面

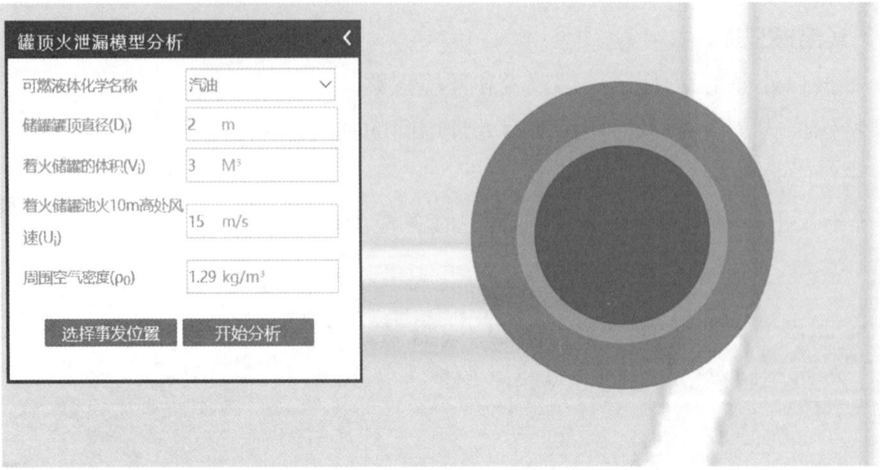
罐顶火泄漏模型分析
可燃液体化学名称
汽油
储罐罐顶直径(D_i)
2 m
着火储罐的体积(V_i)
3 M^3
着火储罐池火10m高处风速(U_i)
15 m/s
周围空气密度(ρ_0)
1.29 kg/m^3
选择事发位置
开始分析

图 4－24　火灾事件发展趋势分析模型影响范围界面

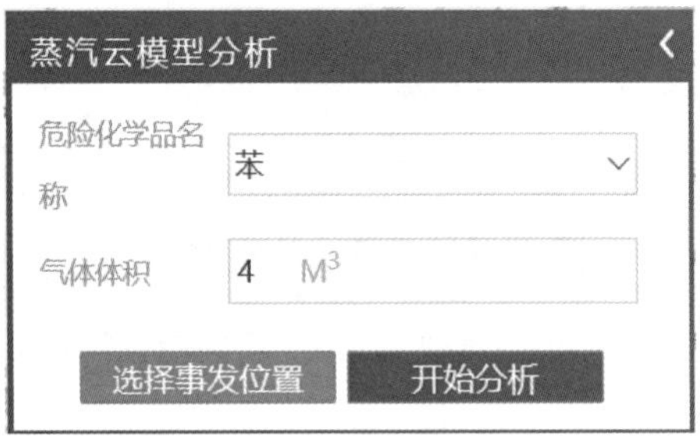
蒸汽云模型分析
危险化学品名称
苯
气体体积
4 M^3
选择事发位置
开始分析

图 4－25　爆炸事件发展趋势模型输入参数界面

蒸汽云模型分析
危险化学品名称
苯
气体体积
4 M^3
选择事发位置
开始分析

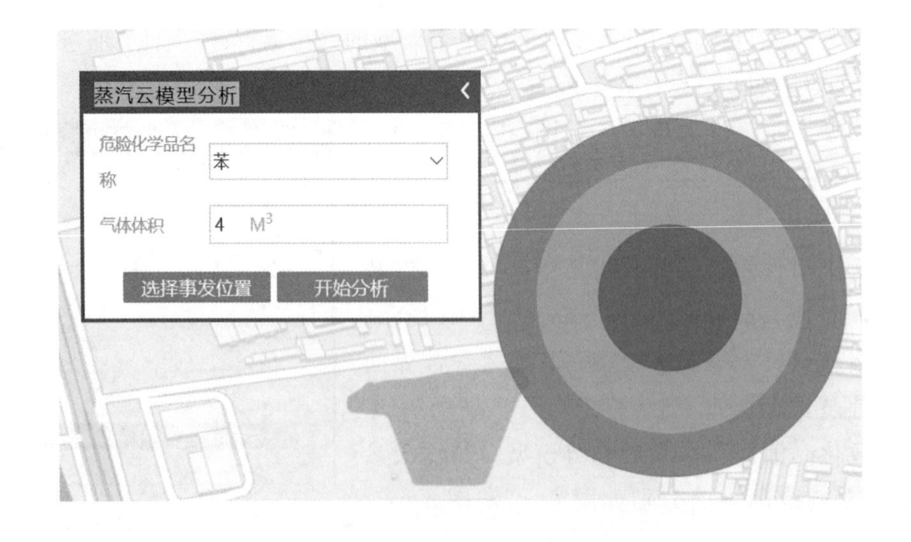

图 4－26　爆炸事件发展趋势模型影响范围界面

泄漏扩散模型分析

泄漏扩散参数

危险化学品 氯气

泄漏类型 连续泄漏

泄漏源位置 泄漏源位置

泄漏速率(kg/s) 25

风向发生改变时间(t_i) 2018/1/14 6:22:36

风速(u_i) 10 m/s

浓度值 1 kg/m^{-3}

人员暴露于毒物环境中的时间 1 s

扩散系数方程判定要素

泄漏事故地理环境 城市

日照角 >60°

天气状况 白天 晴天 黑夜 多云

已泄漏时间(s) 3

开始分析

图 4-27 危化品泄漏事件发展趋势模型输入参数界面

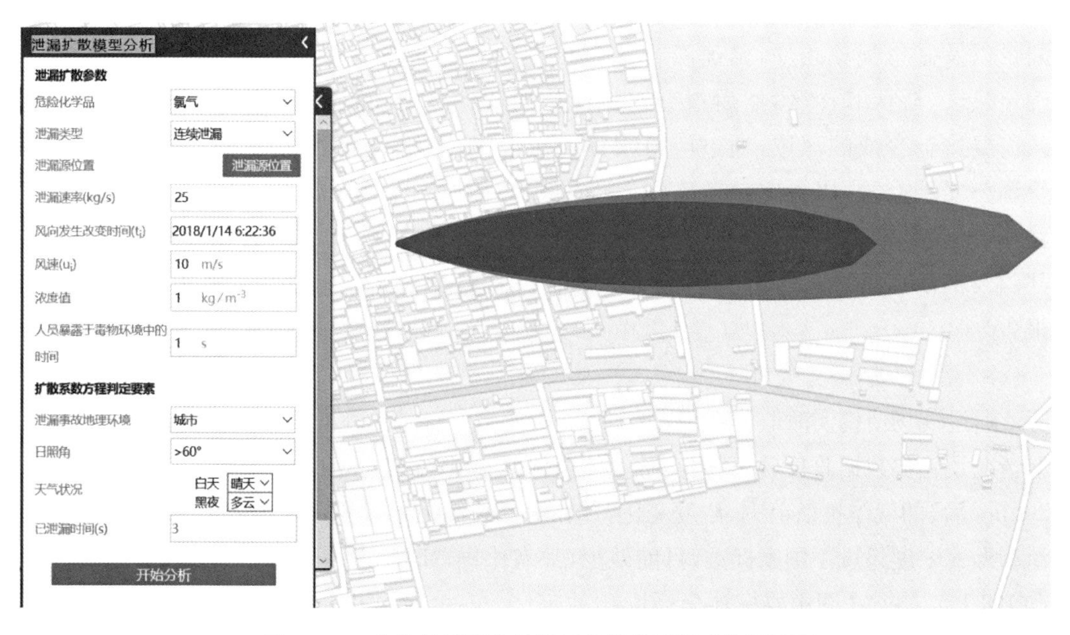

图 4-28 危化品泄漏事件发展趋势模型影响范围界面

5）部署及应用模式

趋势分析模型采用服务端计算的模型部署，支持B/S应用，这种方式部署简单，比较方便集中获取大量基础数据。趋势分析模型应用模式主要有三个方面：

（1）用于预案演练。

（2）用于辅助突发事件处置决策。

（3）还可以用于用户风险评估。

4.3.3.2 城镇突发事件应急辅助决策支持系统

突发事件应急辅助决策支持系统是基于GIS建立的一套在火灾、爆炸、危险化学品泄漏事故中进行应急辅助决策支持的软件系统，其功能包括：现场监控与监测、企业及园区信息管理、应急队伍及应急资源管理、事故初始处置、事故事态发展、现场监测预警、事故态势报告等功能。通常一起突发事件应急响应过程由了解事故基本情况、事故初始应对、事故发展态势分析、事故回放及报告四个阶段组成，使事故应急工作贯穿于事故发生前、中、后的各个过程。

1）了解事故基本情况

该阶段一般在事故刚发生不久，应急响应工作刚刚开始。首先利用现场实时气象信息现场指挥部进行选址，然后对事故发生地点进行精确定位、调阅事故发生企业基本信息、查询事故点周边情况、应急救援队伍及应急资源的调配查询，最后将以上内容的事故基本情况形成一个事故基本情况文档。

2）事故初始应对

在掌握了事故的基本情况之后，通过现场设备或泄漏源的信息确定是何种化学品发生何种事故，然后通过危化品的化学性质以及泄漏发生的时间、地点、大概的泄漏量以及基本气象条件，迅速实行应急预案检索并抽取相关应急预案。围绕泄漏点确定热区、暖区和冷区，然后根据初步计算的危险范围确定警戒范围或是就地避难确认需要进行警戒的区域，通过应急物资配送最优化模型获取需动员的交通运输工具，协调公安和交警，以确定疏散路线，维持秩序并建立交通管制点，制定应急物资配送路线、确定警戒范围等。依据火灾事故模型确定消防措施及消防力量，确定通知消防部门及消防队伍，生成消防应急方案。同时，将整个初始处置过程形成事故初始处置报告。

3）事故发展态势分析

通过现场便携实时监测系统，可实时获取定点气体浓度变化，对火灾、爆炸、化学品泄漏情况及趋势数据收集后，利用实时气体监测浓度进行修正，计算不同时间段后（尤其对30 min后）的气体扩散范围、浓度变化，并在电子地图上予以界定。在一定时间内，区域内泄漏毒气浓度超过了国家标准（目前缺少，只有中国MAC，LC 50；可采用REPG、AGEL和IDLH），同时在图中要标注出受影响的工厂、车间、公共设施、办公场所等。采用GIS技术在电子地图上以图像的形式展示，一目了然。最后，形成图文形式展示的事故发展态势文档。

4）事故回放及报告

把一起事故的全部信息都纳入一个事故工程文件，必要的时候可以把事故发生的过程进行回放，以便进行总结或调查，同时将事故应急响应过程中的报告文档进行管理，以便查看、整理和上报。因此，根据以上思想以及软件的易用性，将软件功能主要划分为三部分：

（1）数据管理。数据管理包括两部分：一是添加删除地图上的目标，如应急预案、重大危险源（储罐）、救援机构、服务设施等；二是为这些添加的目标录入关系数据库信息，并对这些目标进行浏览、查询、分析。

（2）应急辅助决策支持。以一起火灾、爆炸、危化品泄漏事故作为一个工程，根据此类事故处理的一般过程和规律，利用GIS的空间分析技术对一起化学品事故的应急以及事故的救援进行辅助决策支持。

（3）现场监控、监测。利用同该软件平台配套的现场监控、监测设备，取得现场气体泄漏的浓度信息、现场视频信息以及实时的气象信息。其中，危险化学品事故应急辅助决策支持软件系统平台的总体结构如图4-29所示。

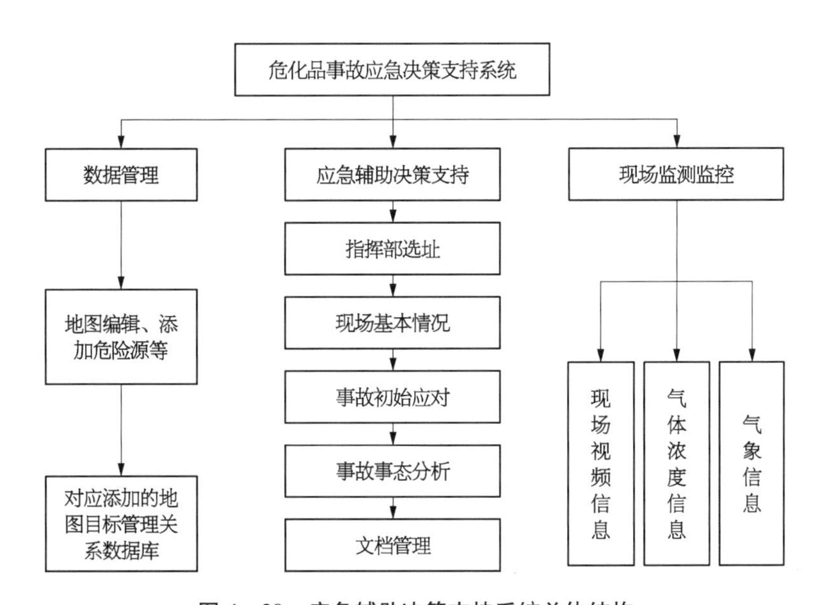

图4-29 应急辅助决策支持系统总体结构

4.4 韧性城市理论与实践

城市是人类生存发展的重要载体，但随着城市人口密度的不断增加，城市逐渐成为各种灾难和风险的多发地，同时城市所面临的不确定性呈现出爆炸性增加。第一，极端气候变化影响，这种气候不确定性的频发给城市规划管理、城市基础设施带来了巨大的冲击，使很多传统的应对方法和工具已无法准确应对和预估到某种情况；第二，城市的高机动性和城市现代化意味着交通工具高速化、普及化，这些变化在给人们带来便利的同时，在无形中其实也带来了高危险性；第三，新技术的快速涌现，人工智能、物联网、人工合成生命，这些具有颠覆性的新技术的到来，其实也是城市脆弱性的产生源头；第四，快速发展及高度国际化的脆弱性，快速发展和高度国际化到来使中国城市面临着快速机动化、网络化、时空被高度压缩等的问题；第五，多主体的复杂性，伴随着人口迁移和聚集、建筑物密度增多、产业结构调整、区域影响力增强等现象，将导致灾害要素以及承载载体密度的增大，这一系列变化将会给城市带来更多、更复杂的公共安全新问题。正是在这种背景下，“韧性城市”的概念被提出并逐渐成为新时期城市综合防灾的新思路。

4.4.1 “韧性”的概念

“韧性”概念最早应用于物理学科，被用来表示外力作用下发生形变之后恢复的能力。随着时代的演进，韧性概念进一步从生态学领域扩展至社会-生态系统研究中，并被广泛应用于灾害和气候变化、城市和区域经济、城市基础设施、城市恐怖袭击、空间和城市规划等领域。韧性城市与防灾减灾的关系是从可持续发展的概念引入的，相比于传统减灾理念，韧性理念更加强调城市是一个整体的社会生态系统，关注社会及非工程性措施在城市防灾减灾中的作用，这为反思、研究和发展城市系统的抗震防灾问题提供了新的视角。

“韧性”的定义为系统对扰动（涵盖系统外部和内部各类扰动因子）的抵抗力，及其在抵御冲击过程中，向新的稳态过渡期间吸纳扰动的最大能量，同时通过实现新的稳态而获取自身抵御能力变化的轨迹。

“韧性”的代表性定义主要有四种：“能力恢复说”“扰动说”“系统说”和“能力提升说”，这些定义有一些共通之处。首先，都强调韧性具有吸收外界冲击和扰动能力并能保持一定弹性。其次，都关注系统受外界干扰后通过学习恢复原来状态或达到新状态。然后，都认为系统具备降低风险能力，同时能快速恢复。最后，都强调系统具有从软件和硬件层面应对灾害冲击的能力。

所谓“韧性”，一是指从变化和不利影响中反弹的能力；二是指对于困难情境的预防、准备、响应及快速恢复的能力。

从防灾减灾的角度提出的韧性概念基本涵盖了三个要素，一是具备减轻灾害或突发事件影响的能力，二是对灾害或突发事件的适应能力，三是从灾害或突发事件中高效恢复的能力。

4.4.2 韧性城市的内涵

韧性是指可恢复到原来的状态，广义上的韧性是指系统能够有效应对各种影响的干扰；狭义上的韧性指在面对不确定性灾害时，系统具备对灾害的适应能力，可以减轻灾害并在灾后快速恢复。

韧性城市是指城市中的个体、社区、机构、城市机能及城市系统无论受到某种突发性冲击和长期性压力的影响，仍具备生存、适应和成长的能力，是在各种风险和危机治理中呈现出的一种恢复力。

韧性城市即城市在受到外界干扰后，仍能保持主要特征、结构和关键功能，具有当地不受到毁灭性损失、维持生产生活正常运作的能力，能吸收外部干扰且达到一个效率和质量不低于原状态的动态平衡，适应并更好地应对未来的不确定性，反映了城市结构重组前所能够吸收与化解变化的程度较高。城市韧性是由可持续的物质系统和社会群体结合而形成，并通过社会群体发挥作用，其涵盖设施脆弱性的减轻和社区应急能力、政府和非政府组织引导能力、经济多样性，是人口特征、组织结构方式及人力资本等要素的集成。城市韧性由基础设施韧性、制度韧性、经济韧性和社会韧性共同构成。基础设施韧性指的是通过有效的技术手段减轻城市建成结构和基础设施的脆弱性，提高各种生命线工程的畅通程度和城市社区的应急反应能力；制度韧性主要是指政府和非政府组织有效治理社区的引导能力，强调构建更具开放性、包容性和调适性的城市公共安全治理制度体系；经济韧性指的是城市社区为有效应对危机而具有的多样性，其是城市韧性的基础；社会韧性则集中体现为城市的社区人口特征、组织结构方式及人力资本等要素的集成能够为危机应对和风险治理提供基础性支撑。

从灾害防治角度看，韧性城市强调城市系统面对灾害时能凭借自身力量承受打击而不致毁灭。从城市治理角度看，韧性城市更加注重非政府的力量，强调城市是一个由物质系统和人类社区组成的可持续网络。从可持续发展角度看，韧性城市是对以往低碳城市、海绵城市、智慧城市理念的升华与扬弃。从更广阔的视野看，韧性城市是城市规划发展过程中一次理论的突破，该理论容纳了城市规划、应急管理、脆弱性评估、治理理论等多种理论与方法，是经济社会不断发展、城市面临环境日益复杂的产物。从某种意义上说，韧性城市可以看作是一种新的范式，其自下而上面向社区、民众的价值观，应对多元、冗余、复杂现实的包容性和开放性，超越传统防御规划的适应性愿景，无不为人们提供了新的研究启发。

韧性城市指的是面对外界干扰时城市具有吸收、重组和学习的能力，并恢复原有状态或创造新状态。韧性城市指的是能够合理准备、缓冲和应对不确定扰动，拥有保持城市系统公共安全、社会秩序和经济建设等正常运行能力的城市。韧性城市指的是强调应对外来冲击的缓冲能力和适应能力，确保城市在遭受不确定或突发城市灾害时能够快速分散风险，具备较强的自我恢复和修复功能的城市。

韧性城市可定义为具有吸收未来对其社会、经济、技术系统和基础设施的冲击和压力，并且仍能维持基本的和相同的功能、结构、系统、身份的城市。

“防灾韧性城市”的理念，即城市在遭受适度水准的灾害或突发事件后，能够保持正常运行,并可完全恢复原有功能;城市在遭受超过适度水准下的灾害或突发事件后,城市不应瘫痪或脆性破坏,部分设施可能受到破坏,但城市能承担足够的破坏后果,具备较强的自我恢复和修复功能。简单地可以称为"低风险下的弹性城市、高风险下的韧性城市"。韧性城市具备较高的灾害承载能力,其内涵主要包括两个方面:一是城市具备较低的易损性,即灾害的发生不易对城市造成破坏;二是城市具备高效的可恢复性,即灾害发生后城市易恢复或修复。

韧性城市的基本框架如图 4-30 所示。

经济能力是城市灾后能否快速恢复和重建的重要影响因素,城市的经济能力越好,灾后城市的恢复能力就越强。城市的经济能力主要体现在收入水平、产业多样性、经济稳定性等方面

工程方面主要表现为城市拥有较为完善的基础设施,能够有效应对灾害所造成的打击,在灾害发生时基础设施能够不易损坏或者损坏程度尽可能为最低,并且即使遭受了损坏,也能快速恢复得以正常运转

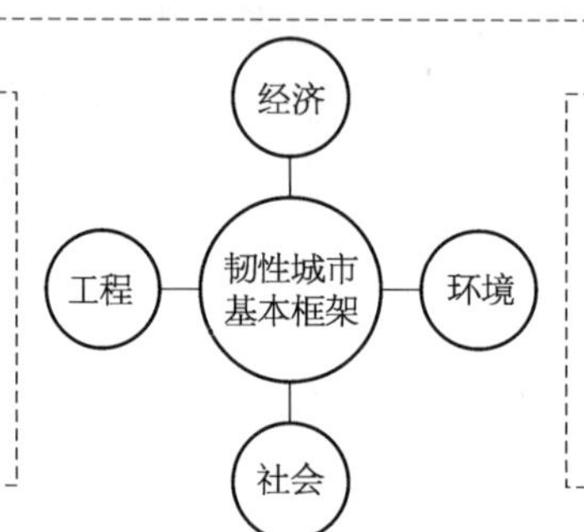

环境方面主要体现在城市的生态系统应体现出多样性与稳定性,以在面对不确定的气候变化以及城市化发展进程中的各种变化,能够有效适应;制度环境应组织制定规范的制度以提升城市的灾前准备力、灾中适应力、灾后恢复力、学习力以及有效组织与沟通的平台等

韧性城市强调社区或社会团体要具备处理社会变化、政治变动和环境变化所引起的困扰的能力;社会韧性强调社会资本和居民素质等软环境,对韧性城市建设也有着举足轻重的作用

图 4-30　韧性城市基本框架

4.4.3　韧性城市的特征

稳定性是指城市在发生震灾时,城市能维持自身及城市内多个系统功能的相对完整、不发生毁灭性损失的能力;冗余性是指从安全角度考虑城市系统要有足够的储备能力,形成多道防线,以保障系统的功能在常态系统被破坏的情况下仍能正常运转;效率性是指城市灾后能迅速反应以实现遏制灾害损失和避免次生灾害的能力;适应性是指在灾害的影响显现之前,有前瞻性地采取防范行为,灾害发生后通过对灾害经验的总结与学习进一步提升城市防灾能力。

韧性城市的特征包括:内稳态,多重反馈循环以抵消干扰并加固系统;多样性,资源和方式的多样性;高流动性,系统中的资源高速流动,确保能够快速调动资源应对扰动;平整性,非"头重脚轻"的层级水平(过度缺乏地方能力的层级系统行动时非常不灵活);缓冲性,超尺度的本质能力,使得临界阈值不容易被跨越;冗余性:功能的重叠。

韧性城市具有的韧性特征包含抗扰性、自组织、多元性、冗余性、适应性、创造性。抗扰性指城市系统具备抵御和吸纳外部扰动,面对灾害或突发事件不易受损的特性,政府、公共管理者以及市民能够快速行动起来避免损伤。自组织,即自组织系统具备多重反馈

循环以维持系统内稳态，其分布式特征有助于系统中资源高速流动并快速调动资源从干扰中恢复。多元性，即系统中资源和方式的多样性，例如生物、土地利用模式、基础设施、人口结构等的多元化能保证城市系统具备较高的冗余功能。冗余性，即系统功能的重叠，跨越尺度的功能复制与多样性及相似功能组件的替代性，能够保证城市系统某部分能力受损时可借助其他组件或层次能力的功能迭代维持正常运行。适应性（学习能力），即城市能在每次灾害中快速采取制度性、物理性的调整措施，“边做边学”，强调不断汲取新经验并纳入自适应能力中。创造性，即城市系统能够通过应对每次灾害而逐步过渡到更为先进的状态，推动城市决策的快速响应和多元参与、城市规划与管理的创新。

4.4.4　韧性城市理论

韧性城市的理论基础：风险理论，基于风险的评估框架的优势在于能够采用成本-效益分析等技术量化风险损失；韧性理论，强调通过积极主动的前瞻性适应，将风险转化为机会，推动变革、创新与转型。

韧性城市理论模型如图 4－31 所示。

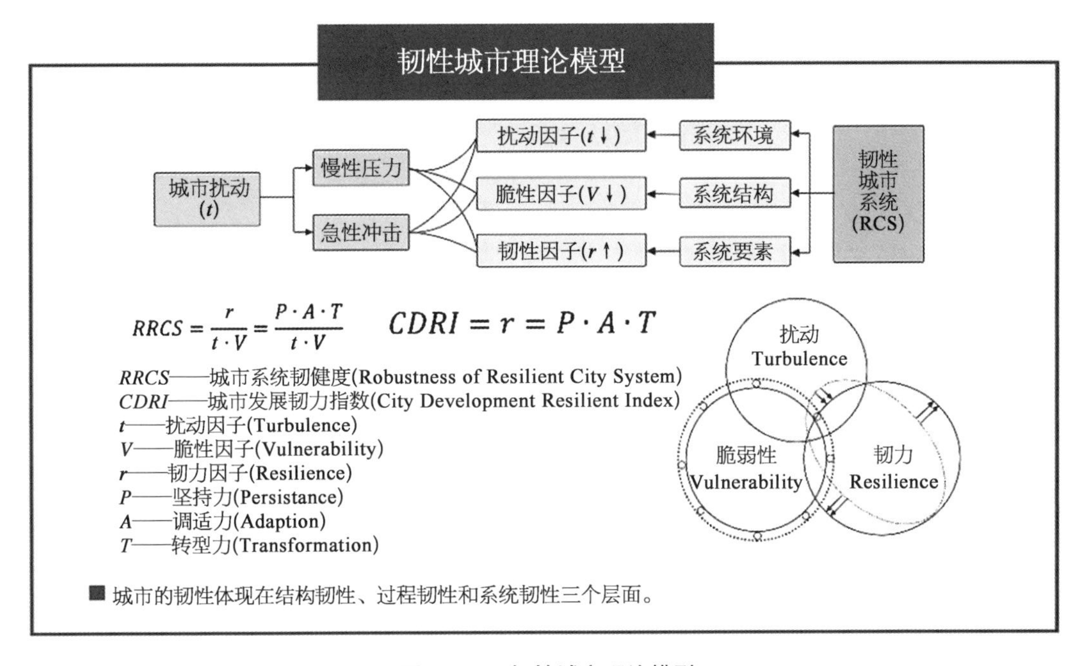

图 4－31　韧性城市理论模型

（资料来源：文献[123]）

韧性城市基本理论框架如图 4－32 所示。

与传统防灾理论相比，韧性城市理论更加强调城市防灾的整体性和系统性，从全方位、多视角研究城市防灾问题。在灾害风险管理领域中对韧性的认识涵盖了三个基本要

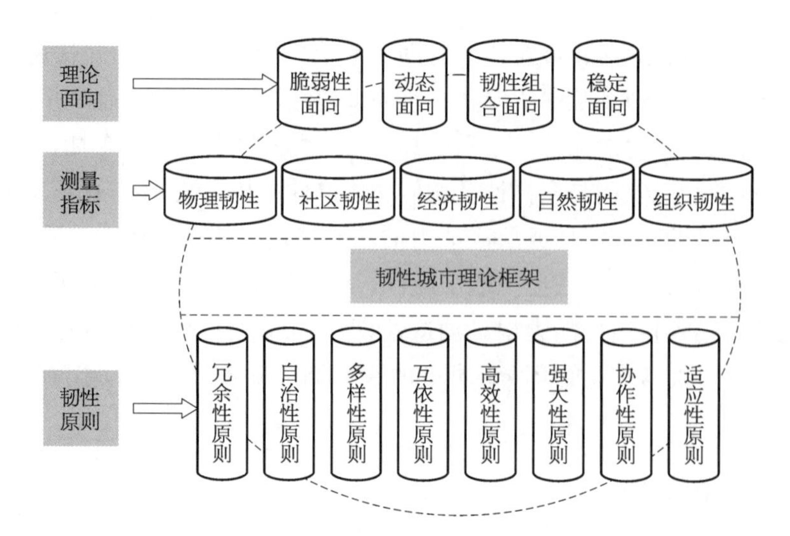

图 4-32　韧性城市基本理论框架

素,即具备抵御灾害或突发事件影响的能力、从灾害或突发事件中高效恢复的能力以及对灾害或突发事件的适应能力。在防灾韧性理论的引导下,城市抗震防灾研究发生了从传统的关注工程设施向由人-物-环境组成的复杂城市系统的转变、从传统的侧重于提高单体工程的抗震防灾能力向注重城市系统抗灾功能可靠性转变、从传统的以抵抗灾害向吸收和适应灾害的防灾理念的转变。然而,传统抗震防灾理念中减轻地震灾害的对策从宏观上可分为工程性对策和非工程性对策,工程性措施主要是通过加强各类工程的抗震能力实现减灾,而非工程性措施主要通过增强全社会防灾减灾意识、提升公民在灾害中自救互救能力等实现减灾。

传统防灾减灾规划与韧性城市防灾减灾规划见表 4-6。

表 4-6　韧性城市理论下的防灾减灾规划与传统防灾减灾规划

比较项目	传统的防灾减灾规划	韧性城市理论下的防灾减灾规划
规划观念	重在工程防御,减轻灾害,时效性短	适应安全新常态,基于动态风险评估,降低灾害风险
技术思路	以工程技术标准公式或经验值预测灾害,工程防御措施	城市安全风险评估,识别风险,评估影响,应对措施
系统方法	单一灾种防灾,主要考虑地震、火灾、洪涝、战争等;系统间协调机制不健全	范围扩展到城市公共安全,覆盖自然灾害、事故灾难、公共卫生、社会安全等多方面;强调灾后的快速适应和恢复能力

4.4.5　韧性城市的评估方法与原则

韧性城市的评价方法可分为定量评价和定性评价两大类。其中,定量评价通过建立韧性指标体系，构建相应的评估模型，定量分析城市韧性的主要影响因子，是目前应用较广的一种评价方法。定量评估常用的工具有阈值分析、社会网络模型、神经网络分析、代理人模型、断裂点法、恢复力替代法、状态空间法、恢复力长度法等。量化评估方法主要针对基础设施或特定领域，对单一灾害或指定领域的评估更容易提出量化的指标，而综合性或系统性的韧性评估涉及范围过大，评估有一定困难。其中，衡量城市韧性最重要的三个要素为多样性、冗余度和整合性。

目前，常用的韧性评估技术包括情景规划、关键阈值分析、代理人模型、社会网络模型、模糊认知图、蒙特卡洛模型、神经网络分析等方法。其中，模糊认知图分析是一种半定量的政策分析方法，是研究复杂系统和复杂因果问题的有效工具，能够应用于韧性城市评估领域。

基于社会-政治-技术、经济、水文三方面，以抗扰性（R1：robustness）、冗余性（R2：redundancy）、智慧性（R3：resourcefulness）、迅速性（R4：rapidity）四个特征建构指标体系。韧性城市评估指标体系如图 4－33 所示。

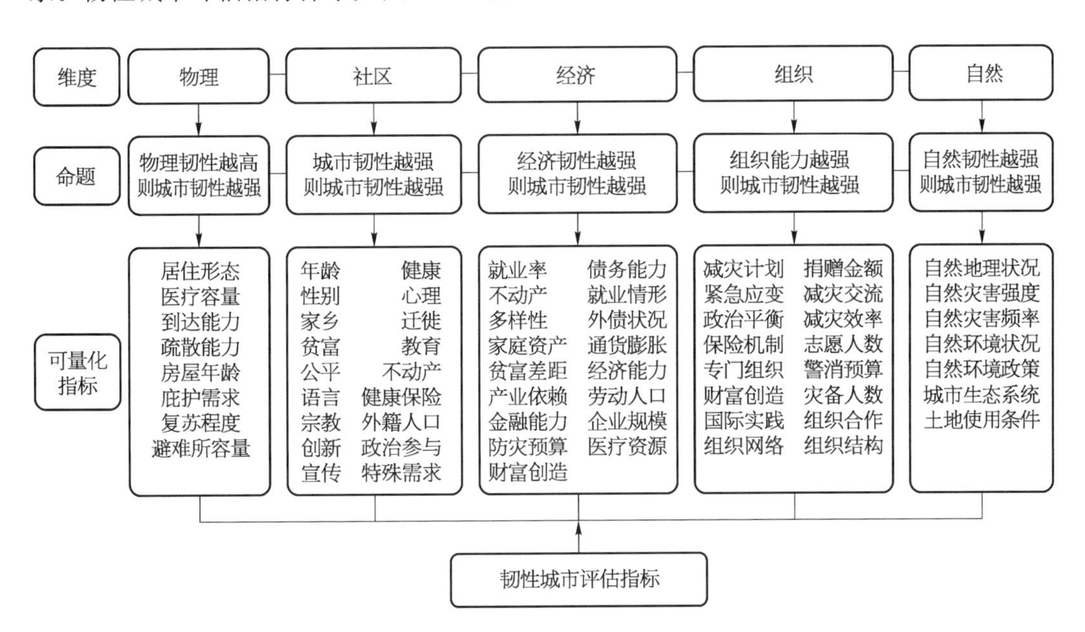

图 4－33　韧性城市评估指标体系

1）韧性城市评价指标选取原则

指标的选取原则包括独立性、全面性和可行性三个方面。独立性，韧性评价体系的每个指标都能充分说明其内涵，选取指标时应注意甄别指标特点，指标相互之间不重复，内容相互独立；全面性，城市韧性包括的影响因素众多，从评价体系的整体性出发，全面统筹各分指标；可行性，考虑指标的相关信息与数据的实际获取情况，便于统计与分析。各项指标应充分体现韧性城市的多样性、冗余性、适应性、鲁棒性、协同性、恢复力的属性特征。多样性是指城市系统要素及管理方式种类具有丰富度，以应对多种突发事件干扰形式；冗余性是指城市系统功能与管理能力具备安全裕度；适应性是指城市系统要素及管理方式具备根据外界环境的变化而灵活调整的能力；鲁棒性是指在逆变环境中，系统仍具备维持一定功能的能力；协同性是指在管理过程中，顾及尽量多相关者的情况，整合相关资源；恢复力是指系统在遭遇损失后，迅速恢复自身结构、功能的能力。

2）韧性城市的评估原则

第一，冗余性原则：城市有许多相似功能系统，当某一系统损坏时，其他系统能替代运行以尽快恢复或重组；第二，自治性原则：这是指城市应对灾害过程中具有自救与互救能力，能依靠自身能力应对风险，是基本目标；第三，多样性原则：城市有许多不同功能系统能帮助其抵御多种风险，只有城市资源、环境、政策和系统等具有多样性，才能在受外界扰动时仍能维持正常运作；第四，互依性原则：城市不同系统之间相互连接、依赖与支持，如果各系统间缺乏互依，就无法整合系统力量以应对灾害冲击；第五，高效性原则：由于城市存在足够动力系统，当风险来临时，城市能量供给与分配呈正比关系，有利于塑造强大和高效的城市形象；第六，强大性原则：它指城市在灾害冲击下不仅能维持或恢复城市原有功能，而且能在未来环境变动中继续生存、再生及回应新趋势；第七，协作性原则：韧性城市建构需要创造多种途径和机会让各种社会力量参与其中，建立公众、私人和社会多方协同治理机制以实现治理效益最大化；第八，适应性原则：城市能从灾害应对经验中吸取教训并保持从中学习的能力，根据潜在灾害特征制定灵活策略以适应灾害。

4.4.6 国内外韧性城市的建设实践

4.4.6.1 国外韧性城市建设

纽约的韧性城市建设中对社区组织关注较多，非常重视各单位、各部门及区域的合作，将区域合作、企业与政府合作、产学研合作、国家与公民合作等思想和内容有机融入城市公共安全治理的全过程之中。在韧性城市建设过程中，伦敦最重要的经验就是坚实的法律保障，确立“立法保护”城市建设的基本方针，先后出台了《市政意外法》《气候法》和《规划法》等相关法律法规。

纽约出台了《一个更强大、更具韧性的纽约》，该规划以应对气候变化、提高城市韧性为目标，以风险预测与脆弱性评估为核心，以大规模资金投入为保障，形成完整的适应性规划体系。纵观以地震预防为代表的东京韧性防灾规划，可以发现整个城市开始形成主动应对的大都市危机管理政府，呈现出“灾害评估—预防计划—应急对策”三位一体的循环危机管理模式，同时其他灾种的预防计划也遵循这一理念制定各自的防灾预案。

韧性城市国际案例分析见表 4－7。

表4-7 韧性城市国际案例

案例城市/地区	背 景	经 验 要 点
纽约	2013年6月11日，纽约市长发布了《一个更强大、更具韧性的纽约》	① 强化领导和决策机制。组建“纽约长期规划与可持续性办公室”，成立“纽约气候变化城市委员会”。② 转变传统灾害评估方法。从战略高度反思城市韧性塑造，采用最新、精度更高的气候模式，评估纽约2050年之前的气候风险及其潜在损失。③ 确保强大的资金支持。总额高达129亿美元的投资项目，将在未来十多年间逐步落实
伦敦	2011年10月，伦敦市发布《管理风险和增强韧性》，主要应对持续洪水、干旱和极端高温天气	① 完善组织机制及相关规划。建构“伦敦气候变化公司协力机制”，并出台《英国气候影响计划》，编制《管理风险与适应规划》。② 提出可操作策略。管理洪水风险，增加公园和绿化，更新改造水和能源设施以适应人口增长，并保有冗余。③ 推动全民行动。全面发动社会各个组成部分的主动性，提升城市抗灾韧性，并提供集体行动框架
日本	2011年日本东北部海域发生里氏9.0级地震并引发海啸，地震造成日本福岛第一核电站1～4号机组发生核泄漏事故	① 时代观。东日本大地震发生在日本经济下滑时代，尽管原系统也试图赶上时代的潮流，但巨大的“惯性作用”导致这种转变十分困难。② 区域观。出现需求远超应对能力和资源储备的情形，需要跨区域的组织、协作和外部支援，各种资源和生活必需品的流通应在区域层面给予充分考虑。③ 综合观。灾后重建的机制应当具备综合性，尤其是应对大型灾害，应在现有机制的基础上，采取综合的统一措施

4.4.6.2 国内韧性城市建设

(1) 黄石的建设重点在于实现资源枯竭型城市的转型发展。黄石主要通过三个方面进行韧性城市建设，使其从资源依赖和消耗型城市中解脱出来。首先，加强水治理，通过“海绵城市”建设、城市水体的保护和开发，减少水污染和城市洪涝灾害的发生，打造更具韧性的水系统。其次，向绿色经济转型，打造更具韧性的经济。借助“全球100韧性城市”所带来的国际化平台，充分开发人文、自然旅游资源，促进文化旅游产业的国际化。最后，加强生态文明建设，打造更具韧性的居住系统。

(2) 德阳主要是通过生态环保措施、加强资源规划实现城市可持续发展。德阳韧性城市建设的重点体现在两个方面：一是通过进一步制定投资计划，大力建设和安排基础设施项目，通过与国际组织建立长期合作关系，推进各项公共项目建设；二是对城市污染的治理，通过城市生态环境治理与修复进一步增强城市承载力，提升城市建设发展的综合效益。

(3) 海盐聚焦解决基础设施老化和人口老龄化等社会问题实现城市绿色发展。海盐坚持走“绿色生产、绿色生活、绿色生态”的绿色发展之路。近年来，海盐通过大力对接中欧城镇化合作的成果，进一步推进城市转型和扩大对外开放，逐步解决基础设施老化、人口老龄化等社会问题，提高了海盐城市发展的开放度和坚韧度。

(4) 义乌通过组织系统再造以快速响应灾害进一步提升城市居住环境的质量。义乌市通过“都市锻造”行动，结合市场大平台，重塑城市战略布局，开发城市品质特色，改善生态环境，全力打造全球小商品贸易中心、国际陆港城市、创新创业活力之都、文明幸福和谐之城。在规划、设计、建设等全过程中，义乌充分贯彻韧性理念，促进城市转型发展，提高人居环境质量，从而全面提升城市质量。

(5) 上海市在其长远规划中，已明确提出建设更加可持续发展的韧性城市的目标愿景，并研究制定了《从综合防灾向韧性城市转型》的专项行动计划。上海致力通过加强新能源和分布式供能系统的建设，以优化能源结构。倡导“源头—输配—应用”全过程优化，推进天然气等清洁能源替代煤、油等能源，大力发展太阳能、风能、潮汐能等可再生能源，促进城市废弃物的能源化利用、建设与固废综合利用相结合的生物质发电项目。重点依托工商业建筑和公用建筑屋顶实施分布式光伏发电工程，完善太阳能利用；鼓励在区域能源负荷中心建设天然气分布式能源系统、推动分布式供能及区域能源管理系统等城市能源供应方式的多元化、规模化应用，以作为其他能源的补充。

4.4.7 提高城市韧性的措施

1) 要健全韧性城市试点建设的规划体系

一方面，规划可以指导试点项目建设的具体实施，保障韧性城市试点项目建设的质量以达成试点目标。另一方面，从宏观、中观和微观三个层面完成规划，也为项目建设的绩效评估提供了标准。

2) 要尽快明确和统一韧性城市建设的技术标准

对于参建单位，需要明确的技术标准来指导项目的建设，以能在更大程度上保障项目建设的成功；对于政府，要协同参建单位，及时总结成功经验，从而明确和统一各项目类型或设施建设的技术标准，并检查项目建设所用材料来源、质量、用量等是否符合规范。

3) 要进一步完善韧性城市试点建设的管理制度

政府要根据任务及项目建设所涉及的环节，逐一建立相应的制度规范。

提高韧性城市建设的主要举措：① 减轻城市灾害源的危险性，为了改变城市灾害的外部环境，需要在城市总体规划的前期，对城市潜在发生的灾害源进行全面的风险评估，从而确定影响城市的主要灾害源是什么、影响的程度如何，以及城市在潜在灾害源下的高风险区位于什么地方，从而可以采取一系列措施去减轻灾害源的影响。② 降低城市灾害易损性，降低城市灾害易损性的对策主要包括工程性的措施和非工程性的措施：工程性的措施，例如加强城市新建工程的设防、对城市老旧街区的防灾改造、对老化地下管网的更新、对城市重大危险源防护工程的建设等；非工程性的措施，包括城市灾害预警系统的建立、社会防灾思想的宣传、个人防灾意识的增强等。③ 提高城市对灾害发生时的自适应性。④ 提升城市灾后的可恢复能力，城市可恢复能力的建设首先应是城市各类应急设施的建设，包括应急保障设施（如城市应急水源、应急供电设施、应急交通设施等）和应急服务设施（如急救医院、应急消防、应急物资体系、应急避难场所等）的规划建设。

4.5 山地城市综合防灾对策

山地城市主要包括两个方面的含义：一是城市修建在坡度大于 50% 以上起伏不平的坡地上而区别于平原城市；二是城市虽然修建在平坦的用地上，但由于其周围复杂的地形和自然环境条件，对城市的布局结构、发展方向和生态环境产生重大影响。山地城市灾害具有频发性、多灾种叠加性、复杂性、多样性与不确定性、灾害链现象突出、大规模灾害后容易形成孤岛的特点。

4.5.1 加强山地城市综合防灾的理论基础研究

（1）建设山地城市防灾控制体系。对山地城市进行灾害风险分析，确定灾害风险场；对在灾害风险区进行灾害风险评估，分为高、中、低三级风险区；进行灾害风险的减缓与控制，即灾害风险规划控制，对不同的灾害风险区采取不同措施以减缓灾害风险。

（2）构建山地韧性城市理论体系。首先从灾害危险度、灾害暴露度、灾害易损度等三个方面进行构建；其次，韧性危险度主要是包括社会、经济、生态、工程技术等方面韧性，韧性暴露度主要包括城镇人口、开发强度、地形地貌等，韧性脆弱度主要指防灾能力、政府管理、社会易损性；最后系统评价山地韧性城市防灾能力。

4.5.2 完善山地城市综合防灾规划编制体系

山地城市（镇）综合防灾总体规划层面，应按需要分为市域综合防灾规划与中心城区防灾综合规划。

1）市域综合防灾规划主要内容

（1）灾害综合评估，包括现状灾害分析、防灾能力评估、灾害易损性分析。

（2）综合防灾规划目标，包括防灾目标、防灾等级、防灾年限。

（3）防灾结构规划，包括防灾分区、安全布局结构、救灾疏散通道、旅游景点防灾。

（4）应急服务设施规划，包括救灾指挥系统、应急避难场所、应急医疗卫生、应急消防设施、应急物资保障等。

（5）应急基础设施保障规划，包括供水、供电、通信等。

2）中心城区综合防灾规划主要内容

（1）灾害识别与风险分析。

（2）用地安全评估。

（3）防灾空间结构规划，包括防灾分区、救灾疏散通道等。

（4）综合防灾设施规划，分为两类：第一类是应急服务设施，包括避难场所、救灾疏散通道、医疗服务等;第二类是应急基础设施,包括供水、供电、通信等。

(5) 分区综合防灾管控规划,例如在防灾分区基础上,进行分区风险管控规划。

山地城市(镇)详细规划层面,应将中心城区的防灾空间与防灾设施规划落实到地块上,并且根据地块要求,提出土地开发要求,指导项目建设。主要分为三个方面,即防灾界线空间布局、防灾设施布局和建设控制导则。

3) 防灾界线空间布局

(1) 防灾安全线的划定,如灾害防御设施控制线,危险源划定安全范围。

(2) 根据总体规划要求和地块要求划定应急通道的道路界线、应急服务设施的界线等。

4) 防灾设施布局

(1) 应急服务设施规划,是在灾害发生后能够及时地进行医疗救助、消防疏散、救灾物资保障等。

(2) 应急保障基础设施规划,保证在灾害发生时,能够有水、电、通信等资源的供应。

5) 建设控制导则

(1) 规定性导则,主要包括应急通道有效宽度、避难场所规模、危险源间距等。

(2) 指导性导则,人口容量规定方面应该考虑容积率、人口规模、绿地率等防灾荷载;建筑建造方面,应鼓励使用有利于防灾的材料;建筑形式上考虑应急避难要求等。

6) 山地村庄的综合防灾规划

山地村庄的综合防灾规划应在进行用地安全评估的基础上,根据镇综合防灾规划进行防灾救灾设施与避难场所规划。主要内容包括:

(1) 用地安全评估,主要根据村庄的地形地貌,地质、水文等自然条件,以及现状的工厂、矿场、道路情况,划定灾害易发区范围。

(2) 避难疏散场所规划,结合村委会、村卫生室、村文化广场、村小学、村庄商店等进行布置。

(3) 防灾基础设施规划,结合避难疏散空间进行水、电、通信等设施规划。

(4) 防灾安全教育和村民参与,加强村民的防灾安全意识教育,有助于提高村民安全意识。

4.5.3 加强山地城市综合防灾的法规与规范建设

在宏观层面,国家应制定山地城市的防灾减灾和实施工作的基本的法规,用于指导地方制定适用于地区层面的山地城市综合防灾规划法规;在技术层面,应制定适用于山地城市的防灾建设的技术标准,直接指导山地城市的防灾规划编制工作。

4.5.4 创新山地城市综合防灾的技术方法

在山地城市综合防灾规划中,对于灾害风险的分析,可以运用 3S 技术和大数据技术对灾害的分布区域变异规律进行充分分析，增加灾害风险识别的科学性。在规划编制方面，可以利用大数据技术进行辅助，通过对城市灾害源、承灾体相关信息的采集，利用 GIS 等平台的强大数据集成、仿真、分析、处理、评估功能，制定科学、合理、有针对性、操作性强的防灾减灾规划和建立防灾减灾辅助决策系统。

4.5.5　探索山地城市综合防灾管理实施新机制

建立统一的灾害信息管理系统和指挥平台，完善公众参与机制，提高山地城市居民的防灾意识，让居民参与、关注、监督综合防灾规划的实施。最后，应定期对防灾规划进行评估和更新，使防灾规划更加具有实施性、适应性和可行性。

参考文献

[1] 符圣聪,江静贝,崔卫国.烟台市地震动的估计[J].地震工程动态,1984(1):25-29.

[2] 符圣聪,江静贝.用时变功率谱拟合地震动[J].工程抗震,2002(1):29-33.

[3] Kameda H. Simulated earthquake motions scaled for magnitude, distance local soil conditions[C]//Proc. of 7th World Conf. on Earthq. Eng. 1980: 295-302.

[4] Sugito M, Furumoto Y, Sugiyama T. Strong motion prediction on rock surface by superposed evolutionary spectra[C]//12th World Conference on Earthquake Engineering. 2000, 2111(4).

[5] Anderson J G, Trifunac M D. Uniform risk functionals for characterization of strong earthquake ground motion[J]. Bulletin of the Seismological Society of America, 1978, 68(1): 205-218.

[6] 符圣聪,江静贝.Iwan 模型用于场址动力分析[J].地震工程与工程振动,1984,4(3):48-59.

[7] 江静贝,符圣聪.基于场址动力分析的设计地震动确定方法[J].建筑科学,2002,18(4):17-19.

[8] 江静贝,符圣聪,刘华.地震动特征周期的确定方法[J].现代地震工程,2002(10):86-90.

[9] Mengtan G. Introduction of seismic zoning map in China(1999) [J]. 12WCEE, 2000,2042.

[10] 徐宗学.水文模型[M].北京:科学出版社,2009.

[11] 夏军.水文非线性系统理论与方法[M].武汉:武汉大学出版社,2002.

[12] 詹道江,叶守泽.工程水文学[M].北京:中国水利水电出版社,2000:145-173.

[13] 何长高,董增川,陈卫宾.流域水文模型研究综述[J].江西水利科技,2008,34(1):20-25.

[14] 刘昌明,郑红星,王中根.流域水循环分布式模拟[M].郑州:黄河水利出版社,2006.

[15] 贾仰文,王浩,倪广恒,等.分布式流域水文模型原理与实践[M].北京:中国水利水电出版社,2005.

[16] 芮孝芳,黄国如.分布式水文模型的现状与未来[J].水利水电科技进展,2004,24(2):55-58.

[17] 陈建峰,王颖,李洋.HEC-RAS 模型在洪水模拟中的应用[J].东北水利水电,

2006,24(268): 12 - 15.
[18] Wheater H, Beven K, Hall J. Broad scale modelling scoping-Supplementary information for flood modelling and risk science[J]. Dept. for Environment Food and Rural Affairs, 2007.
[19] Hunter N M, Bates P D, Neelz S, et al. Benchmarking 2D hydraulic models for urban flooding [C]//Proceedings of the institution of civil engineers-water management. Thomas Telford Ltd, 2008,161(1): 13 - 30.
[20] Toda K. Recent urban floods and countermeasures in Japan[C]//Proceedings of the 2007 joint seminar: Flood Disaster and Countermeasures Against Them, 2007: 10 - 19.
[21] Toda K, Oyagi R, Inoue K, et al. On the inundation process in the underground space in urban floodings[J]. Disaster Prevention Research Institute Annuals, 2004, 47(B): 293 - 302.
[22] 周孝德,陈惠君,沈晋.滞洪区二维洪水演进及洪灾风险分析[J].西安理工大学学报,1996,12(3): 244 - 250.
[23] 王志力,耿艳芬,金生.二维洪水演进数值模拟[J].计算力学学报,2007,24(4): 533 - 538.
[24] 张新华,隆文非,谢和平,等.任意多边形网格 2D FVM 模型及其在城市洪水淹没中的应用[J].四川大学学报(工程科学版),2007,39(4): 6 - 11.
[25] 刘树坤,富曾慈,周魁一,等.全民防洪减灾手册[M].沈阳:辽宁人民出版社,1993.
[26] 程晓陶,仇劲卫,李娜,等.城市洪涝仿真模型开发研究总结报告[R].国家自然科学基金重大项目"城市与工程减灾基础研究"502 子题,1997.
[27] 刘树坤,于天一.再现洪水入侵过程——应用二维不恒定流理论对洪水进行模拟计算[J].中国水利,1987(6): 27 - 28.
[28] 刘树坤,李小佩,李士功,等.小清河分洪区洪水演进的数值模拟[J].水科学进展,1991,2(3): 188 - 193.
[29] 程晓陶,杨磊,陈喜军.分蓄洪区洪水演进数值模型[J].自然灾害学报,1996,5(1): 34 - 40.
[30] 程晓陶,仇劲卫,陈喜军.深圳市洪涝灾害的数值模拟与分析[J].自然灾害学报,1995(1): 202 - 209.
[31] 仇劲卫.城市化对城市洪涝灾害的影响[D].北京:中国水利水电科学研究院,1997.
[32] Cheng X T, Qiu J W. Numerical simulation of inundation in ShenZhen City by finite difference model mixed with 1D and 2d unsteady flow[J]. International Journal of Sediment Research, 1994, 9(3): 17 - 26.
[33] 王静,李娜,程晓陶.城市洪涝方针模型的改进与应用[J].水利学报,2010,41(12): 1393 - 1400.
[34] 张念强,李娜,甘泓,等.城市洪涝仿真模型地下排水计算方法的改进[J].水利学报,2017,48(5): 526 - 534.

[35] 李娜. 城市洪涝模拟技术在城市洪水管理中的应用[J]. 中国防汛抗旱,2019,29(2): 5 - 6.
[36] 向素玉,陈军. 基于GIS城市洪水淹没模拟分析[J]. 地球科学,1995,20(5): 575 - 580.
[37] 杨弋,吴升. 城市暴雨积水模拟方法分析及研究[J]. 测绘信息与工程,2009,34(1): 35 - 37.
[38] 刘仁义,刘南. 一种基于数字高程模型DEM的淹没区灾害评估方法[J]. 中国图像图形学报,2001,6(2): 118 - 121.
[39] Burton I, Kates R W, White G F. The Environment as Hazard[M]. 2nd ed. New York: Guilford Press, 1993.
[40] Mileti D S. Natural Hazards and Disasters-Disasters by Design A Reassessment of Natural hazards in the United States[M]. Washinbton D C: Joseph I Ienry, 1999.
[41] Kates R W, Clark W C, Corell R, et al. Sustainability science[J]. Science, 2001, 292(5517): 641 - 642.
[42] Blaikie P, Cannon T, Wisner B, et al. At Risk: Natural Hazard, people's Vulnerability, and Disasters[M]. 2nd ed. London: Routledge Press, 2003.
[43] GBP, IHDP, WCRP. Abstract of Global Change Open Science Conference[R]. Amsterdam Congress Holland BV, 2001.
[44] Okada N. Conference Road Map, 3rd International Symposium on Integrated Disaster Risk Management (IDRM - 2003)[M]. Kyoto: Kyoto International Conference Hall, 2003(7): 3 - 5.
[45] 史培军. 五论灾害系统研究的理论与实践[J]. 自然灾害学报,2009,18(5): 1 - 9.
[46] 朱克文. 灾害学初探[J]. 灾害学,1986(1): 13 - 16.
[47] 游志斌. 当代国际救灾体系比较研究[D]. 北京: 中共中央党校,2006.
[48] 王秀娟. 国内外自然灾害管理体制比较研究[D]. 兰州: 兰州大学,2008.
[49] 金丽丽. 葫芦岛市连山区综合防灾体系评价与优化研究[D]. 长春: 东北师范大学,2011.
[50] 严新明. 江苏省自然灾害风险管理研究[J]. 江南大学学报(人文社会科学版),2006,5(5): 26 - 31.
[51] 姚国章. 日本灾害管理体系: 研究与借鉴[M]. 北京: 北京大学出版社,2009.
[52] 金冬梅,张继权,赵万智. 中日两国灾害风险管理对策体制比较研究[J]. 应用基础与工程科学学报,2004(增刊): 272 - 275.
[53] 蒋维,金磊. 中国城市综合减灾对策[M]. 北京: 中国建筑工业出版社,1992.
[54] 金磊. 北京市的灾害源及减灾对策构想[J]. 自然灾害学报,1993,2(3): 8 - 14.
[55] 金磊. 中国综合减灾立法体系研究[J]. 北京联合大学学报(人文社会科学版),2004,2(4): 54 - 58.
[56] 金磊. 城市公共安全与综合减灾规划面临的九大问题[J]. 广州大学学报,2005,4(4): 27 - 31.

[57] 金磊.中国城市综合减灾的未来学研究[J].重庆建筑,2007(2):45-49.
[58] 原国家科委国家计委国家经贸委自然灾害综合研究组.中国自然灾害综合研究的进展[M].北京:气象出版社,2009.
[59] 朱勋克.论综合减灾基本法的立法要义[J].法学杂志,2002,23(3):71-75.
[60] 万艳华.城市防灾学[M].北京:中国建筑工业出版社,2003.
[61] 高庆华.中国减灾需求与综合减灾[M].北京:气象出版社,2007.
[62] 马宗晋.世界环境问题和中国减灾工作研究进展[J].地学前缘,2007,14(6):1-5.
[63] 史培军.制定国家综合减灾战略提高巨灾风险防范能力[J].自然灾害学报,2008,17(1):1-8.
[64] 黄声.上海市综合减灾管理体制研究[D].上海:华东师范大学,2005.
[65] 樊巧丽.天津滨海新区城市防灾体系研究[D].天津:天津大学,2007.
[66] 高蕊.唐山市中心区避震疏散空间规划策略研究[D].哈尔滨:哈尔滨工业大学,2007.
[67] 张学利.城市综合防灾设防目标和设防政策研究[D].北京:北京工业大学,2009.
[68] 刘乐英.我国农村防灾减灾政策研究[D].合肥:安徽大学,2011.
[69] 任晓蕾.平原村镇防灾减灾策略探析与研究——以地震灾害为例[D].天津:天津大学,2011.
[70] Federal Emergency Management Agency. Federal Response Plan[Z]. Washington D. C, 2002.
[71] Schwab A K, Eschelbach K, Brower D J. Hazard Mitigation and Preparedness[M]. New York: John Wiley and Sons, 2007.
[72] Schwab J. Hazard Mitigation: Integrating Best Practices into Planning[R]. Chicago: American Planning Association, 2010.
[73] Dalton L C, Raymond J B. Mandates, Plans, and Planners: Building Local Commitment to Development Management [J]. Journal of the American Planning Association, 1994 (4): 444-461.
[74] FEMA. Multi-Hazard Mitigation Planning Guidance under the Disaster Mitigation Act of 2000[Z]. 2004.
[75] 国土交通省地域整备局都市防灾对策室.震災に強い都市づくり地区まちづくりの手引[M].2005.
[76] Masanori H. Critical Urban Infrastructure Handbook[M]. CRC Press, 2014.
[77] Robert K M. Technical Documentation and Process[M]. CRC Press, 2012.
[78] 王薇.城市防灾空间规划研究及实践[D].长沙:中南大学,2007.
[79] 蒋蓉.城乡统筹背景下成都市地震应急避难场所规划研究[D].成都:西南交通大学,2012.
[80] 谢映霞.加强城市公共安全规划,提高城市综合防灾能力[C]//中国城市规划学会.城市规划面对面——2005城市规划年会论文集(下).北京:中国水利水电出版社,2005:537-541.
[81] 吕元,胡斌.城市防灾空间理念解析[J].低温建筑技术,2004,(5):36-37.

[82] 金磊. 论城市灾害学研究与防灾减灾规划[J]. 国土经济,2002(11):6-8.

[83] 金磊. 城市综合防灾减灾规划设计的相关问题研究[J]. 公共安全,2006(3):9-11.

[84] 陈鸿,戴慎志. 城市综合防灾规划编制体系与管理体制的新探索[J]. 现代城市研究,2013(7):116-120.

[85] 张翰卿,戴慎志. 国内外城市综合防灾规划比较研究及经验借鉴[C]//中国城市规划学会. 规划50年——2006中国城市规划年会论文集(下册). 北京:中国建筑工业出版社,2006:471-478.

[86] 江东桂. 城市综合防灾规划中存在的突出问题与对策[J]. 城市建筑,2014(2):9.

[87] 张翰卿,戴慎志. 美国的城市综合防灾规划及其启示[J]. 国际城市规划,2007(4):58-64.

[88] 王江波,苟爱萍. 有关城市综合防灾规划的几个基本概念[C]//中国城市规划学会. 规划50年——2006中国城市规划年会论文集(下册). 北京:中国建筑工业出版社,2006:573-576.

[89] 王江波. 我国城市综合防灾规划编制方法研究[J]. 规划师,2007(1):53-55.

[90] 郭曜. 浅析城市综合防灾规划编制中的灾害风险评估[C]//中国城市规划学会. 城乡治理与规划改革——2014中国城市规划年会论文集. 北京:中国建筑工业出版社,2014:141-155.

[91] 王江波,戴慎志,苟爱萍. 试论城市综合防灾规划的困境与出路[J]. 城市规划,2012(11):39-44.

[92] 王志涛,苏经宇. 城市总体规划中综合防灾的若干思考[C]//中国城市规划学会. 城市时代,协同规划——2013中国城市规划年会论文集,2013:97-104.

[93] 蒋伶. 多心组团结构的城市综合防灾优越性[J]. 城市规划,2008(7):41-44.

[94] 吕元,胡斌,李兵. 北京城市空间结构的防灾策略研究[J]. 新建筑,2009(4):101-103.

[95] 王薇,金磊. 构造城市防灾空间——21世纪城市功能设计的关键[J]. 工程设计CAD与智能建筑,2001(8):68.

[96] 徐波,关贤军,尤建新. 城市防灾避难空间优化模式[J]. 工程学报,2008,41(1):93-97.

[97] New York City Office of Emergency Management. 2014 New York city hazard mitigation plan[R]. New York City: New York City Office of Emergency Management, 2014.

[98] 董衡萍. 东京都地震防灾计划:经验与启示[J]. 国际城市规划,2011,26(3):105-110.

[99] 周铁军,赵在绪. 台湾灾害防救体系与规划启示[J]. 国际城市规划,2015,30(6):93-99.

[100] 刘学. 城市综合防灾规划编制体系研究[C]//中国城市规划学会. 城市规划和科学发展——2009中国城市规划年会论文集. 天津:天津科学技术出版社,2009:4310-4320.

[101] 夏陈红,王威,马东辉. 城市综合防灾控制性详细规划指标体系构建研究[C]//中

国城市规划学会. 共享与品质——2018 中国城市规划年会论文集. 北京：中国建筑工业出版社，2018：5-16.
[102] 陈鸿，戴慎志. 城市综合防灾规划编制体系与管理体制的新探索[J]. 现代城市研究，2013，28(7)：117-119.
[103] 滕五晓. 试论防灾规划与灾害管理体制的建立[J]. 自然灾害学报，2004(3)：1-7.
[104] 滕五晓，加藤孝明，小出治. 日本灾害对策体制[M]. 北京：中国建筑工业出版社，2003.
[105] 梁志勇，何晓燕，等. 国外非工程防洪减灾战略研究(I)——减灾措施[J]. 自然灾害学报，2002，11(1)：52-56.
[106] 王江波，戴慎志，苟爱萍. 试论城市综合防灾规划的困境与出路[J]. 城市规划，2012，36(11)：40.
[107] 江东桂. 城市综合防灾规划中存在的突出问题与对策[J]. 城市建筑，2014(2)：9.
[108] 郭曜，戴慎志. 城市综合防灾规划的若干问题思索[C]//中国城市规划学会. 城市时代，协同规划——2013 中国城市规划年会论文集，2013：148-160.
[109] 郭东军，陈志龙，谢金容. 城市综合防灾规划编研初探——以南京城市综合防灾规划编研为例[J]. 城市规划，2012，36(11)：49-54.
[110] 史怀昱，姚卓，汪洋，等. 城市防灾应急体系建构与应急设施布局研究[J]. 西北大学(自然科学版)，2011，41(3)：521-524，556.
[111] 徐波. 城市防灾减灾规划研究[D]. 上海：同济大学，2007.
[112] 王志涛，马东辉，王晓卓. 提高城市韧性的抗震防灾对策研究[J]. 北京规划建设，2018(2)：30-33.
[113] 赵晶，李建亮. 汶川地震应急管理与灾后重建中的四川经验[J]. 中国应急救援，2018(6)：22-26.
[114] 庞迎波. 地震灾害对城市的影响及防灾策略[J]. 四川建筑，2014(6)：250-251.
[115] 郦启亮，李鑫，罗彦. 韧性城市理论引导下的城市防灾减灾规划探讨[J]. 规划师，2017(8)：12-17.
[116] 张暄. 日本城市防灾减灾对策研究[J]. 智能城市，2018(16)：26-27.
[117] 张开蓝. 城市地震综合防灾策略研究——汶川地震三周年回顾[J]. 现代商贸工业，2011(21)：89-90.
[118] 余红标，郁毅刚. 物联网技术在应急救援现场的应用[J]. 中国应急管理，2019(3)：54-55.
[119] 高娜. 地震应急救援优先级探讨[J]. 国际地震动态，2019(1)：13-17.
[120] 王旭峰，栾乔文，谢鑫. 基于土地利用规划视角下的汶川地震灾后重建思考[J]. 山西建筑，2018(30)：28-30.
[121] 胡鞍钢. 以人为本科学重建：灾后重建的主要目标和基本思路[C]//国情报告：第十一卷 2008 年(上). 北京：党建读物出版社，2012：164-168.
[122] 张茜，顾福妹. 基于城市恢复力的灾后重建规划研究[C]//中国城市规划学会. 城乡治理与规划改革——2014 中国城市规划年会论文集. 北京：中国建筑工业出版社，2014：334-346.

[123] 仇保兴. 基于复杂适应理论的韧性城市设计原则[J]. 现代城市,2018(3): 1-6.
[124] 王志涛,马东辉,王晓卓. 提高城市韧性的抗震防灾对策[J]. 北京规划建设,2018(2): 30-33.
[125] 刘严萍,王慧飞,钱洪伟,等. 城市韧性: 内涵与评价体系研究[J]. 灾害学,2019(1): 8-12.
[126] 周利敏,原伟麒. 迈向韧性城市的灾害治理——基于多案例研究[J]. 经济社会体制比较,2017(5): 22-33.
[127] 张垒. 韧性城市规划探索[J]. 四川建筑,2017(6): 4-5,8.
[128] 郭小东,苏经宇,王志涛. 韧性理论视角下的城市安全减灾[J]. 上海城市规划,2016(1): 41-44,71.
[129] 唐皇凤,王锐. 韧性城市建设: 我国城市公共安全治理现代化的优选之路[J]. 内蒙古社会科学(汉文版),2019(1): 46-54.
[130] 陈安,师钰. 韧性城市的概念演化及评价方法研究综述[J]. 生态城市与绿色建筑,2018(1): 14-19.
[131] 郦启亮,李鑫,罗彦. 韧性城市理论引导下的城市防灾减灾规划探讨[J]. 规划师,2017(8): 12-17.
[132] 戴慎志. 增强城市韧性的安全防灾策略[J]. 北京规划建设,2018(2): 14-17.
[133] 傅利斌. 韧性城市理念与城乡规划建设[J]. 山西建筑,2019(6): 15-16.
[134] 李彤玥. 韧性城市研究新进展[J]. 国际城市规划,2017(5): 15-25.
[135] 周阳月,龙婷婷. 新常态背景下我国韧性城市建设的策略应对[C]//中国城市规划学会. 共享与品质——2018 中国城市规划年会论文集. 北京: 中国建筑工业出版社,2018: 383-391.
[136] 郑艳,林陈贞. 韧性城市的理论基础与评估方法[J]. 城市,2017(6): 22-28.
[137] 赵丹,杨兵,何永,等. 城市韧性评价指标体系探讨——以北京市为例[J]. 城市与减灾,2019(2): 29-34.
[138] 刘伍洋,程赞,杨培峰. 我国山地城市综合防灾规划的问题与对策研究[J]. 建筑与文化,2017(11): 199-201.
[139] 郭桂祯. 国外减灾社区建设对我国的启示[J]. 中国应急管理,2019(3): 34-35.
[140] 黄燕芬,韩鑫彤,杨泽坤,杨宜勇. 英国防灾减灾救灾体系研究(下)[J]. 中国减灾,2018(23): 60-61.
[141] 张亚妮,胡德勇,于琛,等. 气候变化背景下防灾减灾国际经验和我国积极应对策略分析[J]. 首都师范大学学报(自然科学版),2019,40(1): 89-94.
[142] 赵胜堂,梁发云,李世忠. 城市综合防灾减灾的战略与对策[J]. 经济视角,1996(12): 14-16.
[143] 徐显毅. 我国城市综合防灾减灾对策刍议[J]. 中国减灾,1996(4): 36-38.
[144] 邱成利,邢天华. 树立科学理念普及救助方法是防震减灾的关键[J]. 城市与减灾,2019(2): 45-50.
[145] 郭君,孔锋,王品,等. 区域综合防灾减灾救灾的前沿与展望——基于 2018 年三次减灾大会的综述与思考[J]. 灾害学,2019,34(1): 152-156,193.